水利工程施工设计优化研究

韩世亮　刘洪昌　王建勇　主编

吉林科学技术出版社

图书在版编目（CIP）数据

水利工程施工设计优化研究 / 韩世亮，刘洪昌，王
建勇主编 . -- 长春：吉林科学技术出版社，2020.7
　ISBN 978-7-5578-7248-9

　Ⅰ . ①水… Ⅱ . ①韩… ②刘… ③王… Ⅲ . ①水利工
程－施工设计－最优设计－研究 Ⅳ . ① TV222

中国版本图书馆 CIP 数据核字 (2020) 第 140075 号

水利工程施工设计优化研究

主　　编	韩世亮　刘洪昌　王建勇
出 版 人	宛　霞
责任编辑	端金香
封面设计	李　宝
制　　版	宝莲洪图
开　　本	16
字　　数	360 千字
印　　张	16.25
印　　数	1-500 册
版　　次	2021 年 6 月第 1 版
印　　次	2021 年 6 月第 1 次印刷
出　　版	吉林科学技术出版社
发　　行	吉林科学技术出版社
地　　址	长春净月高新区福祉大路 5788 号出版大厦 A 座
邮　　编	130118

发行部电话/传真　0431—81629529　　81629530　　81629531
　　　　　　　　　　　81629532　　81629533　　81629534

储运部电话　0431—86059116

编辑部电话　0431—81629520

印　　刷	北京宝莲鸿图科技有限公司
书　　号	ISBN 978-7-5578-7248-9
定　　价	65.00 元

前　言

在水利工程这样一个巨大项目的实施过程当中，其水利工程施工组织设计将起到一个非常重要的作用，须按照其基本规律来进行工程的建设，要根据水利工程施工现场的一些实际情况做一个判断，以此制定出一套科学又合理的施工方案。

在优化设计过程中要全面地掌握和了解相应的工程布置方案。在工程的施工控制网优化设计过程中，要确保在设计过程中充分地了解和掌握施工的整体布置，同时按照工程的设计要求以及现场的实际情况进行优化设计。在优化设计过程中一旦确定的优化网点，我们就要针对网点进行设计优化，同时也要注意优化网点的周边设计网点，确保这个工程的轴线设计误差在可控的范围内。

鉴于此，笔者撰写了《水利工程施工设计优化研究》一书。本书针对我国当代水利工程施工设计优化方面面临的机遇和挑战，尝试总结出水利工程施工设计优化的创新路径，这对于探索和引导水利工程施工设计优化提供了正确的途径和方法，对进一步加强水利工程施工设计优化价值理念的研究具有重要的理论意义和现实意义。

本书共有十六章。第一章论述了水利工程的基础理论，第二章从多元化视角对水利工程规划理论进行了研究，第三章阐述了水利工程规划创新的基础理论，第四章对水利工程设计工作进行了多维度的探索，第五章论述了水利工程设计优化措施，第六章对水利工程安全评价进行了系统地研究，第七章论述了水利工程技术的基础理论，第八章从多维视角对水利项目管理进行了论述，第九章诠释了水利项目管理的基础理论，第十章对水利项目管理及相关平台建设的研究进行了阐述，第十一章论述了水利项目优化管理的基础理论，第十二章从多元化视角对水利工程施工进行了研究，第十三章阐述了水利工程施工的基础理论，第十四章对水利工程施工管理工作进行了多维度的探索，第十五章论述了水利工程施工管理的基本理论，第十六章对水利工程施工管理创新措施进行了系统地研究。

本书有两大特点值得一提：

第一，本书结构严谨，逻辑性强，以水利工程施工设计优化研究为主线，对水利工程施工设计优化工作所涉及的领域进行了探索。

第二，本书理论与实践紧密结合，对水利工程施工设计优化工作提供了提升路径和方法，对相关平台的建设进行了分析和探索，以便加深学习者对基本理论的理解。

　　由于水利工程施工设计优化工作涉及的范畴比较广，需要探索的层面比较深，笔者在撰写的过程中难免会存在一定的不足，对一些相关问题的研究不透彻，提出的水利工程施工设计优化工作的提升路径也有一定的局限性，恳请前辈、同行以及广大读者斧正。

目 录

第一章　水利工程概述

第一节　水利工程建设

水利工程是人类为了除害兴利而建设的一种工程项目，建设水利工程不仅能够促进社会的经济发展，同时也能够提高我国的综合国力，因此在我国的现代化建设进程中，投入了大量的人力物力进行水利工程建设。在当前的水利工程建设中，要想实现对水利工程质量的有效控制，首先必须要建立起一套科学完善的水利工程建设质量管理体系，并且严格按照该管理体系进行质量管理，从而才能够使水利工程建设质量管理工作顺利进行，进而确保水利工程的质量和性能。

一、当前水资源开发利用的现状

我国蕴藏着丰富的水资源，淡水总量在世界排名第六，但是由于我国人口基数大，人均占有量仅有 2420 m^3，不足世界人均的四分之一。当前我国水资源开发利用的现状表现在以下几点：

（一）未真正实现对水资源的市场配置

①我国的水价过低。当前，我国大部分农业用水仍然是免费的，即使部分收费，也远远低于成本。据资料统计，我国收取的水费仅能达到成本的 62%；②水资源浪费现象严重。工农业用水成为水资源利用的重要部分，由于工业用水的利用率不高，而农田灌溉仍采用传统的大水漫灌形式，造成水资源的严重浪费；③人们的节水意识薄弱。由于在很多人们的意识里，水资源就是取之不尽用之不竭的，从而就肆意浪费水资源。

（二）水质污染的问题日益显著

近年来，随着我国社会经济的快速发展，工农业规模不断扩大，工矿企业、城镇废弃污水，未经彻底处理就排放到河流中，再加上农药和化肥的普遍使用，加大了河流的污染。

据有关资料统计，所排放的污水中，工业废水占70%，生活污水占10%，这样不但助长了水资源供需矛盾，而且对水环境造成了严重污染。当前，很多河流都受到了一定的污染，出现了浑浊、变臭、鱼虾绝迹的现象，造成了严重的经济损失。

（三）末建立起完善的水资源法制管理休系

从我国的《水法》中可以看出，水资源归属于国家所有，从而就需要国家对水资源进行统一管理。然而，由于未制定出详细的制度，以及中央和地方间、行业与行业间职责不清，使得在利用水资源过程中出现了谁开发谁利用的现象，在一定程度上违背了我国水资源统一管理的经济权益性，水资源也未得到合理的开发和利用。

二、水利工程建设管理概述和特点

水利工程项目不仅关系着工农业的生产活动，也关系着人们的日常生活，所以是一项关系国计民生的重要工程，必须引起有关部门的足够重视。水利工程建设的主要目的是更加合理的利用现有的水资源为人们的生产和生活服务，根据规模的大小，可以简单分为大中型水利工程建设和小型水利工程建设。因为水利工程建设是涉及范围非常广，投入资金特别多的建筑项目，所以我们必须要合理的利用国家的财政，搞好水利工程的管理工作，使得项目的各项资源能够合理配置，尽量节约工程成本，用最少的经济成本发挥最大的效益。

水利工程项目作为建筑项目的一个重要组成部分，其管理过程有着建筑项目管理的共性，即要根据水利工程的建筑双方拟定的建筑合同来审查建筑的各个环节是否达标，以及各项操作是否符合国家的相关标准和规定。另外，根据水利工程的具体分类不同，不同类型的水利工程项目有着不同的管理要求。

三、加强水利工程施工的安全措施

（一）加强领导，落实责任，努力保证水利工程的安全运行

进入夏季，既是水利建设的施工期又是各农作物的灌溉时节，要做好安全生产工作，又要加强领导，落实责任，切实采取有力措施，保证水利系统安全稳定运行，努力完成各项任务。

（二）高度重视，加强预防，防范自然灾害对水利的影响

夏季是旱情和暴雨等自然灾害多发季节，抗御自然灾害、保证水利安全的任务艰巨。为此要高度重视灾害性天气的防御工作，密切监视天气、雨情和水情，加强巡视和维护，根据天气变化，及时做好各项防灾工作，保障水利安全。

（三）规范水利工程建设前期工作，强化资金管理

着力解决或避免擅自改变规划、未批先建、违规设计、变更设计、挤占和挪用建设资金等突出问题，促进水利工程建设项目规划和审批公开透明，不断提高水利工程建设项目前期工作质量，规范资金使用管理。

（四）建立水能资源开发制度，强化水能资源管理

着力加强水能资源管理，建立健全水能资源开发制度和规范高效、协调有序的水能资源管理工作机制，遏制水能资源无序开发，促进水能资源可持续发展。

（五）规范水利工程建设招投标活动

加强水利工程招投标管理，着力解决规避招标、虚假招标、围标串标、评标不公等突出问题，确保水利工程建设招投标活动的公开、公平、公正。

（六）加强工程建设和工程质量安全管理

着力解决项目法人不规范、管理力量薄弱、转包和违法分包、监理不到位、质量安全措施不落实等突出问题，避免重、特大质量与安全事故的发生。

综上所述，水利工程建设不仅关系着水利工程的质量本身，也关系着人们的生产生活，所以加强水利工程建设的管理势在必行。工程的相关工作人员要从水利工程建设的各个阶段入手，一方面要严抓规划设计和工程建设，另一方面要严抓工程招标和合同管理，才能协调好水利工程的管理工作，为我国的水利工程建设管理摸索更多更好的管理经验，积极推进水利工程建设的发展，促进社会主义现代化建设。水利是国民经济的命脉，是国家的基础产业和基础设施，水利工程是抗御水旱灾害、保障水资源供给、改善水环境和水利经济实现的物质基础。水是社会经济发展不可或缺的物质资源，是环境生命的"血液"。水利工程管理体制还需要大家共同探讨、共同努力。

第二节　水利工程的生态效应

生态环境保护作为国家基本国策，在各行各业中，必须把环境保护作为基础，水利工程同样如此。水利工程建设直接影响着江河、湖泊以及周围的自然面貌、生态环境，只有不断解决建设过程中存在问题，改进设计方案，加强对环境的保护措施，才能让水利工程创造出良好的生态环境，也创造出更多的经济价值。

水利工程是一项烦琐但任重而道远的项目，关乎着我国的农业、电力等方面的发展以

及国民的生命、财产安全。在水利工程构建的蓝图中，应该重视生态环境的保护，但在我国的建设过程中，存在着许多影响生态环境的问题，而且刻不容缓，不容小视，只有及时处理管理问题，完善水利工程建设体制，才能让生态环境发展形成良好循环。

一、水利工程的生态效应问题分析

（一）水利工程破坏了河流流域整体性

河流是一个连续的整体，是从源头开始，经多条支流汇集而成的一个合流。当挡潮闸关闭时，拦截地域水含量提升，水位相对差度升高，河流内河沙、有机物等被积囤，整个河流被分割的每段内部，各成分含量明显不同，而且，酸碱度、河流含盐度也发生了改变。与此同时，河流两岸河道的形状、状态也有所改动，多次对河流的阻隔，河道逐渐形成新的状态，河床不断提升，发生河堤崩塌的概率逐步提升。

（二）水利工程迫使鱼类改变洄游路线

河流里的鱼群有相应的生活范围以及洄游路程，即鱼类在一年或一生中所进行的周期性定向往返移动。同种鱼往往分为若干种群，每一种群有各自的洄游路线，彼此间不相混合。但是，水利工程建设存在对鱼群生命活动考虑不充分，只根据河流治理、防范等进行就地建立水库、堤坝等工程建设问题，导致鱼类的洄游路线发生改变，鱼类的生命活动受到限制，有的鱼类因无法及时做出路线改变，新环境无法适应，从而导致同类鱼种大面积死亡，甚至致使濒临物种走向灭绝。

（三）水利工程改变下游原有环境

水利工程的建立，还影响着河流的水流状态，如温度、水文等。过度控流，水位升高，水流速度降低，有机物等更换速率降低，温度容易升高，造成水内缺氧，水生植物以及动物生存困难，物种之间竞争加剧，出现部分生物逐步消失，再次修复时，困难进一步加剧，对环境的影响是恶性连续循环式的，有待及时完善。同时，水文特性也被工程的建立所干预，只有及时监测水文的变化，做出相应的调控，才能有效地改善下游的生态环境。

二、水利工程生态问题的解决对策

（一）保证河流流域整体性

不同河流流域的情况不同，环境抵御受干扰的能力也不一样，工程设计人员应该实地考察，掌握该地环境的相关信息，比如，河流周边植被的种类与生存相关要求、河流水流量、河流易断流时节等。根据检测的信息，做出科学、合理的基本判断，结合水利工程建设基础理论，设计出能够保证河流不断流、整体性良好的工程方案，并要使用环保型材料，充分使用先进的技术，完成工程项目的同时也保护了生态环境的现有状态。另外，可以添加检测设备，随时检测河流、河道等的实时动态，及时做出相应的挡潮闸的开关活动，限制规划河流流量的大小，从而达到对河流的有效控制。

（二）充分保证鱼类洄游路线

在水利工程建设之前应该进行充分的调研，掌握该河流鱼群是否进行洄游行为、洄游行为的时间段、各类鱼群的洄游对河水本身的要求等信息，对数据进行整理汇合，并将生态理念与工程建筑相结合，鱼群洄游行为与工程构造相结合，做出科学、合理的工程设计，从而能够不断地完善对鱼群治理的体系。例如，当鱼群进行洄游时，调控挡潮闸，使得上下游连成整体，恢复鱼群洄游路线，当鱼群完成洄游行为，及时关闭挡潮闸，从而恢复蓄水、发电等工程，既帮助鱼群完成了必需的生命活动，使得鱼类生活不受干扰，也不耽搁工程项目的实施。

（三）保证下游环境的可持续发展

下游原有环境有自身的生态圈，工程的建立改变了河流本身的水文，致使下游环境发生对应的质变。只有相关的水文部门，实时监测水文的动态，长期记录数据，做好备份工作，出现问题时，将数据与理论相结合，及时做出有效的操控手段，对水资源进行整治与保护。

我国水利工程不断发展，但是存在的问题也是日益彰显。必须立即完善水利工程体制，改进工程技术，而且，水利工程建设应该始终本着以生态文明为基础，经济发展为主体的核心价值理念，努力建立资源节约型、环境友好型、技术合理型的高端水利工程体系，得以在防洪、供水、灌溉、发电等多种目标服务方面做到各项兼备，从而使得水利工程走向国际化。

第三节　水利工程的基础处理

本节分析了不良地基对水利基础处理的影响、方法及基础处理的要求，总结了基础处理的施工技术并指出了相关注意事项，以期为我国水利工程事业的可持续发展提供参考。

一、水利工程基础处理的作用及重要性

水利工程不同于其他一般建筑工程，一次性施工和交叉施工是其重要特征，其一般表现形式为水电站施工建设，且要求较高，多半在水下地下施工。基础施工包括两部分：地

基处理和基础工程，地基处理对工程整体性有重要影响，良好的地基建设能保证工程的质量。地基处理是水利工程的基础，需要大量的资金、人力、设备、技术，在工程建设中有着极其重要的作用。

二、不良地基对水利基础处理的影响及解决方法

不良地基对水利基础处理的影响表现在基础的沉陷量过大，基础水力的坡降超过允许的范围值。地质的条件差，抵滑抗稳的安全系数比设计值要小。地基里面没有黏性土层，细砂层则有可能因为振动使其塌落，导致施工进度延缓，或因为塌落造成人员伤亡和破坏已修建好的工程。

（一）强透水层的防渗处理

以大坝为例，刚性坝基砂、卵、砾石都属于强透水层，一般都会开挖清除，土坝坝基砂、卵、砾石层因透水强烈，不但损失水量，且易产生管涌，增大扬压力，影响建筑物的稳定性，一般要做防渗处理。处理方法：将透水层砂、卵、砾石开挖清除回填黏土或混凝土，构筑截水墙；利用冲抓钻或冲击钻机作大口径造孔，回填混凝土或黏土形成防渗墙；采用高压喷射灌浆方法修筑水泥防渗墙，水泥或黏土帷幕灌浆；坝前黏土或混凝土铺盖，延长渗径，帷幕后排水减压，设置反滤层。

（二）可液化土层的处理

可液化土层是指没有黏性土层或有很少黏性土层在停止作业或振动的情况下，其压力较大，下边的水压力上升，使地基沉陷、失去稳定，危及建筑和人员的安全。常用处理方法：一是将可液化土挖掉拉走，填入石灰或砂石等其他强度较高、防渗性能良好的材料；二是挤压使土层密实或一层一层振动压实；三是周围用模板固定封闭，防止土层因水压向四处流动；四是在可液化土层以下打水泥土桩或灰土桩。

三、基础处理的要求

一是必须随身携带地基和基础施工图纸、地质侦察报告、地基所需要的技术文件，了解施工地的实际情况；二是在准备挖地基之前，要严格按照预定的施工方案进行，对影响施工的物体或地面进行处理；三是若施工的地点在山区内，需要勘察山区边沟坡的地形构造是否影响施工，以及山区的实际土质，做好施工中滑坡、坍塌水土流失等防护措施；四是在机械设备入场前，要做好便道修理平整加固工作；五是将测量的水准点、控制桩、线条做好标记并保护，且要经常复核、复测其准确性，场地有不平整的地方要及时测量平整；六是开挖时应将地质勘查文件和实际地形进行对比，及时做出调整。

四、基础处理的施工技术

（一）挖除置换法

挖除置换法是将原基础底面下一定范围内的软土层挖除，换填粗砂、砾（卵）石、灰土、水泥土等。

（二）重锤夯实法

重锤夯实法是将夯实机重锤悬放离地面 3 ~ 5 m，然后让其自由下落使土壤夯实。

（三）水泥土挤密桩

在软土地基上采用水泥土挤密桩，对土层进行高强度挤压，防止塌陷，以提高承载力。

（四）振动水冲法

振动水冲法是将一个类似浇筑混凝土时用的振捣器插入土层中，在土层中进行射水振动冲击土层制造孔眼，并填入大量沙石料后振动重新排列致密，以达到加固地基的效果。

（五）围封法

防止地震时基土从两侧挤出，减轻破坏和软土地基的流动，常用于水工建筑物的软基处理。

五、基础处理的注意事项

一是施工场地宽敞，基础平整或浅的工作面，按照施工需要，测出坐标、打好点，然后洒出一条基准白灰线，以这条基准白灰线为主洒出基槽边线，以确保整个施工顺利进行；二是对地下深水位的地基施工，要根据设计院对施工地的地质资料，与实际地质勘查情况对比之后，再进行基础施工开挖，防止地基在施工中塌落造成其他施工作业的不便；三是确保整个工程的地基强度，地基是整个施工过程的主要工序，在与地基有关的各个方面做好施工，使其最大可能达到相关要求和标准，同时还要在一定程度上保证地基施工场地的开阔，确保施工的安全和建筑的质量；四是任何材料都不是永久性的，在施工前要考虑地质，确保地质变化始终在允许的范围内，避免地质出现塌裂等情况。

基础处理是水利工程施工的重要环节，其处理效果对水利工程的整体质量有最直接的影响。由于存在土质含水量高、孔隙大、承载能力弱等因素的干扰，增加了基础处理的施工难度，因此，相关人员要做好施工前的准备工作，仔细勘察地质条件，因地制宜选择最优施工方案，以提高地基稳固性及承载能力，为我国水利工程事业的可持续发展提供助力。

第四节　生态水利工程与水资源保护

虽然水是人们赖以生存的重要能源，但是，淡水资源不仅是人类世界中最为珍贵的自然资源，而且还是良性环保体系构建的重要组成部分之一，其作为一种具有战略价值的资源，是确保社会长期稳定发展的关键因素。这也进一步说明了，水资源质量的优劣对于国家文明发展程度与人民安全具有决定性的影响。就目前而言，虽然我国在社会经济发展的过程中，已经将水资源保护问题，提升至战略高度，而且相关部门已经认识到保护水资源对于社会经济发展的重要性，但是现实问题却是，我国水资源目前仍然面临着严重的污染问题，大多数针对水资源的保护措施并没有发挥出前期应有的作用。

一、生态水利工程

所谓的生态水利，实际上就是将生态理念与水利工程建设紧密地结合在一起，确保我国环境保护政策切实的贯彻落实到水利工程建设中。经过调查研究发现，大多数传统水利工程，在建设的过程中往往将重点放在了水利工程基本功能的发挥，将满足人们自身对于水利工程的需求作为水利工程建设的基础，却忽略了对于生态环境的保护，导致生态环境问题的日益突出，而这也是生态水利工程出现的主要原因。生态水利工程通过对传统水利工程进行优化，不仅有效地满足了人们对水利工程的基本需求，而且也实现了保持和改良生态环境的目的，确保了水利工程的可持续发展。生态水利工程在建设的过程中，施工企业必须将自然作为工程项目建设的核心理念，在充分利用水资源的同时，尽可能地做到不破坏河流的原始形状。还有很多水利工程发达的地区，为了实现促进水资源利用效率的全面提升，而对河流附近的地区采取了退耕还林的方式，在尽可能恢复流域内原始地貌的基础上，根据实际地形，采取切实可行的防洪措施，才能将生态水利工程的作用充分地发挥出来。另外，在进行生态水利工程设计与规划时，必须在尽可能保留原有流域地貌的同时，将该地区内的水资源充分利用起来，才能确保生态水利工程建设与生态环境和谐发展的目标。

二、加强生态水利工程建设，促进水资源保护措施

（一）建立健全水利工程的管理体制

针对目前的水资源利用现状，国家在已经颁布和实施相关法律法规的基础上，同时设立了专职管理部门，严格的控制非法使用水资源现象的出现，实现了针对水资源的有效保

护。随着全球经济一体化的迅速来临，水资源保护问题已经不只是我国政府所面临的问题，而是一项世界各国都面临的重要问题。所以，根据我国现阶段的水资源利用情况，相关部门必须建立完善水利工程管理体制，同时加强水资源管理的力度，才能在促进水资源保护、效率稳步提升的同时，为水资源的可持续利用提供全面的保障。

（二）水利资源开发中保证物种共生互补

生态系统最显著的特点就是，在一定范围内物种的数量群体会保持永恒不变的状态。但是，由于水利工程建设，不仅打破了生态系统的平衡，同时也对生态系统内物种群体数量之间的平衡产生了严重的威胁。所以，在水利工程建设时，必须将水利工程建设与自然生态环境紧密地融合在一起，严格地按照物种共生的原则，开展水利工程建设，才能在保证生态系统稳定的基础上，满足现代水利工程建设事业发展的要求。

（三）水利资源开发中保证水土资源生态性

水资源开发过程中针对水资源的保护，必须在水利工程建设过程中，通过种植树木的方法，增强固土效果，从而达到促进水土保持效率不断提升的目的。此外，在进行水利工程建设时，施工企业必须对施工现场水文地质情况进行综合的分析，在掌握水利工程建设区域地下水分布规律和特点的基础上，降低水文地质灾害发生的概率，促进施工现场水质与土质优化水平的有效提升，为了生态水利工程建设的顺利进行做好充分的准备。

（四）加大生态水利投入，支持环保工程

政府部门是水资源开发利用、治理保护、管理的主导者，所以为了确保水资源可持续利用目标的顺利实现，政府部门必须在进一步加大公共财政支持力度的同时，建立长效投入保障机制，为水资源开发利用与保护工作的开展提供全面的支持。另外，政府部门在发展水利工程项目时，应该积极地借鉴和应用多元化投资主体的方式，引导和鼓励社会资本参与到水利工程建设中，这种多元化投资主体机制的建立，不仅营造出了良好的市场投资环境，确保了生态水利工程建设资金的充足，同时也有效地缓解了政府公共财政的压力。

（五）保证水域生态整体性

生态水利工程建设过程中，采取的整体性水域生态发展模式，不仅有助于生态系统自我调节能力的有效提升，同时在水利工程建设过程中，充分重视与相邻水域之间的衔接，才能在有效满足水源流动性的基础上，促进生物活跃性的进一步提升，才能将生态系统所具有的分解和净化能力充分发挥出来。另外，必须建立统一的生态水利工程建设标准，才能在避免对相邻区域水质与生态环境造成破坏的基础上，促进水利工程建设区域内生态系统相互作用效果的提升。

总之，在保护水资源与水利工程建设的过程中，必须对水资源可持续发展理念的重要

性予以充分的重视。同时在水资源治理过程中，采取统筹管理，优化水利工程功能的方式，才能发挥出生态水利工程在社会经济发展过程中的重要作用。

第五节　水利技术发展现状以及创新

水利工程作为社会发展以及国民经济高速发展的基础产业，其主要功能可以保障城乡居民基本用水需求，以及工农业的基本生产。水作为人类生命的源泉，不吃饭可以活下去，但是没有水可是无法生存的，但是现今这个时代缺水已经成为世界性的难题，因而将高科技手段应用到水利管理方面，可以有效地解决水资源的问题。想要在现今的高科技时代得到认可，必须将自身的素质提升，才能拥有与时俱进的能力，更好地了解和熟悉各项高科技仪器，利用新的高科技仪器使得水利工作管理手段得到提升。

一、水利管理的发展现状

（一）城市化水污染严重

随着我国经济的高速发展，城市化的进程已经越来越广泛，工商业也进入了快速的发展阶段，农业生产也已经由传统纯手工式的劳作转变成为机械化的生产方式，从而将原本从事农业的劳动力转入到了城市中，多余的劳动力在农业发展中过于注重产业的发展，忽视了对环境的维护，并且地方政府也没有给予一定的政策维护，因而农村的水利工程在很大程度上出现了多样化。不同程度的污染，这种污染情况其实跟城市的高速发展，工矿企业的发展是离不开的，这是因为很多的工矿企业以追求自身利益为目的，而没有想到身边的水资源被破坏对人类的生产、生活会带来什么样的后果。而这些工矿企业在生产过程中没有提高对环境保护的意识，特别是废水、排污方面的能力还处在传统模式下，因而会导致周边人们赖以生存的水资源严重的破坏。

（二）水利规划不全面

随着城市建设的不断发展壮大，城市规划中不可忽视的排水能力却不断地被忽视。2012 年夏季的北京，由于连日的大雨，导致多条路段都变成了"大河"，更甚者成为"汪洋大海"，造成了不小的伤亡，严重地影响人们的正常生活，还有很多单位和学校因此而放假。其实因为下雨时城市排洪力度不够，造成的这种情况已经不是只有这一次，城市越大，建筑越多人口就会急速的发生膨胀，原先设计建造好的城市排水管网在发生连日大雨时，无法堪当重任，肯定会出现严重的内涝，造成了严重的交通瘫痪以及财产损失。

（三）城市污水处理问题

与此同时，城市排水中的污染问题也是制约着经济发展的问题所在，这是因为环境监管部门严重的缺乏对生态环境的管理，所以很多的生产企业排放出的工业废水长期的超标。在城市中由于人口急剧的增加，会造成严重超标的污水排放量，由于这些排放出的污水量过大无法平衡，导致水资源出现了不同程度的污染。而想要将这种现实性的问题改善掉，一定要通过水利管理部门采取积极主动的态度去争取，各相关政府财政部门给予相应的资金帮助，提升水利管理部门的安全监管，使其能够科学的发展，更便于水利工程的管理，通过创新的水利科技手段，确保国家水利工程的安全、水利资源的各种优势充分的被利用后，可以有效地提升水利工程的经济利益。"以水为本"是科学发展需要坚持的基本观点，将水利工程的发展与环境保护合理协调，做好统筹规划，通过水利科技的创新，有效地提升国家的水利工程建设①。

二、水利技术创新的应用

（一）水利信息化技术的应用

信息化技术能够提供防汛预案，积极支持会商。水利信息化不能对行政领导提供行政决策服务是目前比较普遍的问题，为了满足水利管理部门这方面的需求，需要在信息系统中加入防汛预案，提供洪水的预警。例如当洪水达到一定的预警级别时，这样的系统就能够给出相应的预警方案，根据方案，领导就会在会商中做出相应的调度决策，而在决策之前系统还能对放多少洪量、对下游会有什么影响等进行模拟，这样的系统也能够将水利信息完全掌控。为了让用户更快捷地了解到水利信息情况并作出相应举措，掌上 GIS 资讯系统是重要的支撑。"掌上 GIS 资讯系统"可以运行在智能手机之上，智能手机提供无线电话、短信、电话簿等功能，"掌上 GIS 资讯系统"还能够提供全面的行业资料查阅、电子地图、空间定位、实时信息浏览查询等功能，两者有机结合，基于"掌上 GIS 资讯系统"提供的及时、充分的水利信息，项目领导、相关负责人可以快速地进行决策。

（二）极大 RTK 技术的应用

RTK（Real-time kinematic）是实时动态测量，对于 RTK 测量来说，同 GPS 技术一样仍然是差分解算，但不同的只不过是实时的差分计算。RTK 技术在水利工程中的应用与计算机的普及，能够使得传统作业模式得到革新，工作效率极大提高。RTK 是一种新的常用的 GPS 测量方法，以前的静态、快速静态、动态测量都需要事后进行解算才能获得厘米级的精度，而 RTK 是能够在野外实时得到厘米级定位精度的测量方法，它采用了载波相位动态实时差分方法，是 GPS 应用的重大里程碑，它的出现为工程放样、地形测图，

---

① 葛春辉. 钢筋混凝土沉井结构设计施工手册 [M]. 北京：中国建筑工业出版社，2004.

各种控制测量带来了新曙光，极大地提高了外业作业效率。RTK技术相比于GPS技术具有明显的优势，高精度的GPS测量必须采用载波相位观测值，RTK定位技术就是基于载波相位观测值的实时动态定位技术，它能够实时地提供测站点在指定坐标系中的三维定位结果，并达到厘米级精度。在RTK作业模式下，基准站通过数据链将其观测值和测站坐标信息一起传送给流动站。流动站不仅通过数据链接收来自基准站的数据，还要采集GPS观测数据，并在系统内组成差分观测值进行实时处理，同时给出厘米级定位结果，历时不足1s。RTK技术如何应用在水利中是一个重要的话题，在各种控制测量传统的大地测量、工程控制测量采用三角网、导线网方法来施测，不仅费工费时，要求点间通视，而且精度分布不均匀，且在外业不知精度如何，采用常规的GPS静态测量、快速静态、伪动态方法，在外业测设过程中不能实时知道定位精度，如果测设完成后，回到内业处理后发现精度不合要求，还必须返测。而采用RTK来进行控制测量，能够实时知道定位精度，如果点位精度要求满足了，用户就可以停止观测了，而且知道观测质量如何，这样可以大大提高作业效率。

RTK技术还可应用到地形测图中。在过去测地形图时一般首先要在测区建立图根控制点，然后在图根控制点上架上全站仪或经纬仪配合小平板测图，现在发展到外业用全站仪和电子手簿配合地物编码，利用大比例尺测图软件来进行测图，甚至于发展到最近的外业电子平板测图等等，都要求在测站上测四周的地貌等碎部点，这些碎部点都与测站通视，而且一般要求至少2～3人操作，需要在拼图时一旦精度不合要求还得到外业去返测。现在采用RTK时，仅需一人背着仪器在要测的地貌碎部点呆一两秒钟，并同时输入特征编码，通过手簿可以实时知道点位精度，把一个区域测完后回到室内，由专业的软件接口就可以输出所要求的地形图，这样用RTK仅需一人操作，不要求点间通视，大大提高了工作效率。利用RTK进行水利工程测量不受天气、地形、通视等条件的限制，断面测量操作简单，工作效率比传统方法提高数倍，大大节省人力。

水利工程对经济的发展和城市的建设都起到重要的作用，提高水利工程质量，就要提升水利技术，参与水利工程人员的专业素质，同样要做好水利工程的管理工作，与时俱进，敢于创新，促进水利工程的不断发展。

第六节　抓好水利工程管理确保水利工程安全

随着我国经济的发展和人口的增长，水利事业在国民经济中的命脉和基础产业地位愈加突出，水利事业的地位决定了水利基础设施重要性。因此，如何搞好水利基础设施建设项目管理，确保工程质量，促进我国经济发展是摆在我们每个水利人面前的一个重大课题。

一、强化对水利工程管理

思想意识的先进性是发展水利的重要推动力，所以，在任何的发展中，只有不断地提高自身的认识，加强自身的管理，实现工程管理的效率的提升，才能在水利发展中打下坚实的基础。其次就是需要加强对水利管理的认识，认真学习管理的方式方法，实现科学的管理，保证水利工程的正常运行。

二、落实好项目法人责任制

项目法人建设是我国社会主义市场经济发展的法制基础，这也是完善项目工程管理，保证项目规范化开展的前提。要想实现项目法人制度的良好落实，就需要认识到法人制度的重要性，认识到建设多元化体制的必要性。其次应严格的对企业法人进行资质的审核，保证建筑工程的项目法人建设的顺利开展。最后就是要严格的落实在项目法人的各项资源的配置，要求相关的管理人员必须要高素质、有经验。

三、开展好建设监理工作

要想实现监理工作的有效开展，就需要不断地提高员工的职业道德，提高员工的专业知识，提高整体的综合素质。对此，可以要求监理人员从学习各种招标文件、相关的法律条例开始，可以知晓相关的建设监理的各项体系。其次就是需要监理公司加强自身服务意识，坚持办理的公平、公正、合理的原则。最后，要实现全方面地监理，转变自身的服务理念，发挥监理的优势，全面为建设服务。

四、全面实行招标投标制

经过全面的招投标的服务，实现我国水利水电工程的招标管理工作的标准化进行，为了实现我国的招标科学化开展，需要建立全面的招标制度，保证招标过程中的公平、公正、公开。同时应进一步地加大措施做好招标的保密工作，对于在招标过程中的违纪的人员应该进行严格的处分。

五、抓好水利工程管理确保水利工程安全的策略

（一）对水利工程进行造价管理，确保水利工程安全

水利工程管理中存在的职责不明以及监管不严问题，会出现不同程度的贪污腐败现象，使得工程资金落不到实处。为保障水利工程的质量，确保水利工程的安全，对水利工程进

行造价管理，在水利工程的设计阶段直到竣工阶段进行全过程的工程造价控制，既能保证工程项目的目标实现，又能有效的控制工程成本。利用工程造价管理，可以在工程建设各个阶段，将资金控制在批准使用范围之内，及时对出现的偏差进行纠正，使得建设需要的物力、人力以及财力得到合理的控制。另外，在水利建设过程中，要积极利用工程造价管理进行合同的正确管理，控制好材料认证。

（二）完善风险管理，确保水利工程安全

完善风险管理可从加强水利工程设计审查以及加强人员安全管理两个方面着手。由于设计人员的疏忽、不严谨，会使得工程设计与实际需求出现较大的出入，造成资源的浪费。因此，必须在水利工程设计审查方面进行风险管理，必须在对工程地的气候环境以及地理环境进行调研的基础上，严格审查设计的质量。水利工程实施过程中，人员安全问题一直是重中之重，对施工人员进行安全风险管理，就要对施工设备进行定期检查，排查安全隐患；对作业人员的工作进行安全监督；同时加强保险管理。规避水利工程的无效风险，人员的安全风险，以人为本，有效地控制工程风险，能够解决水利工程的后顾之忧。

（三）贯彻落实招投标机制，确保水利工程安全

目前，我国水利工程的招投标机制以逐步得到规范化。工程招标能够衡量水利建设企业的质量，使得水利工程得到保证。因此在水利工程项目中要贯彻落实招投标机制，要保证招标的公开性、公平性、公正性。目前一些单位为了保护地方企业，会排斥其他地区的优秀企业进行招标活动，进行暗箱操作，使得工程质量得不到保障。同时要制定合理的评标方法，完善招标程序。多吸取国内外其他行业的经验，学人之长，补己之短，实现招标程序和评标方法的合理化、科学化。

（四）建立健全职责机制，确保水利工程安全

水利工程管理机制的不健全，使得管理人员抓住机制漏洞，出现越权越职，却又无法追究责任的现象。因此，建立健全职责机制，就是要明确管理单位的工作职能，明确管理人员的监督职责。管理单位要做到依法行使自己的权利，行政部门不能过分干预其业务管理。此外，将水利工程的管理与维修养护工作进行分离，对于水利工程的养护维修工作，也建立一套独立的工作职责机制，将市场化机制引入其中，使水利工程养护维修工作具有法人代表。这样不仅能解决传统管理中养护维修的难题，又能提高养护水平，提高了工程管理效率。

水利工程关乎民生，是国家的一项重要工程，抓好水利工程管理确保水利工程安全具有重要意义。通过对水利工程引进造价管理，完善风险管理，落实招标机制，健全职责体系等方式，能够有效地保证水利工程的安全。

第二章 水利工程规划理论研究

第一节 生态水利工程的规划

本节主要介绍了生态水利工程规划设计，重点介绍了生态水利工程规划设计工作需要遵循的原则以及生态水利工程规划设计的具体方法两个方面的内容。对生态水利工程进行规划设计时，工作人员必须要遵循一些必要的原则，同时还要采取正确的方式方法，这样才能促进生态水利工程建设的顺利进行。

一、生态水利工程规划设计工作需要遵循的原则

（一）设计人员要遵守安全性原则和经济性原则

工程建设企业在进行生态水利工程规划设计工作时，除了要在最大限度满足人们生活和工作中的用水需求的同时，还应该遵循安全性原则和经济性原则，尽可能实现生态水利工程的可持续发展。从专业角度来讲，工程学原理和生态学原理都是生态水利规划设计中应该应用到的原理。在进行具体的设计工作时，相关的设计人员应该要提前对工程所在位置的生态系统的情况进行细致考查，进行水利工程建设时可以充分利用生态系统本身所具有的一些功能，这样就可以在一定程度上提升工程建设企业的经济效益。

（二）遵循生态系统的自我恢复原则和自我组织原则

生态系统所具有的自我恢复能力和自我组织能力是其能够进行可持续发展的主要表现，大自然对于生态系统中不同物种的选择就是生态系统所具有的自我组织性，在生态系统的这种性质下，能够适应自然环境变化的物种被保留下来并且进行世代繁殖。同时，生态系统的自我恢复能力是指生态系统经受过自然灾害或者人为破坏之后，经过一段时间，便可以恢复到原来的状态。设计人员在进行生态水利工程规划设计时一定要遵循生态系统的自我恢复原则和自我组织原则，以此来形成较为科学合理的物种结构，使生态水利工程

的建设符合可持续发展战略要求。

（三）要遵循循环反馈调整式的设计原则

对河流进行修复的工作往往具有长期性和艰巨性，因此生态水利工程规划设计工作人员不能期望通过水利工程的建立在短时间之内对河流进行修复。从本质上来说，生态水利工程的建立是一个对河流中的生态系统进行模仿的过程，因此设计工作人员进行设计工作时并不能依照传统的设计方式，而是要遵循循环反馈调整式的设计原则，其具体的流程分别有：设计、执行、监测、评估和调整。为了能够充分体现循环反馈调整式设计原则的优势，工程建设企业可以邀请相关方面的专家与设计工作人员一起对水利工程进行规划和设计，尽可能提升规划设计方案的科学性和合理性。

二、生态水利工程规划设计的具体方法介绍

（一）以生态水文和工程水文为基础进行科学合理的分析

生态水利工程规划设计工作人员对水文进行分析时，必须要结合实际情况，将生态水文和工程水文有机结合起来作为基础，实现水文分析工作科学性和合理性的提升。因为生态水利工程需要服务的对象种类有很多，除了满足人们的正常生活，林业、牧业等都需要大量的水资源。设计工作人员必须要清楚地了解生态水利工程需要达到的供水目标，然后再尽可能通过工程的设计使其满足用水需求，同时使生态水利工程的实用性得到有效提升。

（二）将环境工程与水利工程有机结合起来进行设计工作

生态水利工程的建立必定会对工程周围的生态环境产生一定的影响，工程规划设计工作人员在进行设计工作时一定要清楚的判断出生态水利工程的影响作用，然后尽可能地将环境工程与水利工程结合起来。同时，在生态水利工程中，水质和水量都必须达到国家规定的相关标准，如果能够通过生态水利工程对水污染问题进行解决，那么生态水利工程发挥的作用就会进一步增强，但是设计工作人员需要注意的是，生态水利工程中的具体水量会随着季节的变化有明显的不同，因此对方案进行设计时一定要结合实际情况，确保生态水利工程方案的合理性和适用性。

（三）从整体环境的大范围对生态水利工程进行设计

生态水利工程规划设计工作人员如果仅仅从小范围内对工程进行设计，不仅不能达到对生态环境进行修复的目标，而且会导致整个生态水利工程与预期不相符，因此设计人员一定要从整个环境的大范围对生态水利工程进行设计，充分考虑到生态系统中不同因素之间的影响和作用，这样才能从整体出发，协调好各方面的关系，从而使生态水利工程的建设能够顺利进行。

生态水利工程规划设计工作需要遵循的原则分别有：设计人员要遵守安全性原则和经济性原则；遵循生态系统的自我恢复原则和自我组织原则；要遵循循环反馈调整式的设计原则等。生态水利工程规划设计的具体方法分别有以下几个方面的内容：以生态水文和工程水文为基础进行科学合理的分析；将环境工程与水利工程有机结合起来进行设计工作；从整体环境的大范围对生态水利工程进行设计等。只有采取科学合理的方法对生态工程进行规划和设计，才能使水利工程发挥出尽可能大的作用。

第二节　水利工程规划重要性综述

习近平总书记从战略和全局高度提出了新时期水利工作方针，为我们做好新时期水利工作提供了科学指南和根本遵循。李克强总理多次主持国务院常务会议专题研究部署重大水利工程建设，对水利建设提出明确要求。当前水利改革发展面临十分难得的重大机遇。俗话说："好的开端等于成功的一半"，而对于水利工程建设的规划设计而言恰好就是一个开端，这个开端的好坏直接影响到整个水利工程的建设。规划设计是水利工程建设中一个重要环节，因此，加强水利工程建设规划设计具有极其重要的意义。

一、水利工程规划设计的重要性

水利工程建设是我国现代化建设的要求，是我国农业发展的要求。水利工程建设必须经过科学地规划设计才能更好地凸显其真实的价值和作用。因此，规划设计在水利工程项目的建设中起到了举足轻重的作用。主要体现在以下3个方面：

（一）水利工程规划设计与质量工程造价紧密相关

水利工程项目建设主要包含决策、规划设计和实施3个阶段。其中需要我们控制的重点在于相关项目的决策和规划设计方面，尤其是规划设计显得尤为重要。虽然水利工程项目规划设计收费一般占整个项目费用的3%左右，但是它所产生的影响巨大，必须引起高度地重视。只有对其引起足够的重视，我们才能去更多地发现它在整个项目建设中的重要作用。比如在规划设计过程中，如何选择材料、设计什么样的细部结构等等，这些都将直接关系到整个工程的造价预算和整体格局。

（二）水利工程规划设计与运行费用开支相关联

现实中我们可以清楚地知道，水利工程项目规划设计质量的好坏，不仅仅对整个工程投资产生巨大的影响，同时它还会对工程运行时的各种费用支出产生较大的影响，可以说水利工程的规划设计与实际的运行费用具有一定的关联性，我们应该对其引起足够的重视。比如，在供水项目工程的建设过程中，由于对年用水量方面的分析和研究做出了错误的判断，导致在给工程项目做规划设计时误认为年用水量会很大，结果导致在工程项目建设的过程中由于建设的规模过大，最终实际费用已经远远超出了预算，而工程竣工后投入使用，实际的年用水量却远远小于当初规划设计的预期，这就导致整个工程在后续运行中产生的费用一直居高不下，使得整个项目一直处于亏损状态。

（三）水利工程规划设计与人民生命和财产安全相关

2014年以来，全国大部分城市遭受大雨袭击，特别是内涝造成了人员和财力损失。目前国内有些城市排涝设计标准较低，导致城市内涝问题非常严峻，建设符合城市人民需要的水利工程迫在眉睫。因此，无论城市还是农村，水利工程规划和设计，对于保障人们的生命安全和财产安全具有重要的意义。

二、提高水利工程规划设计质量和水平的有效策略

现阶段，由于我国的水涝问题十分严峻，所以在水利工程建设过程中，要进一步加强水利工程设计、规划、建设，并提高设计规划的质量，进一步突出水利工程对于人民切身利益的重要性。针对如上问题，提出如下3点具体的实施方案：

（一）确保设计规划原始资料的真实客观性

在规划设计水利工程建设项目时，要严格对原始资料进行审查，必要时还要要求相关工作人员多次复查以确保原始资料的真实性、可靠性。由于水利工程项目涉及诸多方面的数据和信息，例如自然环境、人为因素、经济因素、政治因素、国际因素，等等，因此不可避免地会受到这些因素的影响，对水利工程规划设计造成很大的困难，因此对规划设计人员具有很大的挑战和要求。鉴于如上因素，水利工程规划设计相关工作人员在审核前，必须全面调查研究水利工程涉及的所有可能因素，确保原始资料具有客观性、真实性和可靠性；在对原始资料进行全面审核时，要对原始资料的全面性、客观性和准确性负责，为建设有保障性的水利工程项目打下坚实基础。

（二）规划设计过程中应严格按照相关标准规范进行

实际上，不仅仅只是在建设水利工程项目时要严格遵循设计标准和规范标准，当涉及设计、建设和规划其他工程项目时同样也要遵守。因此，对于工程规划设计人员在涉及工程的具体操作时，要用职业素养严格要求自己，要做到按照标准和要求施工作业，优化和完善水利工程的设计方案。若遇到与水利工程设计相违背的情况，要及时反馈给上级，以便及时研究并提出合理的解决方案，让水利工程规划设计顺利进行。同时将设计理念贯穿

在整个水利工程项目中，甚至具体到各个设计环节，高度警惕和重视任何环节，强调任何一个环节都不能疏忽，不然会带来极其严重的后果。在具体施工过程中，将施工环节具体地划分成不同的等级，对于不同等级安排相适应的技术设计人员负责，做到人才的有效运用，提高整个水利工程项目的质量。针对较高等级的环节，必须根据规划设计要求进行精准无误地规划，确保设计规划的准确性和合理性，但是对于偏低等级的环节也不能马虎，要谨慎处理和对待，避免在水利工程项目的建设过程中带来不必要的损失和影响。

（三）规划设计过程中应当坚持生态和谐与可持续发展理念

水利工程规划设计时，要合理运用手中的人力、物力和财力提前对拟建地区的人文环境和生态环境展开全面的调查和勘测，通过书面记录和电脑记录的方式，掌握准确的、可靠的和符合实际的相关信息和数据，整合出水利工程设计所需要的重要资料，因地制宜地规划设计，让水利工程项目与周围人文环境和生态环境和谐发展，不能只为了发展经济、创造利益，而牺牲我们赖以生存的自然环境，要坚持走经济和环境和谐发展的道路。与此同时，要不断创新、不断改变世俗的传统审美观和标准，保留传统精华，结合当前人们的实际需要，设计出让人民满意的水利工程项目，满足人民日益增长的实际需求，解决威胁人民生命和财产安全的水涝问题。在规划设计水利工程时，病态的和过度的设计、装饰都是不可取的，应该遵从自然的美丽，使水利设施的规划设计方案与生态环境融合，你中有我，我中有你，更加充分合理地利用资源和景观，创造更多利国利民的水利工程来为人民谋福利。

水利工程规划设计关系着我国的国计民生及经济的发展，因此必须重视水利工程的建设。坚持科学发展观的思想和路线，利用现代先进的水利工程技术努力创新和突破，创建出人类与生态环境和谐共处的道路推动人类社会可持续发展。

第三节　水利工程规划设计各阶段重点

水利工程规划是水利工程项目实施的基础，科学合理的水利规划能够保证水利工程的使用价值以及使用寿命。水利工程规划设计通常情况下包含项目建议书、可行性研究、初步设计、招投标阶段、施工图设计阶段等五个环节。

一、水利工程规划设计现状

我国水利工程项目规划设计发展较晚，在实际规划设计过程中由于地理条件、水文地质情况、环节因素、地区发展不平衡的多因素的影响，使得目前我国水利工程规划设计相对较为简单，没有较为完善的设计流程及规范保障，与国外发达国家相比，水利工程规划设计水平相差甚远。

在具体项目规划设计过程中，尤其是较为大型的项目，涉及范围较广、涉及专业众多，在规划设计过程中经常出现不同程度的偏差。目前我国水利工程项目规划设计过程中，各个设计人员之间联系配合不够紧密，沟通交流不够充分。而水利工程又涉及到社会规划、水位变化、地区环境等各方面的问题，需要综合进行考虑，针对不同项目的各项影响因素进行归纳、总结，与已有的项目进行详细对比，才能实现水利工程项目合理化设计。但是目前在实际的水利工程项目规划设计过程中，很多规划设计过程都被省略过去，且通常存在资料不完备的情况，使得设计人员无法全面考虑和评估项目规划设计中的要素。再者，目前国内水利工程规划设计流程较为简单，没有规范的制度进行相应的保障，使得所编制的规划设计存在许多问题，为后续水利工程项目实施埋下隐患。

二、水利工程设计各阶段重点

（一）项目建议书阶段

每一个水利工程项目建设都有其特定的背景，对项目背景进行全面的了解是水利工程规划设计的基础。在项目建议书阶段，设计人员应该全面地了解涉及项目所在流域范围内的其他水利工程项目资金筹措情况、筹集的方式，项目所在地居民安置情况、项目对周边环境的影响以及当地政府对电价、水价的控制文件等内容。根据以上各个影响因素进行综合全面考虑，给水利工程建设单位提供相应的文件资料，进行相应的项目审批。在项目建议阶段，水利工程规划设计过程中应该重点关注水利工程项目对周边环境的影响，根据实际项目情况进行专题的环境影响研究，编制相应的环境影响评估报告。该报告需要经过项目所在省、市各级部门的审批，根据各级审批意见进行相应的调整。

（二）可行性研究阶段

可行性研究阶段，设计人员对项目进行全面的综合分析，该阶段主要涉及对项目投资环境分析、发展情况分析、背景分析、必要性分析、财务指标分析、市场竞争分析、建设规模以及建设条件等方面的分析。包括对已有水利工程的调研，对项目所在地产出物用途调研、替代项目研究、产能需求研究、同类型项目国内外情况调研。在此基础上对项目布局方案、建设规划、制定相应的技术方案，同时设计水利项目的生产工艺、方法、流程。对项目进行总体布置，对建设工程量进行预估。

（三）初步设计阶段

初步设计阶段设计人员根据相关的法律规定，在详细分析的基础上进行设计。水利工程初步设计过程中需要在可行性研究的基础上，重点关注水土保持以及环境影响方案，同时，应该依据相应的法律法规进行相应的编制。初步设计阶段必须进行勘测、调查、研究、实验，对基础资料进行全面、可靠的掌握，依据技术先进、安全可靠、节约投资、密切配合的原则进行设计，在设计过程中，对已有项目建设情况进行了解，对初步设计具有重要的意义。再者，初步设计阶段应该考虑规划中各个专业、各个部分之间的协调配合，将规划与施工、造价、水工、移民等综合考虑，全面设计。可行性研究阶段和初步设计阶段是项目方案确定的阶段，是水利工程项目实际建设规模、建设形式、建设投资确定的阶段，该阶段对设计方案的控制直接影响后续项目投资，控制项目造价的形成，因此在初步设计阶段不仅要注重对方案的设计，还应该充分考虑项目投资金额，合理控制建设规模，将项目资金发挥最佳的效益。

（四）招标设计阶段

招标设计阶段，应该对项目进行重点的把控。根据《中华人民共和国招投标法》相关规定：在我国国境之内所进行的建设项目，包括该建设项目的勘察、设计、施工、建立、设备采购、材料采购等都必须根据相应的程序进行招标。水利工程项目作为国有资金投资项目，必须进行招投标选择相应的设计、施工等相关单位。在招标过程中工程突击的制定、招标文件的编制。在招标设计环节工作重点应该放在市场准入、招标文件质量、公告的发布、评标的规范性等问题上。严格按照相应的招投标流程进行招标活动，注重程序监督，对评标委员会的组成、招标公告的发布、招标文件的编制、投标、开标、评标、定标等进行严格管理，保证招投标环节合法性、合规性。

（五）施工详图设计阶段

施工详图设计阶段应该保证各施工图保持一致性。该阶段设计工作中的重点关注基础处理图、地基开挖图、钢筋混凝土结构图、建筑图、设备安装等图纸具有一致的尺寸，利用先进的计算机软件技术进行校核。例如，利用 BIM 技术对项目中的管线进行综合，对施工过程进行模拟，从而保证施工详图的准确性。

由于我国水利工程技术现代化发展历史较短，同时受到社会环境、自然环境、工艺技术等因素的影响，使得水利技术设计水平相对较低。在水利工程规划设计项目建设阶段应该充分掌握建设项目的背景；可行性研究阶段应该对项目进行全面分析，初步设计阶段应该根据国家相应水利设计规范；对项目进行方案设计，招投标阶段应该严格按照招投标相应的法律法规流程进行管理控制；施工详图设计阶段应该保证各部分图纸之间的一致性。

第四节　水利工程规划设计的基本原则

现代化的水利工程应当摒弃过往只注重经济发展的观念，应当充分考量人与自然的和谐相处，从而做到以人为本的现代化设计理念。现有的水利工程除了发挥其原本的生产生活价值以外，还需要结合景观文化、现代自然达到相融合的境界。在做到发挥水利工程原有的价值以外，相关职能单位在进行水利工程的规划过程中，还要充分结合当地的实际情况，将人文、思想、氛围等因素纳入考虑范畴之中，更好展开多元化的水利工程建设，让水利工程成为我国经济、文化为一体的标志性社会公益单位建筑。

就目前我国水利工程的建设经验而言，尽管目前我国各项相关水利工程建设的法律规定都建设完毕，在水利工程的施工技术与条件上，都得到了极大的发展，然而工程的落实情况，尤其是部分偏远地区的水利工程建设情况，却没有达到应有的标准，存在一定的问题。

首先，我国水利工程中建筑质量问题仍然是最为主要的问题；其次，在国家水利工程重要性不断突出的形势下，市场的竞争机制仍然不够健全。目前我国整体上水利工程仍然显现上升的态势，但基于各种客观或主观的因素，在其建设工作中仍然有许多可改进的空间，只有从源头做起，切实解决水利工程中的不足，才能更好完成我国政府的建设任务。

一、生态水利工程的基本设计原则

（一）工程安全性和经济性原则

区别于其他工程类型，水利工程是一项综合性较强的工程，在不破坏原有的自然环境和生态基础之上，还要在河流周边的区域满足包括灌溉、防灾等各项人为需求。因此水利工程的建设需要同时满足工程学和生态学两大科学原理，其建筑过程中也要运用到包括水力学、水质工程学等多项科学技术，从而才能更好提升建筑工程的安全性和耐久性。就水利工程而言，其首要任务是做好包括洪涝、暴雨等自然天气的冲击，因此在水利工程的设计阶段，相关工作人员的首要任务是深入勘查水流情况、当地的天气情况等客观因素，从而设计出更符合水流冲击、泄洪的通道，保障水利工程的长期使用。基于生态水利工程而言，必须以最小的建筑成本换回最大的经济收益，才能最大化水利工程的价值。由于受到各类客观因素的影响，往往生态系统在水利工程建设过程中会遭受怎样的变化难以较好地预测。故而对工作人员做好各方案的比对，做好长期性的动态监控提出了较高的要求。同时，由于水体具有一定的自净能力，因此在水利工程建设上也要充分考虑水体的这一特征。

（二）生态系统自我设计、自我恢复原则

所谓的生态自组织功能，即为在一定程度上生态系统能够自我调节发展。自组织机理下的所有生物，其能够生存在生态系统之中，说明其适应环境，并能够在一定的范围之内表现出自适应的反应，寻找更好的机会发展。因此，在现代化的水利工程建设上，目前的水利工程更强调适应自组织机理。例如，在水利工程中的支柱——大坝的建设上，大坝的体型、选材都在设计者的掌握之中，故而最终表现出预期的功能性。而水利工程中的河流修复系统，其本质上与大坝有区别，其功能主要是帮助原有的水流生态环节，在不破坏其基本构造的情况下，更好帮助生态系统加以优化调整，属于一类帮助性的建设工程。通过自组织的机理选择，原有的生态系统能够更快适应水利工程，并根据自然规律获得更好的发展。

坚持与环境工程设计进行有机结合。由于现代化水利工程对生态系统有了更强的要求，因此其涉及的技术学科内容往往更多。因此其设计原则上不仅需要切实吸收建筑工程学原理，还需要一定程度上获取与环境科学相关的技术，从而达到更优化的综合性建设。针对目前我国水资源愈发短缺，各地水资源急需更好更深入的开发现状，水利工程还需要将环境治理纳入考量范围之中。与此同时，由于水利工程尤其是规模较大的水利工程所涉及的水量较大，故而在水利工程的设计上无疑又增加了难度。例如，我国东北部黑龙江地区的扎龙湿地补水工程，尽管每年都采取了大量的补水措施，但其水质难以匹配过往传统的水态，最终也引发了水质进一步恶化，部分生物数量急剧下降的负面影响，尤其是众多的可迁徙鱼类往往不选择该区域进行繁殖。水利工程中，为了进一步减少灌溉农田对下游湖泊的影响，可在其回流道路上设置一定的过渡带或中转区域池塘，使得在水田附近的农作物生产不遭受影响，也可以经由农业户自行处理过剩的有机物。尤其在缺水地区种植水稻，需要注重水体的重复利用率，以期更好符合水利工程的水体净化处理要求。

（三）空间异质原则

在水利工程的设计阶段，就需要对其可能的影响因素做好充分考量，尤其是原有河流之中的生物因素，是导致水利工程是否发挥作用与价值的关键环节，在水利工程的设计原则中，不破坏原有的生物结构是重要的要义。河流中的生物往往对其所在的环境有很强的依赖性，生物也与整个生态系统息息相关，因此水利工程设计阶段必须将其纳入为重要的衡量因素之一，避免工程结构对原有的生态环境造成破坏。这就要求设计人员在前期做好充分勘察工作，掌握河流生物的分布与生活要求，在不破坏其生态系统的基础上，做好设计工作。

（四）反馈调整式设计原则

生态系统的形成需要一个过程，河流的修复同样需要时间。从这个角度来看，自然生

态系统进化要历经千百万年，其进化的趋势十分复杂，生物群落以及系统有序性，都在逐步完善和提高，地域外部干扰的能力以及自身的调节能力也会逐渐完善。从短期效果来看，生态系统的更迭和变化，就是一种类型的生态系统被另外一种生态系统取代的过程，而这个过程需要若干年的实践，因此在短时期内想要恢复河流水源的生态系统是很不现实的。在水利工程设计的过程中，应该遵循以上生态系统逐渐完善的规则，争取能够形成一个健康、生态、可持续发展的生态工程。在这样的设计之下，水利工程一旦投入使用，其对自然生态的仿生就会自动开始，并进入到一个不断演变、更替的动态过程之中。但是为了避免在这个过程中可能出现与预期目标发展不符的情况，生态水利工程在设计上主要是依照设计——执行——监测——评估——调整这样一套流程，并且以一种反复循环方式来运行的。整个流程之中，监测是整个工作的基础。监测的任务主要包括水文监测与生物监测两种。要想达到良好有效的监测目的就需要在工程建设的初始阶段建立起一套完整有效的监测系统，并且进行长期的检测。

二、水利工程规划设计的标准

（一）设计应满足工程运用的要求

工程实施后应能满足工程的任务和规模，实现工程运用目标；设计应满足安全运行的要求，在技术上能成立并有一定的安全余幅。

（二）设计应有针对性

在水利工程项目规划设计时，要针对场址及地形、地质的特点来对建筑物的形式和布局进行合理设置，且这些设置随着设计条件的变化还需要进行适当的调整，而不能照搬照抄其他的设计，需要确保设计的针对性和独特性。

（三）设计应有充分的依据

设计应有充分的依据是指方案的设计应经过充分的分析和论证：①建筑物设置和工程措施的采取应通过必要性论证，以解决为什么要做的问题，如设置调压井时，应先对为什么要设调压井进行论证；②建筑物的布置和尺寸的确定等应有科学的依据。为使依据充分，布置应符合各种标准和规范，体型和尺寸应通过计算或模型试验验证，缺少既定规范或计算依据时应通过工程类比或借鉴同类工程的经验确定。

三、设计应有一定的深度

在前期工作的各个阶段，设计深度有较大差别，越往后期深度越深。掌握的原则有两条：①应满足各阶段对设计深度的要求；②对同一阶段的不同方案，其设计深度应相同。

在水利工程规划设计时方案比选结果的可信度与设计深度有较大关系。由于方案需要在可行性研究阶段和初步设计阶段进行确定，这时就需要方案具有一定的深度，通过各方案的比选来选择最佳的方案。

在水利工程项目施工建设之初，对其进行合理的规划设计，是保障工程质量以及工程使用寿命的前提。在规划设计的过程中，设计人员要严格按照相关的原则进行，在保障工程施工质量的同时，最大限度实现工程的经济价值、生态价值，以优化环境，满足我国水资源利用需求以及自然灾害防御需求，真正实现水利工程能效，使其促进国家的建设发展。

第五节　水利工程规划与可行性分析

目前，我国水利建设进入了从原始传统水利基础设施建设发展到现代追求绿色、健康、环保等多样的新阶段，水利工程如何配套与完善已成为摆在我国政府面前亟须解决的问题，在保证水利工程施工的前提下，又能在水利工程施工完成后，使岸边遭到破坏的植被得到保护和充分利用，用洼地养殖名优鱼类，用较高的地方种植高档果蔬类，形成高效绿色农业，与水渠相结合，发展活水养鱼、旅游观光，形成植被恢复、高效渔业、果蔬经济、风景观赏于一体的新型水利工程格局。

一、水利工程、植被恢复、休闲渔业、观光等配套发展规划

水利工程在设计建设过程中，要在发展休闲渔业、恢复植被、旅游观光等配套上下功夫。当水利工程取走大量土石方后形成废弃地，很难恢复植被，如何利用这块废地，已成今后水利工程建设中亟须解决的问题，既能保证水利工程建设正常进行，又能使水利工程建设完成后与之相配套，更好地完善水利工程，水利工程建成后，形成一个与水利工程相配套的亮丽风景带，一处水利工程，一处美景。对于改善环境，拉动地方经济，增加就业将发挥积极作用。

一是在规划设计水利工程时就要考虑到休闲渔业，水中岸边旅游观光远景规划，可根据地形、地貌不同而因地制宜进行长远规划设计。二是可考虑大坝下游水渠两侧，办公区、观光区等，规划一个整体配套设计方案，在取走土石方的地方设计休闲渔业、旅游观光业项目，充分论证，合理设计，一步到位，一次成型。在适合养殖名优鱼类的地方设计养殖名优鱼类，在适合发展果蔬经济的地方种植高档果蔬，在适合观光旅游的地方发展特色旅游观光业。如在大坝下游挖走土石方后形成一个低洼地带，利用大坝高低落差形成自流活水养殖当地名优鱼类，生长快，口感好，经济价值高，是一个绝好可利用的自然资源。在环境保护、绿化地带，种植绿色植物，对于环境保护、水土流失可起到保护作物。如发展

高档采摘果业，对于美化环境、增加收入、拉动地方产业将起到一个良好的作用。三是设计休闲渔业，旅游观光业档次一定要高，保证多年不落后。如在北方地区可与周边民族风情相结合，与自然风景相依托，具有独特风格的餐饮、住宿、园林、观光特色的度假区。夏季利用北方白天热、夜晚凉爽的特点，组织垂钓比赛、郊游、啤酒篝火晚会等系列活动，既为游客创造良好的外部环境，又陶冶了游客的情操。在冬季可组织游客体验雪地、冰上游乐活动，如滑雪比赛、滑冰比赛等，还可观赏北方冬季捕鱼的盛大场面。

二、案例分析

松原哈达山水利枢纽工程竣工后形成逾 7 万 m² 的废弃地，此地处在松原市东南部，距松原市 10 km 以上，距长松高速公路不到 10 km，东邻松花江，西北邻松原市城区，用此废弃地发展休闲渔业、绿色果蔬业、观光旅游业三大产业，对于水利工程完善，拉动本地经济，美化长春至松原风景观光带，将产生积极的深远影响。

三、水利工程、休闲渔业、旅游观光协调发展的可行性分析

利用水利工程废弃地发展休闲渔业、绿色果蔬业，它是旅游业中的重要内容，是家庭旅游业的新亮点，也是当今世界旅游业的一大风景线，可以使环境保护和休闲渔业得到可持续发展，实现了双赢，充分利用了自然资源和人为资源。过去一些水利工程较多考虑单一因素，忽视了全面配套规划，浪费了大量的土地资源，使土地荒废很多年。根据每个大中型水利工程的特点，深层次地挖掘其可利用的价值。

一是在水利工程规划中就考虑挖掘土石方工程以后获得的地块用处，防止重复建设，一举多得，降低成本，利用效率高。二是用此废弃地发展适合当地的土著品种的果类、鱼类等品种项目。如我国三峡水利枢纽工程就是一个典范，全面考虑多方认证，在利用率、经济效益、生态效益和社会效益方面都是全国乃至世界水利工程的楷模。现在当地土著品种柳根鱼口感非常好，营养价值高，人工养殖技术已经具备，可大面积养殖，也可在高地种植鸡心果，这是果类口感较好的高档果，属于北方特种果类。三是在不影响水利工程项目的前提下，整体考虑建设功能齐全适合各配套项目发展的秀美的新型水利工程。同时，政府要协调环保、规划、水利、农业、林业、旅游等有关部门联合制定出远景规划，按规划要求把水利等系统配套工程建设成既能把水利工程高标准建设好，又能把相关配套工程完善好，形成多重叠式的集休闲渔业、旅游观光于一体的当今最时尚的新亮点，具有广阔的发展前景。

第三章 水利工程规划创新

第一节 基于生态理念视角下水利工程的规划设计

伴随着时代的进步和发展，人均物质生活水平显著提高，相应的环保意识也在不断增长，对水利工程建设活动提出了更高的要求。将生态理念有机融入水利工程建设中，就需要对以往水利工程建设中带来的生态问题进行深入反思和改善，采用工程创新建设模式来迎合时代发展需要，从技术上和规划上转变水利工程以往粗放型建设方式，以求最大程度降低对生态环境的破坏，打造环境友好型水利工程。尤其是在当前可持续发展背景下，将生态理念有机融入水利工程规划设计是尤为必要的，有助于推动水利工程规划设计的科学性、合理性。由此看来，加强生态理念视角下水利工程的规划设计研究是十分有必要的，对于后续理论研究和实践工作开展具有一定参考价值。

生态水利工程是在传统水利工程基础上进一步演化出来的，主要是为了迎合时代发展需要，融入可持续发展理念，更好地满足人们发展需求，维护生态水域健康，这就需要对水利工程技术进行更加充分合理的运用。生态水利工程中不仅需要应用传统的建设理论，还应该在此基础上进一步融合生态环保理念，对以往水利工程建设对生态环境带来的破坏进行改善，修复河流生态系统。此外，生态水利工程建设中，应该严格遵循生态水利工程规划设计原则，结合实际情况，有针对性改善生态系统，推动社会经济持续增长。

一、生态水利工程规划设计工作中面临的困难

（一）缺乏具体的生态水利工程设计方法和评价标准

生态水利工程规划和服务目标具有明确的地域性和特定性要求，需要综合考量经济和生态之间的关系。由于生态系统之间具有较强的地理区域差异，所以生态水利工程也需要具备足够的地理区域差异性特点，因地制宜，满足当地地质、水文和生物等多种功能上的需求。总的说来，尽管我国生态水利工程在设计中已经提出了相应配套的评价方法和评价

指标，但是在涉及具体生态水利工程建设内容时，却依然存在较大的缺陷和不足，最为典型的就是评价方法不合理，评价标准不明确。不仅仅是该水利工程，从全国角度来看，很多当前建设的水利工程对生态影响的研究较少，无论是理论层面还是实践层面，致使相关领域缺少足够的研究成果可以利用和参考。此外，水利工程中由于包含大量的稳定性和安全性问题，所以我国水利工程建筑物尽管制定了明确的标准，但是由于未能制定相配套的技术标准，导致生态服务目标未能标准化和规范化，后续的水利工程设计工作也缺乏科学指导，变得无所适从，带来不利的影响。

（二）水利工程设计人员生态学专业知识和经验不足

生态水利工程是将传统的水利工程和生态学知识的有机整合，在符合传统水利工程建设目的和原理的同时，还需要符合生态学原理。故此，就需要相关生态水利工程设计人员具备更加扎实的专业知识，了解更多的生态学和其他学科知识，具备足够的专业技术能力和实践经验，只有这样才能确保生态水利工程设计活动取得更加可观的成效。但是从实际情况来看，水利设计人员中具备足够的专业技术和能力的人才少之又少，尤其是生态水利工程建设经验的不足，导致很多地区的水利工程规划设计工作流于表面。诸如，在水利工程建设完成后，很多周边的生态环境和水文环境受到了严重的影响，尤其是水利工程周边的生物群落出现了明显的改变。此外，还有很多地区的防洪工程和水坝建设完成后，水体流动性降低，致使水体原本的自净能力急剧下降，水质下降，水体受到严重污染。传统的水利护岸工程建设更多的是以混凝土结构为主，这种人工将水体和土地分离开来，造成了水中生物和微生物的接触，造成自然生存环境发生改变，河流原本自净能力下降，水体环境变差，不利于水中生物的生存。基于上述种种情况，致使很多水利工程的生态效益变差，为工程周边的生态环境带来了负面影响，尤其是在当前的市场运行体制下，水利工程设计人员和环境保护工作者之间缺少直接的合作机会，在一定程度上导致生态水利工程规划设计的落后性。

（三）水利建设和生态保护之间平衡协调问题复杂

无论是社会发展还是自然界的演变，都有自身独特的规律，人类在改造生存环境的同时，必然会对自然界产生一系列的影响，如何能够平衡协调人类社会活动和自然界环境变化成为当前首要工作之一。水利工程建设和生态保护之间平衡是一项十分系统、复杂的工作，其中涉及众多的因素和变量问题，较之传统水利工程而言，生态水利工程具有固定方法，应针对不同的水文条件、河道形态，有针对性提出配套的设计规划。诸如，河床由于长期水沙冲刷形成了不同形态的河槽断面，所以在不同水文条件下会形成不同的断面。对于水文条件，所表现出来的特征和形态同样存在差异。故此，水利工程建设和生态保护之间如何能够平衡协调，成为当前工作首要开展方向。

二、基于生态理念下水利工程的规划设计对策

将生态理念融入水利工程规划设计中是尤为必要的，尤其是在当前社会背景下，经济发展和生态保护之间的矛盾愈加突出，为了谋求人类社会长远发展，就需要摒弃以往牺牲环境的粗放型经济增长方式，迎合时代发展需要，努力打造环境友好型水利工程，更加合理地利用水资源，改善生态环境。

（一）转变传统观念，强化学习和交流

水利工程建设同生态保护相同，是一对十分矛盾的对立体，只有坚持科学发展观，才能更为充分地发挥主观能动性，将生态理念有机融入水利工程建设的各个环节，尊重客观规律，科学合理利用条件，促使水利工程对生态环境影响问题朝着更加积极的方向转变，设计规划更加科学。该工程在设计之前，为了确保生态理念能够有机融入其中，特组织相关设计人员学习生态学相关知识，并综合吸收和借鉴国外成功生态水利工程案例，结合我国实际情况做出综合考量。在实际设计活动开展中，通过专题研讨和座谈会的方式，进一步加强技术和经验的交流，分享设计心得。基于此，可以有效改变设计人员思想和技术上的不足，提高综合能力。

（二）将工程水文学和生态水文学有机结合

提高工程水文学和生态水文学的结合，以此为设计基础，结合实际情况，促使设计规划更加合理。设计中应该提高对水利工程服务对象的保护，明确当前生态水利工程建设目标，更为合理地开发水资源，促使水利工程更加生态和谐发展。本工程在建设中，由于水库是以备用水库为目标，定位明确，使用频率不高，换水周期较长，多数时间内水库是处于备用状态。所以，水库规模和水质维护成为主要的工作内容，在设计时除了要计算水库规模以外，还要综合考虑到水库水环境容量实际需要，深入分析生态系统结构变化对于水质、水量带来的影响，了解水质变化规律，明确水资源空间分布和生态系统之间的对位关系。故此，在生态水利工程规划设计中，应充分考虑到生态水文学和工程水文学之间的关系，确保水库在各个时期都能够储存足够的水资源，维护生态平衡。

（三）明确关键生态敏感目标

生态敏感目标是生态水利工程建设中一项重点考虑内容，在设计中应该充分明确工程中影响生态的目标，在工程规划设计阶段提出合理的解决方案。从本工程建设情况来看，建设位置主要是在新城区，新城区作为当地政府大力开发的区域，可以说是寸土寸金，所以如何能够让水利工程同城市各项生态功能和服务对象协调，就需要在充分发挥水利功能的同时，还应该综合考量其他的城市周围环境因素，避免给周围环境带来污染，为城市化

建设提供更加坚实的保障。

综上所述，生态水利工程建设是在传统水利工程基础上，进一步整合生态学知识，将生态理念贯穿于水利工程建设始末，实现人与自然和谐共处的目的。生态水利工程更好地迎合时代发展需要，有效降低水利工程建设对周围环境带来的负面影响，为人们提供更加优质的服务。

三、基于生态理念视角的水利工程的规划设计实践分析

以某水利工程为例，该水库工程占地的总面积约为 1600 亩，总库容约为 230 万 m³。工程项目的规划设计涉及土方工程、水工建筑物工程、水土涵养绿化景观工程以及水生生态系统构建工程。基于规划设计过程遇到的复杂地质条件与工程兴建的多变量问题，设计人员共采取了以下措施进行优化控制，以提高水利工程项目建设使用的安全可靠性。

（一）转变原有设计观念，强化学习交流

此设计控制目标的实现，要求水利工程规划设计人员应将可持续科学发展观，即生态理念视角作为原则，使建设者的主观能动性充分调动起来。具体而言，就是在进行本水库工程的规划设计时，组织学习与生态学相关的知识内容，并掌握国内一些成功水库工程建设案例。如此，就可通过座谈会或是专题探讨的方式，与生态环境科技单位进行技术与学术方面的交流，以解决对生态理念的重视力度不够问题。

（二）明确生态敏感目标

研究表明，生态敏感目标的明确，能够使水利工程的规划设计规避可能对生态保护目标造成的直接影响或是间接影响。如此，就可在工程规划阶段，提出具有生态资源保护效果的初步设计方案。由于水库工程项目的建设位于所处城市的新开发区，因此，怎样实现城市各项设施建设与生态保护对象协调目标，是规划设计人员必须要考虑的内容。此外，规划设计人员还应从长远的角度来看，即满足不断上升的人口、工业设施以及商业住宅建设活动等需求的同时，通过控制水库工程运行使用带来的污染与影响，来提高人们生产生活的舒适性。

（三）重视与环境工程的设计结合

该项设计规划实践措施，就是在吸收环境科学与工程的相关理论技术条件下，提高水量与水质的科学配置效果。由于应急备用水源，是衡量水库水质好坏的关键，因此，规划设计人员应将构建库区水生态与周边水土涵养区作为设计重点。为此，设计人员应规划有宽广的水域或是水土涵养区，以为水库周边的生物提供良好的生存繁衍环境。此外，工程建设人员还应针对工程所处生态环境的发展状态与丰富程度，在水土涵养区与湖区间的过

渡带增设生态处理沟渠、净化石滩地与氧化塘，以使湖区的周边构建成生态护岸。此设计规划背景下，水库工程建设附带的生态系统就可对水库运用产生的有机污染物进行降解，以降低水库使用对周边人们居住环境带来的负面影响。

（四）设计结合水文学与生态水文学

在此规划设计基础上的水库工程项目建设，需明确生态目标对水资源使用要求的情况下，来提高设计控制的科学有效性，进而实现水库工程与生态环境的和谐发展目标。由于该水库工程项目的建设主要用于应急备用，因此，具有换水周期长与使用频率低的特点。此工程项目建设要求的情况下，规划设计人员应将防洪影响、水质维护以及水库规模，作为重点控制对象。与此同时，还应将水文学与生态水文学结合起来，即在运用水量与水质变化规律的情况下，使各个时期均能满足水库水资源的储存量需求。

综上所述，水利工程的规划设计人员应将工程项目的实际情况与目标需求进行结合，即在转变原有设计观念，强化学习交流，明确生态敏感目标，重视与环境工程的设计结合以及结合水文学与生态水文学的情况下，来提高设计控制的科学有效性。

第二节　水利工程规划设计阶段工程测绘要点

随着时代不断演变，水利工程建设事业已拥有全新的面貌。在水利工程管理中，测绘技术贯穿于整个过程中，扮演着至关重要的角色，其测量精度和水利工程质量有着密不可分的联系。

一、水利工程测绘概述

（一）水利工程与工程测绘

水利工程工作内容包括规划设计、施工和运营管理。其中，工程测绘是影响规划设计的重要因素，工程测绘工作内容很多，比如测绘项目准备工作、野外作业、外业检查与验收、业内整理、测绘结果检查与验收和成果交付等。规划设计是整个水利工程的设计，只提供平面地形图，其次，工程测绘是将计划变为现实。水利工程的施工包括施工放样和安装测量，运营管理是保障水工建筑安全还有工程管理工作，比如监测变形。

（二）工程测绘流程

项目评审是工程测绘的准备工作，测绘人员要对测绘项目进行评审，根据客户的委托，结合项目组人员的实力，保证产品交付质量，确定交付时间。一般是评审过关以后，才能根据工程测绘流程施工，具体流程是测绘项目准备工作、野外作业、外业检查与验收、业内整理、测绘结果检查与验收和成果交付等工作，要依次进行循序渐进。

二、新测绘技术应用的意义

近年来，测绘技术在不同领域中引起了高度重视，比如，在国防建设中，测绘技术已成为其基础性工作之一。可见，现代测绘技术在改善宏观调控的同时，也能协调不同区域的发展，有利于促进我国社会和谐发展。在新形势下，随着信息产业的高速运转，我国测绘技术不断完善，以此，能够为我国政府提供更好地测绘服务，不断提高政府管理决策能力。此外，由于对应的测绘工作绘制成图形之后，能够充分展现国家的主权、政治主张，而这些都属于国家的机密，需要使对应的测绘成果具有一定的安全性，使国家各方面的权利得到维护，而在这方面，需要站在客观的角度，不断完善测绘服务已有的水平。但在测绘技术应用的过程中，已有的测绘要求与测绘发展并没有处于统一轨迹，二者之间的矛盾日益激化。在这种局面下，需要不断优化已有的测绘技术，使其走上现代化、智能化的道路。

三、测绘技术在水利工程的具体应用

（一）测绘项目策划及准备阶段工作要点

此阶段主要包括组建项目组、资料收集及现场踏勘、编制技术设计报告和外业准备，其工作要点主要包括：

（1）选配技术力量组成项目组，对于技术人员及项目负责人等应按照工程规模、人员能力及工程量大小等确定，尤其是项目负责人应按照院内标准《作业文件》规定的岗位条件设置。

（2）对于现有测绘成果和资料，应该认真分析、充分利用。对于作业区域内的已知控制点，必须明确检校方法，只有精度可靠、变形小的已知点才能作为本工程的起算数据。

（3）应根据项目具体内容进行具体设计。技术设计分为项目设计和专业技术设计，依据抚顺市水利工程规划设计阶段的工作内容，通常将项目设计和专业技术设计合并完成。技术设计阶段的主要工作包括工程测绘比例尺的选择、施测方案的优选和进度控制等。首先，比例尺的选择通常依据工程类型、工程阶段（更具体的设计阶段，包括项目建议书阶段、可行性研究阶段、初步设计阶段等）和现有仪器设备情况等。例如拟建水库坝址区地形测绘。其次，施测方案的优选通常包括控制测量和地形图测绘，而地形图测绘通常依据测区状况进行选择，若视野开阔，可选择全站仪配合笔记本电脑；若测区呈带状分布，可选择 GPSRTK 技术，但若测区内有卫星死角，可用全站仪辅助测量。再次，进度控制设计，充分考虑顾客的要求，依据工程量大小和交付时间，投入适当数量的作业小组进行作业。

通常，工程测绘只作为项目的一个中间产品，提供给设计方使用，只有在规定的时间内提交给设计方合格的测绘成果，才能保证在规定时间内提供设计产品。另外，外业准备阶段工作要点就是项目负责人会同主要技术人员进行技术、质量和安全的交底工作，并检查仪器设备的性能。

（二）野外作业

野外作业就是贯彻设计意图，按技术设计实施作业，其工作要点主要包括：

（1）地物、地貌要素点。三维坐标采集应该做到不遗漏，能正确反映地形实际，局部地区可适当加密。水利工程测绘应包括：居民地、水系及其附属建筑物、道路管线、送电线路和通信线路、独立地物等。若采用全站仪法进行数据采集，对于一些危险地带或人员到达不了的地方，可采取交会法、十字尺法进行数据采集；若采用GPSRTK法必须为"窄带固定解"时，方可进行数据采集；对于一些卫星死角处，可用全站仪辅助测绘。

（2）如遇特殊情况，不能按技术设计要求执行时，测绘项目负责人应及时报告测量队责任人予以解决，并保留记录[①]。

（三）外业检查与验收

依据《测绘成果质量检查与验收》规范，测绘成果实行二级检查一级验收制度，而恰恰行业内的测绘部门往往忽略此项工作，认为外业结束、内业成图后，交付材料给设计部门任务就完成了，没有领悟二级检查一级验收的实质。二级检查一级验收是控制测绘成果，对测绘成果起到质量控制的作用。所谓二级检查一级验收就是，在外业组自检互检的基础上，由测绘单位最终检查，并最终由业主委托的测绘质量检验部门对测绘成果进行验收。外业检查与验收是二级检查一级验收中的第一级检查，即过程检查，实行100%全数检查，然后，依据院内标准《程序文件》组织验收，填写《勘测过程检查/外业验收记录》。

（四）成果最终检查与验收

主要包括最终检查和验收，其工作要点主要包括：

（1）最终检查为二级检查一级验收的第二级检查，实行内业全数检查，涉及外业部分采取抽样检查，通常以幅为单位。采用散点法按测站精度实际检测点位中误差和高程中误差；采用量距法实地检测相邻的地物间的相对误差，通常分高精度检测和同精度检测。

（2）只有二级检查合格的产品，才能提交业主验收。对于验收中发现的问题由项目负责人组织纠正，总工程师对纠正效果进行验证，合格后，方可申请下次验收。

（五）成果交付工作

水利工程规划设计阶段工程测绘有很多工作重点，其中重中之重就是成果交付工作。

---

① 陈龙.城市软土盾构隧道施工期风险分析与评估研究 [D].上海：同济大学，2004.

简单来说，产品交付的标准是二级检查验收合格的产品，即测绘结果检查与验收合格，并且总工程师审核过的产品，才能进行成果交付。另外，产品交付时，要提供相应图纸与报告。

综上所述，工程测绘工作重点主要是测绘项目准备工作、野外作业、外业检查与验收、业内整理、测绘结果检查与验收和成果交付工作。其中测绘项目准备工作比较复杂，它包括组建项目组、收集资料及现场踏勘、编制技术设计报告和外业准备四部分，测绘项目准备工作是工程测绘工作顺利开展的有力保障，也是本节最详细讲解的一个内容。

第三节　水利工程规划方案多目标决策方法

水利工程对地区资源规划与调控意义重大，不仅关系着水资源调度运行效率，对生态环境改造建设起到了保护作用。随着城市化发展步伐加快，在水利工程规划建设阶段，要做好项目规划与分析工作，拟定多个目标决策作为备案，才能更好地完成工程建造目标。据此，本节结合水利工程的规划要求，提出切实可行的改造决策。

一、水利工程规划多目标总结

（一）抗害目标

地基渗漏是水利规划常见问题，要结合水利体结构布局特点，提出切实可行的抗渗施工方案。地基是水利的基础部分，墙体结构性能决定了整个水利的承载力。为了改变传统水利结构存在的病害风险，需对水利墙体结构实施综合改造。因此，施工单位要结合具体的病害类型，提出针对性的施工处理方法。水利工程正处于优化改造阶段，优质水利成为行业发展主流趋势，施工单位要按照渗漏处理标准，拟定符合水利使用需求的加固改造策略，才能体现出水利结构改造优势。

（二）生态目标

生态城市建设下，对水利规划节能要求更加严格，倡导节能技术在水利中的普及应用，成为水利产业经济发展新风气。随着我国改革开放越快，水利行业虽然近年来虽然有所下滑，但是整体上还是发展迅速。大型工程依然是发展的主宰。市场的竞争现状依然很激烈，工程的节能管理依然具有较大的难度。生态城市建设促进水利节能改造，对于我国水利节能是一个十分关键的因素，我们只有持续的提高我国的水利节能预测与控制能力，才可以与世界同步。

（三）质量目标

现代建筑行业处于高速发展阶段，水利规划质量关系着竣工收益，对城市改革建设起到了重要作用。基于现代化改革下，水利规划必须以质量标准为核心，提出切实可行的监理控制方案。为了摆脱传统施工模式存在的问题，必须建立质量优化处理方案，发挥质量建立部门的职能作用。城市改造建设背景下，水利项目工程规模不断扩大化，建立更加科学的施工管理体系，有助于实现工程改造效益最大化。

（四）监理目标

现阶段，由于传统管理模式存在的不足，水利规划缺少科学的管理体系，导致工程质量建设不达标，限制了项目规划与改造有序进行。基于监理单位在工程建设中的指导作用，必须全面落实施工质量监理操作方案。结合水利规划监理发展趋势，提出切实可行的质量监理对策。水利关系着地区人居生活水平，完善建筑施工质量管理体系具有发展意义。工程单位要坚持质量优先原则，安排专业人员从事质量监理工作，及时发现水利存在的质量问题，提出切实可行的管理改革对策。

二、水利工程多目标决策方法

（一）编写制度

由于种种因素的干扰，水利规划质量尚未达到最优化，这就需要施工单位采取针对性的控制方案，实现施工质量目标最大化，为投资方创造更多的收益。编制水利工程规划应遵循的基本原则与编制其他类型的水利规划是相同的。规划的具体内容、方法取决于建设项目的性质。单项工程规划的编制见水库工程规划、水闸工程规划、水电站工程规划、排灌泵站工程规划、河道整治工程规划等。

（二）优化改造

我国水利在节能管理上存在着重视不够、节能技术制度不完善、节能控制措施不落实等一系列的不足，只有加强其工程节能的研究，也就是在识别该项目节能、评价节能的基础上，提出切实可行的防范项目节能的措施与方法。新时期水利对区域水利发展具有重要作用，按照区域水利环境设定施工方案，可进一步提高水利运行安全与效率。施工单位要结合水利不良地质特点，提出切实可行的施工改造方法。

（三）地质研究

水利工程规划通常是在编制工程可行性研究或工程初步设计时进行的。结合地质规划结果，可以对水利规划改造发展历程、选址、结构病害、墙体加固等方面提出施工思路，编制施工改造选址实施性策略。现场施工是项目建设的核心环节，按照工程标准进行现场施工管理及调控，有助于实现竣工收益指标最大化。水利工程规划机制建设中，不仅要考虑传统建筑管理存在的问题，也要落实项目规划与管理目标，结合水利发展实际情况，提出切实可行的管理改革对策。

（四）决策管理

基于现有水利改良趋势下，要做好水利工程规划问题分析工作，提出切实可行的管理创新模式，实现"安全、优质、稳定"等规划目标，这些都是水利工程规划必须考虑的问题。城市规划改造建设中，水利结构面临着诸多病害风险，不仅增加了工程单位的风险系数，也限制了项目竣工收益水平。水利关系着城市居民生活水平，对城市现代化改造起到了关键作用。为了摆脱传统水利工程规划存在的问题，要及时采取科学的处理方式，解决传统管理体系存在的问题，为水利规划建设创造有利条件。

（五）参数控制

由于拟建项目多是流域规划、地区水利规划或专业水利规划中推荐的总体方案的组成部分，在编制这些规划时，对项目在流域或地区中的地位、作用和其主要工程的有关参数等都已做过粗略的规划研究，因此，编制工程规划时，往往只是在以往工作的基础上进行补充深入。水利项目是城市现代化发展标准，搞好水利建设对区域经济发展起到促进作用。为了改变传统施工模式存在的不足，要结合质量管理改革对策，提出切实可行的施工管理方案。"质量监理"是建筑工程施工不可缺少的环节，按照质量监理与控制标准进行深化改革，可进一步提高整个工程的收益额度。

（六）数据调控

新时期城市改造建设步伐加快，以水利为中心构建住宅群，成为城市中心建设的新地标。水利是城市发展标志之一，发展水利必须重视施工质量监理，才能创造更加丰厚的经济效益。除围绕上述任务要求落实所涉及的技术问题外，要重点研究以往遗留的某些专门性课题，进一步协调好有关方面的关系并全面分析论证建设项目在近期兴办的迫切性与现实性，以便作为工程设计的基础，并为工程的最终决策提供依据。

当前，我国水利行业处于快速发展阶段，项目施工决定了整个工程建设水平，关系着工程竣工后期的收益额度。为了避免工程风险带来的不利影响，工程单位要做好质量监理与控制工作，提出切实可行的项目规划方案。同时，对现场监理存在的问题进行深化改革，及时掌握水利工程潜在的安全隐患，提出符合项目规划预期的决策方法，综合提升水利工程建造水平。

第四节 水利工程规划中的抗旱防涝设计

水利工程建设是一个国家社会发展的基础，在现代化建设中要尤为重视水利工程的发展。由于我国地域面积比较大，在城市分布上比较广阔，有一些城市靠近沿海地区，所以在对于水利工程的建设上就要考虑到当地的自然环境。设计一些符合当地地理环境的水利工程，积极的应对那些洪涝灾害，加快推进我国在抗旱方面的指挥，保障每位公民的生命财产安全。

当前我国在水利工程建设的过程中，由于地域分布的原因，水利工程的建设也会存在一些困难。随着我国国民经济的发展，导致大量的树木被砍伐，人们用于一些工业上和商业上，使水利工程在建设中会受到一些地形地质因素的困扰。为了更好地处理这一问题，就需要人们在工程建设的时候进行合理的规划，对水利工程在观念上就要有一定的转变，当前我国在水利工程方面还固守着原本的传统模式，在对水利工程的监测上还使用人工勘测，这给水利工程的工作带来了一定的负担。为了能够使水利工程实现防汛抗旱、水资源的统一管理，提高水资源的利用率，这就需要人们在建设的过程中要进行一定的规划，促进我国在水利工程方面的建设。

一、水利工程建设中抗旱防涝的部署

（一）对水利工程进行信息化规划

随着现代科学技术的发展，我们在水利工程方面的建设，就应该采取一些科学的技术手段使其应用到实际中去。对水利工程的规划进行信息化的处理，针对水利工程的地形地质等因素，可以运用地理信息系统对其进行一定的监测。通过对当地一些地质、水文的图像收集，结合一些数据进行一定的分析，提高在水利工程信息方面的便捷性和快速性。

由于水利工程在建设的时候需要一定的规划，相关部门就应该采取有效的措施对其进行分析，利用地理信息系统使整个空间的分布布局与数据库中的资料进行整合。在相应的软件技术下对其进行图像的编辑、存贮、查询，通过计算机计算出水利工程的信息。

（二）对当地的情况进行实地考察

为了使水利工程建设能够更好地实施，要对当地情况进行一定的考察。通过在当地建立一些防汛站对当地的雨水天气进行一定的汇总，准确的传输相应的信息使信息在收集的时候能够快速地完成。还要保证在各种恶劣天气的影响下，能够及时地把汛情传递给上级，保持道路的通畅。为了使防洪的方案更加的实用，就要采取一些科技手段对其进行分析，为防汛工作进行减压提供有利于决策的行为。

除了对当地的防汛工作进行一定的考察，还应该对抗旱工作作出相应的准备。由于我国幅员辽阔，在地域上的分布比较广，每个城市都有不同的特点。由于天气的原因受到台风强降雨的因素，我国江南大部分地区都会有一定的梅雨季节，而与之相反的就是一些中西部地区在降雨方面较弱，多是一些干旱的天气。由于靠近沙漠人们近年来对于植被的破坏造成土壤流失现象加剧，使局部地区的抗旱工作任务比较艰巨。大旱的天气出现，不利于农作物的生长，这给农业的生产生活带来了一定的困扰。我国应该针对不同的地区，进行不同模式的抗旱工作，对于那些缺少水的地方，进行南水北调的工程，积极地运用水利工程对其进行灌溉。除了运用水利工程来调节抗旱工作，还应该联系气象部门对其进行一些降雨，让人们在生产生活中要学会节约用水，提高水资源的重复利用率。

（三）建立抗旱防涝的资源库

资源库的建立是一项水利工程的基础工作，是为了能够使水情和旱灾的数据及时的进入信息的汇总。为了充分的发挥水情和旱灾采集工作的作用，我们可以根据国家防汛抗旱指挥系统工程的《实时水雨情库表结构》和《历史大洪水数据库逻辑设计》，对每个省市的数据进行统一的梳理，通过信息网使水情和旱灾的数据在网上进行资源共享。

为了使水利工程在建设的时候，可以减少建设的重复性，减少资金的投放。水利部门应该组织好内部的人员，对水利工程建设进行信息整合，抓住重点，统一实施，完善资料库平台。把水利部门的建设与全省市的站点进行联合，透过信息网进行运作，实现信息的互动，及时地将下雨的情况进行发布，给防旱抗涝的工作提供一个预防的机制。

（四）建立相应的抗旱防涝系统

根据我国在抗旱防涝的指挥系统工程的建设，下面的省市要依据国家相关的规定对水利工程进行一定的建设。结合当地的一些实际情况，积极开展国家抗旱防洪指挥系统的工程建设准备当前的一些工作。

对于每个省市的水情、旱情都有相关的监测系统，及时的汇总把其投入到水利工程的建设中去。还要开发防涝抗旱的系统，为每个省市在防洪抗旱的工作上提供有用的信息加快其决策的科学性。

为了做好水利工程的数据建设，要切实的掌握好工程的数据收集、整理，对工程建设的维护和开发上打下一个良好的基础。除了建立一些相应的防洪抗旱的系统，水利部门应该加大投放力度，针对当前我国容易出现洪涝和旱情的省市进行分析，找出它们的问题所在之处，对于这些问题加以模型的建造，通过对于模型的实验，在现实生活中推进我国水利工程的合理规划。

二、水利工程中洪涝灾害和抗旱的意义

水利工程的建设在一定程度上是为了社会的稳定，洪涝和旱情等自然灾害在发生的时候多会造成一些人员伤亡和经济财产上的损失，为了挽回这样的局面就需要人们在水利工程的规划上考虑到实际的因素。积极地去掌握当前我国在自然灾害面前可能遇到的问题，去想办法积极的应对这样的状况。水利工程的建设在一定意义上，解决了人们可能在生产生活中遇到的困难，合理的规划水利工程能够给人们带来福祉，帮助我们解决在生产生活中的遇到的农作物缺水情况，通过水利工程的建设来缓解旱情的发生，使农民在生产中能够保证农作物的正常生长，保证人民在粮食上的需求。当洪涝灾害发生的时候，水利工程的枢纽会进行工作调节洪水进行一些泄洪工作，这可以解决当前我国的一些西南省份频发洪涝灾害导致山体滑坡、泥石流等自然灾害的发生。水利工程的建设无论是给国家还是给人民都带来了一定的好处，保证人民的生产生活可以正常的进行。

综上所述，我国水利工程主要的作用就是为了减少洪涝灾害和抗旱。为了使水利工程可以造福人民，就需要水利部门的相关人员对其进行一定的改造。为了使水利部门能够及时地监测到这些自然灾害，就需要我们在平时工作中提高自身专业素质的同时，也要对一些现代技术进行学习，把科学技术与文化知识相联系，促进防洪抗旱的工程建设。利用地理信息系统进行一些数据的储存、收集与分析，使其能够得到的数据更加的准确。制作一些相关的防涝抗旱的模型，针对实际中的问题运用到模型上，进一步的挖掘水利工程中会出现的一些问题，对这些问题进行解决，保证人民的生命财产安全。

第五节　水利水电工程生产安置规划

水利水电工程安置的目的在于将工程建设区域内的居民迁移至合适的居住点，并为其创造适合生产生活的条件。在生产安置的过程中，居民的生产生活环境会发生很大的改变，所以必须保证各方面都要安排妥当。但是在进行水利水电工程安置过程中也会遇到一些问题，影响安置工作的效率，本节探讨了一些生产安置方面的建议，希望能够为改善当前水利水电工程生产安置的现状提供帮助，以更好地推动我国水利水电工程的发展。

水利水电工程具有非常显著的经济效益和社会效益，其建设和发展一直是党和国家关注的重点内容。水利水电工程的建设难免会对附近居民的生产生活带来一定的影响，比如对土地的占用、居民的迁移等，所以生产安置工作也是水利水电工程建设的重要组成部分，在水利水电工程的建设中发挥着决定作用。

一、当前我国在水利水电工程的生产安置方面存在的问题

水利水电工程生产安置工作的难度往往比较大，目前我国在这一方面也有很多不够完善的地方，主要表现在以下几个方面。首先，对移民的安置问题不够重视，因为水利水电工程的主体建设部分主要是技术问题，而生产安置是一个比较大的社会问题。但是从目前的情况来看，很多水利水电工程在建设的过程中往往都会表现出重工程、重技术的特点，而在移民的安置方面往往不够重视。其次，移民一般都是在县内安置，安置的范围有一定的局限性。最后是很多当地的居民因为居住地的迁移难免会有不舍或者不满的情绪，对新环境的适应能力也比较差。在进行移民安置的过程中，居民的意愿是最难把握的，一是涉及的人口比较多，很难进行统一的安排；二是水利水电工程建设的周期比较长，在这期间居民的迁移意愿也可能发生变化。这些因素会增加生产安置工作的难度和不确定性，必须在安置的规划阶段都充分考虑到，保证移民安置工作的顺利进行。

二、水利水电工程生产安置的原则

（一）坚持有土安置的原则

简单地说，有土安置就是要在安置工作中为移民提供一定数量的土地作为依托，并保证土地的质量，然后通过对这些土地的开发以及其他经济活动方面的安置，使移民能够在短时间内恢复到之前的生活水平，甚至超越之前的生活状况。在这一过程中，农民要仍然按照农民对待，保证农民能够得到土地这一基本的生活依靠，防止农民在安置的过程中失去土地而走向贫穷。如果库区的土地资源不足，要因地制宜、综合开发，努力弥补土地资源，保证移民的生产生活有足够的土地作为保障。

（二）坚持因地制宜的原则

目前我国正处于经济大发展、大变革的时期，农村的生产生活方式也发生了很大的变化，农业收入已经不再是农民的主要经济收入来源了，所以在移民的安置方面也应该在原本的"有土安置"原则的基础上做出一些调整和改进。另外，尤其是在我国的南方地区，人口密集，土地资源也比较少，在进行生产安置时很难保证所有移民都能够分到土地。目前，多渠道安置移民已经成为水利水电工程中生产安置的一大发展趋势，除了农业安置、非农业安置、农业与非农业相结合的安置之外，还有社会保障、投靠亲友以及一次性补偿安置等多种形式，在搬迁的方式方面也有集中搬迁、分次搬迁等。所以当地政府在进行生产安置时要坚持因地制宜的原则，在安置方式的选择方面要充分听取移民的要求和意愿，做到因人而异、因地而异，对于有能力或者有专业技术的移民可以进行非农安置，鼓励其进城自谋职业；对于依靠农业为生的移民，要坚持有土安置；对于没有经济能力的老人和

残障人士，可以采用社会保障安置的方式。

（三）坚持集中安置

集中安置是与后靠安置相对应的安置方式。在 20 世纪七八十年代，我国在水利水电工程的生产安置方面一直采用的是后靠安置的方式，通常是将移民迁移到条件比较差的库区周围，这些地区的生产生活环境都比较恶劣，在供水供电方面都非常不便，基础设施也非常落后，这些遗留问题一直在后期都没有得到妥善的解决。所以在当前的水利水电工程建设中，经过吸取之前的经验，在生产安置方面已经逐渐改为采用集中安置的方式。集中安置简单地讲就是在对移民进行安置前先做好统一的规划，然后待建成之后统一搬迁入住，安置点的生产生活环境也能够得到很大的改善，各种生活设施也比较健全，移民的满意度也更高。这种安置方式虽然在前期的投入比较大，但是是可持续发展理念的体现，在后期的管理中所花费的成本也比较少。

（四）坚持生产安置和生活安置相统一

在水利水电工程的生产安置方面，不仅要解决移民的生活问题，也要注重解决居民的就业问题。在生活安置方面，要有超前的规划意识，坚持以人为本的原则，为移民的生活创造良好的环境。注重考察安置点的地质、地灾状况，对地质、水文条件做好评估工作，并从安置点的实际情况出发，做好当地的发展规划。此外，要保证安置点的各项生活设施全面、项目齐全、功能达标，在布局方面也要做到科学合理。在生产安置方面，要做好对土地资源的开发和规划调整，在充分考察民意的基础上，因地制宜发展二、三产业，促进安置点经济社会的发展。然后要做好其他方面的安排，包括一次性补偿安置、自谋安置、社会保障安置等，保证移民能够得到妥当的生产安置。

三、水利水电工程生产安置应该考虑的问题

（一）要保证移民的生产生活水平

水利水电工程生产安置的标准就是要达到或者超越移民之前的生产生活水平，这样不仅能够保证水利水电工程施工的顺利进行，也能够体现出水利水电工程作为一项民生工程的社会效益。而且通常在水利水电工程施工的地方经济发展水平不高，当地居民生活的物资也比较匮乏，基础设施建设也非常不完善，所以做好当地的生产安置规划是非常重要和必要的。一方面是为了切实改善当地居民的生活状况，保障移民的切身利益；另一方面体现了党和国家利民的政策和以人为本的思想理念。

在生产安置的过程中，为了保证移民安置能够有效提升移民的生产生活水平，有关部门要注重从以下几个方面进行把握：首先要做好对土地资源的调整，因为水利水电工程的

建设本身就需要占用大量的土地资源，余下的土地资源是非常有限的，在对当地居民进行搬迁安置时，要注意做好土地资源的分配，也可以通过开垦新地的方式来弥补土地资源的不足。其次，要加强科技的引导，大力发展现代农业，根据安置点的土地状况和气候状况来开发新的种植品种和养殖品种，充分开发出有效的土地资源的潜力，引导移民科学种植、科学养殖、科学管理，提升移民的知识水平和现代农业技术水平，提升对土地资源的利用率。然后要适当发展二、三产业，增强对移民的教育和培训力度，努力提升移民的科学技术水平和劳动技能，鼓励农民找寻新的致富路径，增加赚钱的门路和本领。最后，要加强对安置点的基础设施建设，完善安置点的交通运输和医疗卫生、学校等基础设施，为移民的生活创造更加便捷高效的环境和条件，逐步提升安置点移民的生产生活水平。

（二）促进当地社会经济的发展

水利水电工程的建设具有非常显著的经济效益和社会效益，其在供水、供电、航运、防洪、灌溉等方面的功能和作用，能够给工程建设的所在地注入经济发展的活力。但是在水利水电工程的生产安置方面，也存在很多不确定因素，会对当地的经济发展带来一定的不良影响。因此，在水利水电工程的建设过程中，有关部门要重点解决移民的补偿安置问题，保证移民安置工作的顺利进展，最大限度地发挥出水利水电工程的经济和社会价值。如何使移民能够及时迁出、统一安置、快速致富，是考察生产安置工作的重要标准。移民安置工作的完成情况与当地政府的科学规划、积极组织、有效安排是密不可分的，所以在安置工作进展的过程中，政府要明确自身的责任，全力支持，积极参与。一方面，当地政府在对工程施工地的移民进行安置时，要坚持以人为本、因地制宜的原则，从移民的角度出发，根据安置点的环境特点将移民安置妥当。在开展各项具体的安置工作时，要明确工作和责任的主体，保证各项安置工作能够得到及时有效地落实，使得搬迁和维稳工作都能够落实到位，提升工作的效率，保证后续安置工作的顺利进展。

水利水电工程的建设对安置点的经济发展虽然具有一定的促进作用，但是这一过程是缓慢的，移民群众的积极性也很容易受到影响。因此，当地政府部门要将水利水电工程建设同促进安置点居民的脱贫结合起来，进而推行并落实相关的政策措施，明确各级政府部门的责任，合理分工、积极协作，注重调动安置点移民的积极性，共同致力于促进当地社会经济的发展。

总的来说，水利水电工程的建设是一个综合全面的过程。在这一过程中，要重点解决当地移民的生产安置问题，坚持以人为本的原则，做好生产安置的规划工作，努力促进安置点的可持续发展，在提升移民生产生活水平的同时，努力促进当地社会经济的发展。

第六节　农田水利工程规划设计的常见问题及处置措施

农田水利工程对于农业生产具有十分重要的作用，由于其他产业都是基于农业的发展，所以促进农业发展，其他产业才可以获得良好的发展基础。在农业发展过程中，农田水利工程作为一项重要的基础性工程，就成为一个重点。规划农田水利工程时，应与地理环境及种植的农作物相结合，进行合理规划，对当地资源的利用实现最大化，这对于促进农业发展具有重要作用。农业发展能够促进其他产业发展，因而能够不断提高综合国力。

一、农田水利工程规划中的常见问题

（一）没有进行准确的环境勘测

国内很多农田水利工程都是在新中国成立时期建设的，因受到当时科技水平所限，很多水利工程的环境勘测都不尽合理，造成农田水利工程没有密切配合当地自然环境。在水利工程应用过程中，浪费了大规模资源，并影响到农作物的增产，无法满足农业发展需求。

（二）水利工程没有进行合理的设计

目前国内很多水利工程都是在新中国成立时期建设的，而且不少的水利工程都是边规划边建设，建设时对水利工程设计的合理性考虑不周。这将浪费大量资源，也无法达到良好的灌溉效果，据有关资料统计所示，水资源在农田水利工程中只有六至七成的利用率，对于农业发展将产生严重制约。

（三）水利工程设施比较老化

早期在建设水利工程时，因规划不够科学合理，而且施工人员技术也不够熟练，造成水利工程普遍存在一些技术问题。由于都是在较早时期施工，设施也比较老化，在农业灌溉时就容易浪费水资源，降低其利用率，对农业发展产生严重制约。

（四）没有实现严格的监管维护

在监管维护水利工程中通常比较常见以下问题，因农田水利工程具有较小的施工量，采用比较简单的施工技术，导致施工监管人员不够重视。在施工监管过程中，容易发生偷工减料等情况，对于水利工程质量产生十分不利的影响。农田水利工程应用后，没有进行严格的维护，应用过程中的维护保养工作不到位，都会造成设备发生较为严重的老化和损坏情况，对于水利工程的灌溉效率产生严重制约。

二、农田水利工程常见问题的处置措施

农田水利工程中也有很多问题比较常见，结合上述问题应有针对性地制定处置措施，以保证农业健康发展。

（一）了解水利工程规划的目的

在农田水利工程建设初期，对水利工程规划设计思想充分了解，并与政府发布的有关政策相结合，进行科学合理的规划。确定工程规划目的，特别是地方政府对水利工程进行融资建设，更应对此方面的问题引起注意，以确保水利工程实施顺利。

（二）应切合实际对水利工程进行规划设计

在规划设计农田水利工程时，应与当地农作物生长特点及自然人文环境相结合进行合理规划。针对工程所需人员及材料应尽可能选用本地材料，能够明显降低水利工程建设成本。对于需要较高技术水平的部分，施工应采用适宜材料，不可因省事而对施工所需材料进行随意选用，以免水利工程出现比较严重的质量问题。对施工人员加强有关技术培训，使其深入了解施工方法及技巧，能够有效确保水利工程施工质量达到设计要求。

（三）考察水利工程建设实地情况等一些预备工作应在水利工程实施前做好准备

在工程规划设计前，结合实际考察水利工程施工现场，对于农田情况应多向政府管理部门或村民进行深入了解后，再规划设计小型农田水利工程，这将会有效避免出现问题。水利工程建设与当地经济发展实际情况相结合，对地形地质条件进行充分考虑后，再设定水利工程建设方案，使其在实施过程中更具有明显目的和有序性的特点。水利工程施工应按预先制定计划进行，过去建设农田水利工程过程中都是遵循科学合理的步骤进行，以免影响目前农田水利工程的使用。水利工程在实施过程中应避免发生此类问题，水利工程若没有计划就无法稳步向前发展，对工程财力、物力等没有进行系列规划，就无法保障农田水利工程建设的顺利实施。

三、实施水利工程的要点

（一）技术水平

在农田水利工程规划设计中，采用良好的规划和适宜的技术措施才能促进水利工程的健康发展。设计者需要具备较高的素质及能力，才能有利于整个水利工程的施工。与设计者技术能力相比较而言，施工人员的技术能力具有更重要的作用，具有较高素质的施工人员应认真负责自己的施工项目，这对于水利工程施工质量将产生十分重要的影响。目前在

实施过程中，很多农田水利工程都选用当地的一些农民参与过程的具体施工，但在通常情况下，农民的施工技术和实施能力都不高，在此情况下，有关管理人员应提前做好相关的技术辅导工作，使参与水利工程建设的每名施工人员都能掌握农田水利工程施工的技术要点。

（二）安全问题

农田水利工程相对建筑施工而言，无须在高空施工，尽管看起来不具有较大的危险性，但不能由于存在较小的危险就忽视水利工程建设施工的安全问题。在实施水利工程的过程中，施工人员更要提高安全意识，不论是何种类型的水利工程，也不论是建设高层建筑物还是建设农田水利工程，在施工场地都要将安全问题放在十分重要的位置。在农田水利工程建设中，参与施工建设的有关管理人员应加强对参与工程施工人员进行必要的安全意识教育，配备相对完备的安全设施和负责安全的人员，对施工过程中的安全问题加强必要的监控管理，进而才能提高水利工程建设质量。

综上所述，农业发展与国家的经济发展具有十分密切的关系，在农业上打好基础，才能促进其他产业发展，而农田水利工程作为农业发展的一项基础工程就显得十分重要。在规划农田水利工程时，应与当地经济基础及自然环境相结合进行合理规划，水利工程设施建成后应定期维护保养，才能不断提高灌溉利用率，实现农业增产农民增收，从而为促进其他产业发展奠定重要基础。

第四章　水利工程设计理论研究

第一节　水利工程设计中常见问题

水利工程利国利民，对促进社会经济的发展也起着重要的作用，在农业灌溉、防洪、航运等方面必不可少，要进一步加强经济的发展，必须大力发展水利工程。水利工程是水利部门的基础建设，关乎人民的根本利益，必须要设计好水利工程，尽量做到利国利民。由于不同的设计单位水平不一样，在设计的过程中容易出现不同的问题，严重阻碍了水利工程的发展，我们要找到解决措施，确保水利工程的顺利完成。

一、水利工程设计工作中常见的问题

（一）当地的水文测试资料不全

水文测试资料是整个设计中的重要环节，如果没有完整的水文测试资料，设计人员无法深入分析当地的地质、水文等因素，不能很好地与实际情况相结合，无法对设计进行科学判断。对水利工程的设计方案有较大的影响，无法进一步提高水利工程设计质量，严重的话会存在安全隐患。借助于水文测试资料，熟悉生态环境，才能设计出符合要求的水利工程。

（二）图纸不全

在整个水利设计工程中，设计人员没有整体的规划，对工程结构如果不了解的话，就会出现较多的问题，在部分的细小的部件上标注不清晰，或者是尺寸标注出现问题。比如说必须要强调的点，没有做出特殊标注，或者是没有给出剖面图进行解释，这样的话就会给工程带来较多的困难，不便于施工。还存在着对图纸的说明不清晰的情况，图纸设计栏重点符号出现错误等。

（三）设计人员的设计水平不高

较多水利工程设计院中，设计人员对水利理论知识掌握程度不一样，造成了设计出来的方案有较大的出入，很多设计人员把重心放在从政方面，没有在设计上投入太多的精力，设计水平没能整体的提高。部分设计人员为了节省时间，忽视实地考察的重要过程，导致测量结果不正确；部分设计人员没有正确把握建筑的特点，人为改变施工材料，造成材料的浪费。

（四）概算不清

概算编制说明应包括工程概况、编制原则和依据、投资指标等实际性内容，必须要有比较详尽的附表、附件来进一步解释水利工程中重点内容，不能产生歧义。在实际的设计过程中，部分设计部门责任心不够强，总是忽视这一点，给项目核算带来较多的误差，严重制约了后面审查工作的进度，还会导致与实际情况不相符等情况，影响水利施工的进展。

二、水利工程设计的改善措施

（一）重视对水文资料的收集

对于水利工程设计院来说，必须拥有技术较高的设计人员以及先进的测量设备，对水利建设区域进行地质，水文等资料的收集，做好实地勘察工作，并与当地实际情况相结合，分析所测得的资料数据，增加设计方案的可靠性。设计部门还应增加设计人数，减轻设计人员的压力，提高设计的效率，及时吸引更多优秀的人才，提高设计质量，并通过先进的设备来确保设计的合理性，缩短设计所花的时间，提高水利工程的质量，避免给国家造成经济损失。

（二）加强设计过程中的图纸监督

现有的监理制度整体来说比较成熟，在资金、进度、质量等方面有了规范地控制，但从设计单位方面来说，存在的问题较多。由于工程设计单位不止一家，对于设计出来的图纸和方案在审查方面有较大的难度，审查的时间比较短，专家无法在短时间内对设计进行全面分析研究，根本达不到预期的审查结果，在施工的过程中容易出现问题。必须要对设计的全程进行有效控制与监督，提高设计单位的工作效率，对于整个工程来说也是有益的。

（三）提高设计人员的专业素质

提高设计人员的水平必须从以下两个方面来进行。加强设计人员的培训，设计人员自身不断深入分析，作为水利工程设计单位，必须要拥有技术较高的设计人员，确保设计出来的方案更加可靠、更加科学。必须定期对设计人员进行职业培训，并对培训内容进行考核，在进行复杂的项目设计时，能发挥设计人员的设计水平。作为设计人员，要不断提高本身的能力，学习新的理论知识。在水利工程设计中，工作量比较大，要求比较严，设计单位要做好分工，尽量让每一个员工都能发挥出应有的水平，使部门更加顺利地开展工作。很多设计部门在资源配置上不合理，给原本繁杂的工作任务增加更大的压力，各设计单位必须要吸收优秀人才，提高工程的设计质量。

（四）加强硬件设施，优化工作效率

在整个水利设计中，设计单位及时引进硬件设施，配备好概算以及作图所需的软硬件设施，确保在概算的过程中尽可能少出问题，尽可能详尽地标注图纸，以此来提高水利工程设计水平，确保建设符合国家要求的工程，减少由于概算不清带来的经济损失。随着信息化时代的到来，出现了较多科学技术，计算机是必要的建设装备。因此，设计单位要投入必要的资金，及时更换设备，保证在设计中少出错误，提高设计效率，缩短设计时间。

水利工程是我国的重要发展目标，只有把水利工程发展好了，才能推动社会的进一步发展。近几年，水利项目不断增加，在发展的过程中出现了较多问题。较多设计人员的水平不高，没有进行详细的现场勘察，所以，必须要求设计人员不断强化自身知识水平，尽到工作的职责，按照水利工程设计条例办事，才能确保水利工程设计达到预期的效果。

第二节　水利工程设计对施工过程的影响

近些年来自然环境受到严重破坏，气候急剧变化，水利工程发挥的作用越来越大。但是在水利工程建设过程来看，相关单位主要把精力放在了施工、安全、资金等方面，而不太重视水利工程的设计。水利工程的设计对于施工投资、施工安全等都有着重大的影响，需要引起相关单位的关注。

一、水利工程设计对施工投资的影响

设计单位对施工环境的测绘等工作做得越深入，设计方案就会更接近于实际的地形及水文地质条件。施工过程与设计过程基本一致，从而使投资能够较好地得到控制。如果设计单位为了节约投资，勘测不准确、设计不合理，实际设计方案与施工方案存在较大的出入，基础处理等方面的预算可能会超标，从而导致实际投资超出原来的投资规模较多。当然，也可能会出现设计投资规模高过实际投资规模的情况。因此，在洽谈设计合同时一定要对地形测量、勘探等工作提出具体的要求，并可派专人监督完成，使设计工作尽量准确，

避免设计投资与实际投资相差较大的情况发生。

为了避免上述问题的发生，除了要加强对勘测、设计单位的监督、管理之外，还需要慎重选择勘测、设计单位，应选择有相应资质，实力强、信誉好的设计单位直接设计，杜绝借资质挂牌设计。因为借资质挂牌设计机构在工作人员数量、质量、业务水平上往往都存在一定的欠缺，在完成实际勘测和实际工作时容易出现各种纰漏，这些单位往往追求利润最大化，在勘测、设计过程中敷衍了事，深度不够，难以达到质量要求。

二、水利工程设计对施工安全的影响

在水利工程的施工建设中，施工安全一直是最重要的方面之一。各施工单位以及各级政府部门都极为重视水利工程的施工安全，相关主管部门都会不定期对施工现场进行安全检查。而水利工程的设计与施工安全之间存在极为密切的关系，主要体现在以下几点：设计不合理，造成施工困难，带来一定的安全隐患；施工单位组织的施工方法不当；施工时没有完全消除施工安全隐患。这3点当中任何一点没有做好，都可能会造成施工安全事故的发生。为了避免施工安全事故，要从源头上做好防范。设计工作人员在设计过程中应当充分考虑施工过程中可能存在的安全隐患，针对其中的关键问题充分准备，并做好预设工作，保证设计环节可对后期施工安全起到保障作用。在施工过程中建设单位要即时反馈施工中发现的设计不足问题，即时纠正，杜绝因设计不足导致安全事故的发生。

三、水利工程设计对施工质量的影响

质量问题是水利工程施工过程中重点关注的另一问题，出现质量问题的原因主要有两个方面：设计不合理造成难以施工或者导致施工存在缺陷的；施工单位没有按照设计的要求进行施工。对于第一种情况，一般主体结构的设计不存在问题，但是在细节上考虑不周全，从而造成质量问题。比如人行桥板设计，设计人员若按简支结构设计，只需配置下层受拉钢筋，若采用现浇混凝土施工，就要说明桥面板与桥墩必须采用油毛毡隔开以便形成简支板，否则桥板与桥墩整体浇筑，形成固端弯矩，上侧受拉，桥面板上侧易出现开裂的质量问题。类似的细节问题在设计中较为常见，如挡墙设计时以墙背无水作为稳定计算条件，那么挡墙就应当在墙后设置滤水措施并在墙内每隔一定距离设置排水孔，使施工后的使用条件最大限度地接近设计条件，确保挡墙稳定，否则在下雨或有水的情况下易造成挡墙失稳的质量问题或质量事故。因此，在水利工程项目设计过程中，应注意对细节的把握，全面考虑，避免出现各种失误而导致质量问题的发生。

四、水利工程设计对施工影响的多面性

前文对水利工程项目设计施工投资、安全、质量的影响进行了分析。由分析可以看出，

水利工程设计对施工的影响是多个方面的,也就是说,这些影响存在多面性。如设计不合理,要调整设计方案时,就会影响到工程进度、工期,在更改设计方案时,可能需要追加投资;当出现质量问题时,就需要停工分析质量问题发生的原因,导致工期延误。多数设计问题的发现,都是在出现问题之后,一般都会带来一定的经济损失,甚至有可能会发生安全事故。

要搞好水利工程项目建设,要做好设计工作,只有通过一定的措施来严格把控设计质量,使设计更完善,更合理,才能减少施工过程中质量及安全等方面问题的出现,使设计更好地为工程建设服务。

第三节　水利工程设计发展趋势

在经济与科技日益发展的今日,我国的城市人口急剧增加,我国的工业也取得了很大的发展,因此生活用水与工业用水的需求也日益旺盛,导致水源越来越短缺。在如此严峻的形势面前,水利工程的设计尤显重要。水利工程主要是指通过充分开发利用水资源,实现水资源的地区均衡,防止洪涝灾害而修建的工程。由于自然因素和地理因素的影响,各个地区的气候不同,河流分布也不同,这就造成全国水资源分布严重不均匀,比如西北地区为严重缺水地区。为了满足全国各地人民的生产生活需要,我们必须大力修建水利工程,认真规划水利工程的设计,关注水利工程未来的发展趋势。

一、水利工程的设计趋势

(一)水利工程设计过程中审查、监管的力度会加大

由于近些年曝光的豆腐渣工程越来越多,国家对水利工程设计过程中的审查、监管的力度会越来越大。水利工程的建设过程中要派专人监管,防止出现不合理的工程建设及建设资金被贪污,建设完成后要对工程进行严格审查,以免出现豆腐渣工程。

例如1998年长江发生全国性特大洪水。其原因除自然灾害外,工程建设质量差也是非常重要的原因。所以,在以后的水利工程设计中,就更要借助法律和市场的手段来进行全面全方位的审查,使得水利工程的质量过硬,禁得起时间的考验。

(二)设计时突出对自然的保护

现代水利工程的设计更加注重对自然的保护,力求减少因水利工程建设而带来的生态破坏。水利水电工程对环境影响,有些是不可避免的,而有些是可以通过采取一定的措施来避免或减小的。水利工程的建设会影响到河流的生态环境,严重的话会对鱼类的生存繁

衍造成影响，从而影响渔业与养殖业。水利工程建设会对上游植被造成破坏，容易造成水土流失，因此，这就要求下游平原应该扩展植被面积，减少水土流失，从而减轻下游港口航道淤积的程度。如果在建设过程中没有注意对生态环境的保护，以后不仅会导致物种灭绝，而且也会对人的身体健康造成影响。例如，葛洲坝的建成导致了中华鲟的数量减少；再例如，阿斯旺水坝施工人员没有做好建成以后对环境影响的预测，造成水坝建成以后下游水域居民大量的血吸虫病，对身体健康造成了重大危害。

（三）设计时重视文化内涵

完美的水利工程建设有利于城市美好形象树立，可丰富城市文化内涵。杭州政府重视西湖，并为西湖做出很好的规划、修整、维护，使西湖之美与时俱进。所以完美的水利工程，不仅为杭州增添了几分自然美，也为杭州这座城市增添了浓厚的人文气息。

城市水利工程的建设不仅要注意地上建设，也要兼顾地下建设，这样不仅能防止城市内涝，而且能突出城市天人合一的文化内涵。例如巴黎的地下水道，干净、整洁，许多外国人都曾到地下水道参观，而我国与巴黎在这方面仍存在很大的差距。

（四）设计过程中注意对地形的影响

大型水利工程的选址不应该在地势较低，地壳承载力较低的地区，例如盆地，这样易引发地质灾害。如果选在地壳承载力较低的地区，水库中的过大拦截水量会侵蚀陡峭边岸，可能会导致山体滑坡，再加上水位波动频繁，会导致地质结构变化，可能会引发地面塌陷，严重的可能引发地震。

（五）设计过程中应注意对周围文化古迹的保护

水利工程建设过程中可能会对文化古迹造成影响，未来水利工程的建设应该建立在不破坏或者是尽量减少对文化古迹的破坏的基础上，从而保护当地风景名胜的安全。如三峡大坝建成之时许多文物古迹都被淹没江水当中，对中国历史文化方面的破坏很大。

二、水利工程的发展趋势

（一）大坝建设会减少，近海港口工程会增加

自三峡大坝建成后，我国的大坝建设的需求量也在减少，大坝建设即将迎来低谷期。水利工程更多地开始投入到近海城市港口当中，近海城市港口的开发也越来越重要。所以，以后水利工程的建设中近海港口工程会增加。

（二）水利工程的功能在不断拓展

现在水利工程的功能已经拓展到调节洪峰、发电、灌溉、旅游、航运等方面。

就拿三峡大坝来说，它的功能不仅仅是防洪灌溉，而是集防洪、灌溉、发电、旅游为一体。三峡水电站装机总容量为 $1820 \times 104kW$，年均发电量 $847 \times 108W$，每年售电收入可达 $181 \times 108 \sim 219 \times 108$ 元，除可偿还贷款本息外，还可向国家缴纳大量税款，每年所带来的经济效益非常可观。

以往，三峡险峻众所周知，虽进行了系统处理，但是航道状况复杂，仍旧不时出现航运事故。但是，三峡大坝建成之后，万吨大船可直达重庆，通航能力增加数倍，航运压力减轻不少。

三峡大坝的建成更推动了三峡旅游热，现在去三峡旅游的人越来越多，推动了当地经济的发展。

（三）各个部门的合作会不断加强

水利工程的建设离不开地理勘探，而且会对自然环境造成一定的影响，所以，这就需要协调各方，促使各方的通力合作，这样才会对自然环境的影响降到最低。首先，水文部门要通知施工部门详细解释施工地区的情况，从而促进施工人员对施工地区各种情况的了解；然后，施工部门需要采纳环保部门的意见，以减轻对生态环境的破坏程度。

（四）国外市场对水利工程建设的需求大于国内市场

近些年来由于我国西南、西北地区的水利工程趋于完善，国内市场对于水利工程的需求量越来越低。而国外某些发展中国家水资源分布不均匀，急需水利工程的建设，但其自身的水利工程建设技术不成熟。因此，我国可以去外国进行水利工程的建设，这样不仅有利于我国经济的增长，还可以促进我国与他国之间的友好关系。

水利工程不仅关系到人类的生存发展，也关系到自然界的生态平衡，只有做到经济效益、社会效益与生态效益的统一，才能把水利工程所带来的负面影响降到最低。大型水利工程建成以后，不仅会对当地的气候造成影响，而且很有可能会对全球气候造成影响。所以，这就要求在水利工程完工之后，气象部门、水文部门、林业部、国土资源局共同监控，做出预测，为及早地应对水利工程所带来的气候变化、自然灾害做好准备。水利工程有利有弊，只有让利增加，让弊减少，这样的水利工程才称得上利国利民。

第四节　绿色设计理念与水利工程设计

在生产和工作中应该充分考虑到节约自然资源，并且重视环境保护，这就是绿色设计理念了。当前自然资源正在逐渐进展，人地矛盾日益突出，而人类的发展对于水利工程也有着很强的依赖性，但是水利工程的兴修难免会给周围环境造成一定的影响，所以在进行水利工程设计的时候一定要将绿色发展理念融入其中，这样才能推动整个水利行业的健康发展。本节针对绿色发展理念的原则进行说明，并且讨论如何将其应用到水利工程设计中，希望可以给相关工作的开展提供一些参考。

近年来随着人类的发展，全球范围内的生态环境都不断在恶化，已经有越来越多的人重视到这个问题，所以人们提出了绿色发展理念。对于人类来说，其生产和生活的一切活动都会给环境造成一定影响，这种影响在工业化之后就越来越凸现出来。水利工程由于其自身存在的特性，其修建难免会给周围环境造成影响，所以尤其应该融入绿色发展理念，这样才能一方面保护周围的环境，另一方面也有助于水利工程建设工作的进行。这样看来，将绿色发展这一理念融入水利工程设计中是合乎时代发展需要的。

一、绿色设计中需要遵守的原则

（一）回收利用原则

很多产品以及零部件的外包装都是可以循环使用的，当前很多设计人员在进行产品设计的时候，其零部件已经越来越趋向于标准化，这给回收再利用带来了很大的便利，其一方面可以大大降低整个材料的成本，并且也融入了绿色发展理念，有效节约了资源，这需要在建立模型的时候就要尽量保证其标准化。通过回收利用产品，既可以有效延长产品的使用期限，并且也有效节约资源。

（二）循环使用再进行回收

旧有的设计中很多产品在使用之后就会直接出现破损或者老化，所以这种产品也就无法正常发挥功能了，但是在绿色发展理念下生产的产品其循环使用之后仍然可以进行回收。所以在生产过程中融入这种理念，既可以有效节约资源，并且可以让生产出的产品具有更好的清洁性。

（三）节约资源

在生产和施工过程中积极倡导绿色设计理念，其最大的优势就是可以大大降低原材料的投入，既可以将资源发挥出最大的利用价值，也有利于推动技术的进步，也能给环境起到一定的保护作用。

二、在水利工程修建中对周围环境所产生的影响

（一）在建坝期间的移民问题

对于那些长期生活在水坝附近的居民们，安置他们新的生活住所成为建坝施工单位所面临的一个重要的问题。在建坝这项工程中包含的领域是非常广泛的，在建坝工程中往往会关系到沿岸居民的生存权和居住问题。目前，对于移民问题，国家是非常重视的，由于一些大型的水利工程都是在山区，并且当地的居民生活都比较贫穷，移民对于这些贫穷的居民来说是摆脱贫苦生活的一个重要机遇，所以大多数的居民是赞成移民的，但有些居民对家乡的眷恋之情也是非常强烈的，这就使得移民问题变得庞大以及复杂。在绿色水坝工程实施的过程中，要重视移民的问题，并且相关的负责人要努力完成这一项工作。

（二）对大气所产生的影响

在进行大坝建设的时候会使得当地环境的结构改变，从而影响到当地的生态环境。所以在大坝建设与生态环境的矛盾问题之上，要充分认识到大坝建设对大气以及气候的相关影响。目前，我国的大部分水库的发电站的面积比较大，并且一些水库的发电站都是处在高山峡谷的地区，然而在库区的周围还有一些森林，所以会出现一些树木腐烂，从而影响着当地的大气环境。

（三）水坝建设中的一些泥沙以及河道的问题

由于水坝建设会产生一些泥沙问题，并且会对河道产生重大的影响，这就要求相关的负责人在水坝建设的时候要重视泥沙问题以及相关的河道问题。从生态的角度来看待泥沙以及河道问题，由于泥沙对河势、河床、河口以及整个河道产生巨大的影响，并且在修建大坝的过程中，泥沙起着一个根本性的作用。在修建大坝的过程中，水坝能够使得河流中自带的一些泥沙堆积在河床上，并且不能够自然的在河流中流动，从而减少了河流下游地区的聚集量，从而影响了下游地区的农作物以及生物的生长。

（四）水坝建设对河流中的鱼类以及生物物种的影响

如果在自然河流上建坝，这样就会阻碍了天然河道，从而控制了河道的水流量，最终会使得整条河流的上下游以及河口的水文不能够保持一致，从而产生了比较多的生态问题。目前，水坝建设对河流中的鱼类以及生物物种的影响引起了社会各界的关注。

（五）水坝建设对水体变化的重大影响

在水库里河流中原本流动的水会出现停滞不前的状况，这就使得水坝建设对水体变化会产生一定的影响，然而水坝建设对水体变化的重大影响的具体表现如下：影响着航运。例如：在过船闸的时候所需要的时间的长短，与此同时影响着上行或者下行的航速。在发电的过程中，此时水库的温度会升高，并且此时水库中的水排入水流中，可能会使得河流中的水质变差，尤其是水库的沟壑中很容易会出现一些水华等相关的水污染现象。在水库装满水之后，由于水库的面积比较大，并且与空气接触的面积也是比价大的，从而也使得水蒸发量大大增加，最终使得水汽以及水雾也逐渐变多。

三、如何将绿色发展理念应用到水利工程中

正常来说，我们在进行水利工程设计和施工的时候，其中大坝的修建是一项非常重要的步骤，所以尤其需要重视起来，考虑到其建设对周围环境产生的影响，尤其是生态问题、社会环境和经济发展。

在城乡建设中，其中一项非常重要的内容就是河道堤防的建设以及治理工作，在这工作的过程中也要首先明确绿色设计理念的发挥，来让发展走向和谐化。重视绿色设计理念，可以有效提高工程的使用价值、改善其周围的环境，并且通过理念的发展，来给大坝建设和水利工程的设计提供指导。

在科学发展观的理念中，发展是第一要义，所以在发展的过程中要坚持可持续发展的理念，并且要运用科学发展观的理念来引导水利水电事业，从而能够使得人与自然向着可持续化的方向发展。在水利工程项目中通过采用绿色设计理念，能够解决水利工程项目中的一些问题。

随着社会的发展，我国经济建设也取得了很大的进步，这些都直接推动着我国城市化水平的提高。但是防洪问题对于一个城市的发展来说也是非常重要的因素，所以这样看来，水利工程其本身也有保护城市居民的重要作用，通过兴修水利工程就可以有效减少洪涝灾害。当前已经有越来越多人开始重视绿色发展理念了，如果将这个理念融入水利工程建设中，其可以大大提高水利工程的社会、经济效益，为人们的生活带来便利。

第五节　水利工程设计中的渠道设计

在水利工程运行中，加强渠道的设计是必不可少的，这是确保水利工程高效运行的重要保证，这已经成为水利工程企业内部普遍重视的焦点性话题。在水利工程设计中，加强

渠道设计，对于践行水利灌溉节约化用水目标的实现，符合节能减排的建设目标，避免渠道渗漏和损坏现象的出现，实现水资源的高效利用与配置。本节主要针对水利工程设计中的渠道设计展开深入的研究，旨在为相关研究人员提供一些理论性参考依据。

目前，加强渠道设计，是水利工程设计工作中的重中之重，在现代基础水利设施中占据着举足轻重的地位，已经成为水利工程设计顺利进行的重要保障。在水利工程设计的渠道设计方面，存在着较多不足的地方，因此必须要制定切实可行的优化措施，对渠道加以正确设计，不断提高水资源利用效率，将水利渠道工程的设计工作落实到位，延长水利渠道的使用寿命，确保水利工程企业较高的知名度与美誉度。

一、水利工程设计中渠道设计遵循的原则

在水利渠道设计过程中，设计人员要结合当地实际情况，对各种影响因素进行深入分析，比如城市规划和发展预测等，并从现行的渠道工程施工技术情况进行设计，制定出最为配套可行的渠道设计方案，要与当地农业生产实际情况相匹配，确保水利工程施工水平的稳步提高，在设计过程中，要做到：

首先，重点考虑增加单位水量，这对于水资源的节约是极为有利的。在渠道设计过程中，要树立高度的节能环保理念，将单位水量灌溉面积增加到合理限度内，要与相应的灌溉需求相契合，为水利工程经济效益的提升创造有利条件。其次，要结合当地实际情况。设计人员在设计之前，要对当地水资源分布情况进行充分了解，重点考察当地的地形和农田分布等，合理利用水资源，确保水利工程渠道设计的科学进行。最后，要高度重视曲线平顺这一问题。设计人员在设计时，要结合当地水文条件，渠道设计形状要尽可能满足曲线平顺，确保水流的顺利通过，在当地条件不允许的情况下，设计人员要对相应的渠道路线进行更改，以便于渠道当中水流流通的顺畅性[①]。

二、水利工程设计的渠道设计的内容分析

在水利设计渠道工作设计中，要对灌溉渠的多种影响因素进行分析，比如渠道施工的内在因素和自然因素等。其中，地质土质、水文等是外在自然因素的重要组成部分，而渠道水渗透的重要影响因素之一就在于地质土质，气候因素对渠道的修建规模造成了极为不利的影响，输水是渠道的重要功能之一，然而在防水处理不到位的情况影响下，要高度重视"存水"。在内在因素中，涵盖着众多方面，比如在渠道外形设计、防水处理以及防冻处理等方面。在渠道设计过程中，渠道大小和形状等是渠道外形设计的重要构成，不同设计所对应的优势也是不相同的，比如矩形具有施工占用面积小、存水量大等优势，对渠道使用寿命的延长是极为有利的。

与此同时，防水层的处理工作是水渠施工的一项不容忽视的内容，对于一些小型渠道

---

① 江正荣，朱国梁．简明施工计算手册 [M]．北京：中国建筑工业出版社，1991.

来说，是直接开挖排水渠的，加剧了渗水现象的发生，所以要加强防水材料的利用，以此来进行渠道的铺设工作，随即再在上面添加一些黏土或沙土，其防水效果比较良好。此外，在灌溉渠道的修建过程中，要与其水利设施相配套、协调，避免水流失现象的出现，控制渗水面积的扩大。

三、水利工程设计中渠道设计的优化措施

（一）正确选择渠道设计材料

在渠道设计过程中，材料的选择与渠道设计水平之间的关系是紧密相连、密不可分的，两者之间起着一定的决定性关系，所以在材料选择中，要坚持质优价廉的原则，保证渠道良好的使用性能。而且对于渠道工程的使用环境来说，是比较复杂、烦琐的，必须要对具备长效机制的材料加以优先选择，将渠道的使用寿命延长。同时，季节因素也是材料选择中不容忽视的一个方面，要想将对渠道材料的影响因素降至最低，要对具备抗老化性、耐久性的材料加以优先选择。

此外，要想避免由于热胀冷缩现象影响材料的正常使用，要尽可能选择安装便捷、接缝少的材料，防止渠道渗漏现象的出现。

（二）加强 U 型槽断面的渠道设计与预制

（1）在常见的衬砌形式中，其中重点包括 U 型混凝土渠，主要是因为 U 型混凝土渠的断面形状与水利断面的形状是非常匹配的，所以也决定了 U 型混凝土渠具备较高的过水能力，而且其实际的断面开口是比较小的，所以决定了占地面积也是比较小的，实际应用效果比较理想。目前，D60 和 D80 等是较为常见的预制板种类，随即在预制板的下面铺设聚乙烯塑膜或砂砾石等，在 D80 渠道的设计中，在缺少过流要求的情况下，要加强 U 型板加插块形式的应用，并符合相应的过流要求。然而这种渠道施工的难度性比较大，将会缩短其使用寿命。

（2）在混凝土 U 型槽渠道的使用中，要先进行预制，做好混凝土 U 型槽渠道的预制工作，可以加强 LZYB-1 型号的混凝土 U 型槽渠道成型设备，这是 U 型槽渠道预制方面常用的设备，将资金投入降至最低，而且相应的工作流程也比较简单，这已经得到了制作人员的高度重视。然后要选择适宜的 U 型渠道的大小规格，UD30 和 UD60 等是较为常见的 U 型槽渠道规格，并且各条 U 型槽的壁厚不得超出 4 厘米，U 型槽的长度要控制在 0.5 米，进而为混凝土 U 型槽渠道的混凝土配比工作的进行奠定坚实的基础。

（三）确保跌水结构设计的科学性

对于跌水结构来说，在水利渠道设计的地位不可估量，在处理水流落差方面发挥着极

大的作用，在水利渠道设计中，其原则要遵循落差小、跌级多等。首先，在水利渠道跌水中，要按照水利工程的规模来布设，而规模较小的工程科适当减设跌水的设置，并且要在地形和渠道材料允许的范围内进行；而规模较大的工程在布设跌水结构时，要充分考虑地形这一因素。

同时，在设置跌水位置时，要准确设计，对不同层级之间的跌水位置进行精确测量，避免出现不必要的水资源流失现象。为将跌水结构的落差降至最低，所以要加强多层级设计的应用。

（四）合理设计水利渠道比降

在水利渠道设计的重要参数中，渠道比降同样不容忽视，要控制土渠道的渠道比降，并且适度扩大混凝土初砌渠道的渠道比降。渠底比降与跌水之间的关系也是极为紧密的，在渠底比降较大的情况下，跌水个数和落实并不是特别明显。在水利渠道比降设计过程中，要对水利渠道的原始渠道比降进行深入分析，究其原因，及时采取相应的解决措施，避免遭受不必要的经济损失。所以要树立长远目标，将其渗透到渠道比降设计，确保水利渠道工程经济效益的稳步提升。

（五）做好流量设计和断面设计

1. 流量设计

在灌溉渠道的水流量计算中，流量设计的作用不容忽视，要想确保整个灌溉渠道设计的有效性与准确性，必须要确保流量设计的准确性。在设计灌溉渠道过程中，在诸多方面的影响之下，相应的设计方案也要进行调整与修改。比如在特殊情况需要扩大灌溉面积时，必须要注重灌溉渠道大流量水顺利通过的能力的提升。因此，在灌溉渠道设计中，要充分考虑初期设计的灌溉水渠的流量，密切关注当地地理位置和周边环境，将灌溉渠道的流量增大到合理水平内，要渠道灌溉的流量，并增强灌溉渠道的稳定性，做到"一举两得"。

2. 断面设计

在渠道工程设计中，断面设计也是极其重要的构成内容，在断面设计过程中，要重点围绕渠道工程设计流量，在横断面的设计中，要高度重视渠道工程设计流量和过水断面面积之间的比例关系，并对渠道的纵坡高度进行深入分析，确保渠道断面设计的科学性与安全性。而渠道设计工作人员要提高对断面设计的高度重视，在有效时间内完成工程建设任务，为渠道工程建设质量的提升创造条件。

综上所述，在水利工程设计中，做好渠道设计工作是至关重要的，可以确保水利工程的高效运转，具有实质性的借鉴和参考意义。因此，在进行渠道设计过程中，要结合当地灌溉实际情况，开展相应的渠道设计工作，要选择合适的材料，做好不同种类的渠道设计，做好渠道的跌水设计工作。设计人员在设计过程中，一旦发现问题，要及时采取解决措施来加以解决，确保良好的渠道设计效果，确保水利渠道工程建设的顺利进行，为人们生产生活提供相应的便利条件。

第六节　水利工程设计中投资控制存在问题及对策

目前，我国公民越来越认识到水利工程建设对于民生发展的重要性，从而使得水利工程的建设受到社会各界更高程度的关注，引起国家的高度重视。在我国水利工程建设的当今阶段，相关的设计人员更多的注意力放在对水利工程建设的结构和构造上，而对于水利工程的投资并没有进行合理的规划，很少将投资作为水利工程建设的参考标准之一，所以，加强对于水利工程设计中投资控制的相关研究，对于节省财力资源是非常关键的。

一、水利工程设计中投资控制存在的主要问题

（一）相关单位对水利工程设计控制投资的重要性缺乏认识

虽然当前我国的水利工程建设已经取得了重要的进步和发展，但是仍然存在着一些问题需要解决，其中首要问题是相关单位对水利工程设计控制投资的重要性缺乏认识，这主要体现在相关的施工单位普遍将注意力放在施工阶段的质量控制和工程进度控制上，而对于施工设计的重视程度不够。施工单位为了尽快拿到设计方案进行施工从而保障施工进度，往往留给相关设计人员的时间较少，使得设计人员难以充分地考虑施工过程中的各种问题，对于施工方案往往不能设计的尽善尽美。施工单位在拿到施工设计图后，往往没有进行严格的审阅和检查就进行施工，也没有对图纸中的相关问题进行解决和合理的优化，从而使得一些问题在施工过程中被暴露出来。除此之外，施工单位往往重视施工过程中的投资控制，而不注重设计过程中的投资预算，使得在施工过程中对投资的调整只能处于被动的地位，这对于水利工程建设的投资的合理控制是非常不利的。

（二）设计保守且标准过高

目前，我国的水利工程建设在设计中的投资控制上还存在一个非常重要的问题，就是设计保守且标准过高。这首先体现在相关的设计人员为了谋取一己私利，在设计过程中故意虚报价格，从而能够多收取一定数额的设计费，这对我国的水利工程建设的相关预算产生了一定的影响。设计保守且标准过高还体现在一些设计人员害怕正常的设计标准预算会给自身带来一定的风险，所以为了保证自身能够较少的承担这些风险，在给出的工程投资预算上都比较的保守，预算金额比实际要高，这也对水利工程建设的投资控制产生了一定的影响。除此之外，由于水利工程建设的环境比较复杂，对于一些地形条件比较恶劣的地区，

设计人员为了保证施工工程的安全性和牢固性，往往会采用多加材料的方式，但是这在很大程度上会造成材料的浪费和施工成本的提高，也会对工程资金预算产生较大的影响。所以说，设计保守且标准过高，也是我国目前水利工程建设中投资控制方面存在的主要问题。

（三）设计收费方法不合理

目前，我国水利工程施工单位在设计费方面仍然采取劳务性收费的方式，即设计收费以设计方案的规模为标准，进行正向的增加。这种付费方式容易造成的问题就是设计者为了更多的赚取劳务费，在设计过程中故意的增大设计规模，增加施工设计的内容，这样不仅仅使得施工单位的设计付费增加，还会增大工程施工的预算成本，然而并不一定能够达到更好的施工价值。所以说，设计收费方法不合理已经成为目前我国水利工程建设在设计中的投资控制上非常重要的一个问题，解决这个问题对于水利工程投资成本的减少是非常有利的。

（四）设计与施工没有紧密结合

除了以上问题外，目前我国的水利工程建设在设计中的投资控制上还存在一个非常重要的问题，就是设计与施工没有紧密结合。在我国水利工程建设的当前阶段，理论脱离实际是非常典型的一个问题，主要体现在相关的设计人员从学校毕业以后直接进入到设计公司工作，并没有实地体会过将设计应用到实际的区别，这就导致他们在工作过程中并不能够充分考虑到其设计方案在实际操作中是否可以实现，是否会产生一定的误差。这造成的后果就是在施工过程中会发现一些问题，从而不得不重新调整工程设计方案，不仅会延误工期，还会增大工程的投资成本，增加工程的投资预算。

二、水利工程设计中投资控制存在问题及对策

（一）加强相关单位对水利工程设计控制投资重要性的认识

针对我国水利工程建设投资过程中存在的相关单位对水利工程设计控制投资的重要性缺乏认识的问题，其主要的解决对策就是加强相关单位对水利工程设计控制投资的重要性的认识。这首先要求相关施工单位充分认识到水利工程设计阶段对于整个施工过程的影响的重要程度，给予设计人员更多的设计时间，使得他们能够在设计过程中充分考虑包括投资控制等各方面问题，设计出更加完美的施工方案，从而在最大程度上避免施工过程中相关问题的发生；其次，施工单位在拿到相应的施工设计图之后，要先对该设计图进行严格的审查，确定符合相应的标准后再进行施工。对于设计方案图的审查不仅包括对工程结构的可行性，还要对该设计方案的投资成本进行预算，确保其在投资的预算标准范围内，并且在该基础上对施工设计图进行进一步的完善，在保证施工质量的前提下尽量减少施工投

资预算成本。

（二）合理规划设计标准

针对我国水利工程建设投资过程中存在的设计保守且标准过高的问题，其主要的解决对策就是要合理规划设计标准。这首先要求相关的设计人员充分认识到自身的位置，在工作过程中拥有基本的行为准则，不能够为了谋取一己私利而故意抬高水利工程建设的投资预算价格，从而对于水利工程建设的施工产生不利的影响。其次，相关的设计人员在工作过程中要拥有一定的工作责任感，不能为了推卸自身责任而给出过于保守的投资预算价格，可以将投资预算的实际范围和保守估计的范围同时给予相应的施工单位，使其能够做好更加充分的准备并对施工方案进行合理的调整。除此之外，对于水利工程建设环境比较复杂的地区，相关的设计人员在进行设计时要进行更多地考虑，不能够一味地以增加建筑材料为解决方式，这样才能够在保证工程质量的同时尽可能地减少工程投资预算。所以说，为了解决我国水利工程建设投资过程中存在的设计保守且标准过高的问题，合理规划设计标准是非常重要的解决措施。

（三）改革现行工程设计收费办法

针对我国水利工程建设投资过程中存在的设计收费方法不合理的问题，其主要的解决对策就是要改革现行工程设计收费办法。为了抵制设计者赚取更多的劳务费，在设计过程中故意增大设计规模和施工内容的问题，施工单位可以将合计费用分为基本费用和暂留费用两部分进行付费。其中基本费用是在设计完成并且设计方案被允许施工后付费，从而能够保证设计相关部门的正常运行，暂留费用是在工程竣工以后进行付费，工程完工后，施工单位要对施工的整体性能进行评估，对于整个工程的投资进行评价，如果设计方案较好地节约工程的投资成本，那么暂留部分的费用就进行一定比例的提升，反之，如果设计方案在很大程度上浪费了工程的投资成本，那么暂留部分的费用就进行一定比例的扣除。这样能够对设计者产生一定的牵制作用，对于水利工程设计方案的合理性更加的有利。

（四）强化设计与施工的紧密结合

针对我国水利工程建设投资过程中存在的设计与施工没有紧密结合的问题，其主要的解决对策就是要强化设计与施工的紧密结合。这就要求设计人员在大学时参加相关的培训和实践，能够实地的考察设计方案与其实际实现过程中的区别，从而使得自身能够对于理论和实践有一定的了解，在设计过程中根据理论和实践的误差更好地对设计方案进行一定的调整。这样，才能够制定出更加合理的方案，从而更好地减少水利工程施工设计过程中的投资控制预算。所以说，强化设计与施工的紧密结合，也是在水利工程设计中合理控制投资预算的重要解决对策。

近年来，我国水利工程建设已经成为人们越来越关注的问题，为了使得我国水利工程的建设更好地发展，更好地为社会服务，加强对于其设计过程中的投资控制是非常重要的。基于此，本研究对水利工程设计中投资控制存在的主要问题进行了简要的介绍，并重点阐述了水利工程设计中投资控制存在问题的解决对策，希望对于水利工程设计中投资控制的进一步完善和发展有所裨益。总而言之，投资控制是水利工程建设中非常重要的部分，加强对水利工程设计过程中的投资控制对于水利工程更好地造福于社会起着非常重要的作用。

第五章　水利工程设计优化

第一节　水利工程施工组织设计优化

如今随着我国的综合实力不断提高，在水利工程施工规模这一块相应的就在不断地扩大，一些新技术和新功能被广泛应用，随之，整个施工组织设计也跟着一起发生了大的变化。但是，对于水利工程的施工就会非常复杂，因为它要涉及诸多因素以及相关部门，而不同工种的施工阶段都需要相互之间去配合作业；另外，对于水利工程的施工来说有着时间紧迫和任务繁重的这些因素，那么应当在施工之前对其进行一个施工组织设计，另外还需要对水利工程施工组织设计完成一个优化。本节主要阐述了水利工程组织设计的一些特征，并通过分析浅谈一下笔者的看法。

一、关于水利工程施工组织设计这方面的内容和特点

（一）工程施工相关内容

根据诸多的实践表明，其内容主要就是工程概况和施工部署以及施工管理、施工方案、总施工进度、准备规划等等十几项措施。

（二）关于水利工程施工的热点以及对于组织设计进行优化的一个必要性

水利工程这个项目的建设规模几乎都是巨大的，其建设周期也相对很长，而一个整体的建设项目一般要分成好几个工期分别进行施工，也因此而耗费不少的时间。这是一项极为复杂又系统的工程项目，从水利工程的设计到施工，其每一个环节会经过数个专业部门，通过不同工种进行一个联合施工；另外，在进行水利工程这个项目的施工建设时会采用一些大型的机械设备，而在施工现场就会出现人工和机械混合作业的复杂情况，如此一来也给水利工程安全施工加大了管理难度。那么我们就必须制定出一套安全的施工系统，以保证水利工程这一项建设的施工程序能够顺利进行。

二、对于水利工程施工组织设计的一种有效策略需要得到进一步优化

（一）应当将网络技术引入其中

现如今我国的经济实力正以飞速发展着，尤其是计算机网络技术，那么我们就在水利工程施工组织设计优化中将现代计算机网络技术引入，这样一来，水利工程施工组织设计其中的可行性以及实效性就能够得以提高。计算机可以给水利工程施工组织设计提供更加完善的现代数学模型，可以借助计算机网络技术进行计算绘图和优化以及在实际过程中的一种跟踪控制的作用。而一些比如人力资源以及财务等等如果仅凭传统的计算方式是无法进行的，所以计算机网络技术起到极大的作用。而使用计算机网络技术就能更及时、快速、高效、资金耗费低等等诸多优点。

（二）对于新技术和新材料以及新工艺要加以应用

我们需要在实践过程中去挖掘去学习以及经验的总结，对于现如今的一些先进工艺技术要加以利用。那么在水利工程这一项施工建设当中就应当把现代的新工艺和新技术以及新材料和新机械更为充分地应用到整个工程的实践中去，以此来实现其科学化和现代化以及经济实效化等。

（三）要对技术经济这方面进行深入分析

技术经济分析在施工组织设计当中是作为一项极为重要的内容，也是一种极为有效的手段。在水利工程施工组织设计这一进程当中，经济分析所起到的主要作用就是分析设计出经济是否合理，在技术上能否具有可行性。技术经济对于工程数据进行了一个计算和分析，从中将最经济的一套技术方案挑选出来，这样一来就最大限度地保证了施工项目的经济效益以及社会效益。

（四）将工作人员的素质增强，严格把守层级关系

对于施工组织的人员进行一个综合素质方面的优化，以至于在实际的施工工程当中让他们认识到身为施工人员自身的一种使命和责任。同时还需要做好检查与监管工作，要严把层级关，这样才能让整个水利工程施工设计里的一套可行性与有效性的方案进行优化。要想确保水利工程施工组织的设计方案能够最大效果地发挥作用，其组织人员也要做好严把层级关，把一些相关信息能够最有效的整理并发布，要有精减原则，从而避免了一些重复的劳动率。

（五）将施工组织设计的一个深度和范围加以扩大

我们对于水利工程施工组织设计优化这一进程当中，要更准确有效科学的评估出组织

设计出来的图纸中的经济性和合理性，要达到组织设计和具体施工技术呈现一体化的状态，将技术的转化得到加快，如此一来，就能将新技术的成果在整个施工组织设计这一过程当中更加有效的去应用。对于现代的科学信息技术我们要去大力的进行研发以及运用，对于这一个基础要实现在水利工程施工组织设计之中的信息化和自动化以及机械化和施工技术这方面的模块化和系统化，唯有如此我们才能更大的将经济效益实现，才能更加扩大施工组织设计之中的深度和范围，并以此来将施工企业的核心竞争力增强。

综上所述，我们对于水利工程的施工组织设计进行一个全面的优化，那么对于这个工程建设来说就是具有极大意义以及一个非常重要作用的，所以我们得加强思想上的重视以及对于技术创新的优化，我们要引入更多的先进的技术与工艺，也只有如此才能最大程度的保证水利工程建设该项目上面的施工安全性和实效性。

第二节　水利工程设计质量优化管理

随着社会经济不断发展，我国在基础设施工程项目领域的投资力度不断增大，相应带动了水利工程施工的发展。水利工程是指，通过相应的工程措施，对自然界水资源进行科学、有效地控制，以实现除害兴利目的的工程，普遍具有规模大、施工技术复杂、建设周期长、施工条件复杂等特点，如出现质量问题，失事危害巨大。工程设计是水利工程施工的基础，直接影响着水利工程施工质量。因此，从水利工程设计主要干扰因素和问题入手，探究其质量优化管理对策，具有其相应的现实意义。

一、我国水利工程质量管理现状概述

经过多年的发展，我国质量管理相关行政法规及制度建设发展较为完善，多种管理条例和规定奠定了水利工程质量管理的基础制度框架，其中明确规定了建设各方承担的责任和义务。目前，国内多数水利设计部门均具有相应质量体系的资格认证，其中半数以上的甲级设计院，具有质量、环境以及职业健康安全的三体系认证，水利工程质量管理逐渐趋向以 ISO9000 国际标准为核心，接受认证机构及第三方质量体系认证的现代化质量管理模式发展，与传统质量管理相比，无论是质量管理意识还是管理水平均得到了长足的进步和发展。

目前适用于水利工程领域的标准规范超过 500 项，系统详细的制度为工程设计提供了操作依据和质量保障。目前我国水利工程实施强制性条文质量管理，广泛涉及生命财产安全、水利工程安全、能源节约、环境保护等方面内容，是水利工程设计过程中，强制要求执行的技术标准，代表了水利工程设计的底线。

二、水利工程设计质量主要干扰因素分析

（一）水利工程市场干扰因素分析

由于水利工程施工的特殊性，水利工程多以政府投资为主，部分项目的项目法人在项目立项之后才确定，其中主要负责人以及相关技术人员普遍是临时抽调组成，在传统的粗犷式管理理念影响下，表现出"侧重工程建设、轻视工程管理"的特点，技术人员调动较为频繁，项目法人的管理水平相对较低，无法有效发挥项目法人制的实际效用。这种背景下，如建设单位法律意识及质量管理意识薄弱，将项目委托于资质不过关或无资质的设计单位及个人进行设计，则较难保障设计质量。因此，需进一步强调项目法人制的管理作用，促进水利工程设计市场的规范性发展。

（二）勘测设计周期干扰因素分析

水利工程作为重要的基础设施工程，具有航运、发电、灌溉、抗洪等多种功能，我国将其定义为关系国家安全、经济安全以及生态安全的战略工程。部分水利项目为达到相应的国家投资竞争目的，急于项目立项，相应缩短了设计单位的设计时间。一方面，设计周期大幅缩短，导致设计人员技术研究仓促，部分项目由于时间限制不能得到有效的开展；另一方面，设计人员在赶工状态下，工作质量得不到有效的保障，易出现设计错误影响工程设计质量，最后导致设计成果送审不符合要求不予通过问题。甚至有些项目在审批手续不全的情况下，抢先开工，严重违反水利工程建设程序规定，也会对施工质量造成严重的不良影响。

（三）设计单位质量管理意识薄弱

虽然我国质量管理整体发展状态良好，多数设计单位相继与国际接轨，接受相应的质量管理体系认证，并取得一定的成效和经验，但仍有部分设计单位不重视设计质量管理工作。此类公司普遍仍以严重传统的设计质量管理模式进行管理，质量体系文件落实情况较难保障，设计工作人员质量管理意识水平较低，在三级校审实际操作过程中，通常出现校审不严、签字草率等问题，导致设计质量水平始终得不到有效提升。

（四）专业配备缺失因素分析

目前，国内多数甲级设计院具备完整的专业配备，符合大型综合水利工程设计的设计要求，具有相应的项目设计能力。但就部分乙、丙级设计单位而言，专业配备缺失问题较为明显，具体表现为专业人员配备不足、专业分工不明等问题，通常一个项目仅有 3 ~ 5 人跟踪参与，虽然拥有一部分综合性专业人才，却仍不能满足项目设计实际需求，设计成果整体质量水平较低，专业分工界限较为模糊。

三、强化水利工程设计优化管理的实际措施分析

（一）完善设计质量管理制度

制度是规范设计人员操作行为、提高设计人员质量管理意识的基本保障。水利工程设计涉及内容众多、相关规范标准较为繁杂，设计单位应结合水利工程设计相关标准，完善自身设计质量管理制度，明确设计人员各项操作标准，以提高设计成果质量。设计质量管理制度在内容上应全面包括设计人员各项设计操作，详细规定设计人员需遵守的规范标准，重点标注国家强制性条文内容，保障设计人员每项操作均有章可依，从根本上提高设计人员的质量管理意识，提高水利工程设计水平。

（二）加强设计人员培训

设计人员作为工程设计的直接参与者，其专业水平直接影响着工程设计质量。因此，设计单位应定期组织设计人员进行培训，以不断提高设计人员专业技能水平。设计人员培训应从专业技能培训和专业素质培训两方面入手。专业技能方面，设计人员需加强设计标准学习，如设计人员对设计标准，尤其是强制性条文的理解出现偏差，将直接影响设计审核。同时，设计人员需加强设计操作学习，不断提高自身设计规范性、科学性，以提高工程设计质量；专业素质方面，设计单位应强化设计人员设计质量管理意识，通过案例学习、设计重点总结、工程设计研讨会等形式，不断强调工程设计的重要性，提高设计人员质量管理意识，端正设计人员工作态度，避免人为操作疏忽或失误，从而达到优化设计质量管理的目的。

（三）完善工程设计监督制度

水利工程普遍具有规模大、施工技术复杂、建设周期长、施工条件复杂等特点，其工程设计工作是一个系统的工作过程，通常分为多个设计阶段完成，针对不同的设计阶段，设计单位的工作重点和目标存在较大差异。因此，相关部门应加强各个阶段的设计监督力度，深入细化执行监督工作，以提高问题发现的及时性和准确性，从而达到优化设计质量管理的目的。设计单位在完成相应的阶段的设计工作后，应定期公布工程设计实际情况，同时接受地方政府部门以及工程单位的监督。质量监督机构应积极配合建立相应的质量信息发布制度，对质量监督工作发现的信息进行实时分析和通报，以形成动态、系统的工程设计质量管理。

（四）加强水利工程设计责任管理

水利工程作为重要的基础设施工程，直接关系到国家安全、经济安全以及生态安全，如因施工设计问题导致工程事故或使用事故，将造成无可估量的损失。因此，应全面加

强水利工程设计责任管理力度，通过制定责任管理制度，明确各设计部门、人员的设计职责，各参建单位设计人员对应自身岗位承担相应的设计责任，且设计责任管理为终身管理。相关部门应使用多元化管理体制进行水利工程设计方案管理，重点做好工程质量管理以及工程质量调控工作。对于因违反国家建设工程相关质量管理规定，或为有效履行自身工作职责，造成重大工程质量问题及安全事故的设计人员及相关单位，应依法追究其相关法律责任。

综上所述，水利工程具有规模大、施工技术复杂、建设周期长、施工条件复杂等特点，导致水利工程设计工作任务繁杂、质量干扰因素众多。就我国当前水利工程设计质量管理工作而言，虽然整体发展状态较好，但仍存在部分单位不重视设计质量管理、专业配置不全等问题，限制了水利工程质量管理的进一步发展。因此，设计单位及相关部门应从设计质量管理制度、人才培养等角度采取相应的措施，不断提高设计单位设计水平和规范性，强化工程设计质量监督管理力度，以提高水利工程设计质量管理整体水平，促进我国水利工程建设的进一步发展。

第三节　水利工程中混凝土结构的优化设计

水利工程具有防洪、供水、灌溉等兴利除害的功能，水利工程具有规模较大、工期较长、施工难度较大等特点。混凝土结构由于成本比较低、整体性高等优点广泛应用于水利工程建设中，但由于混凝土结构设计难度比较大，在水利工程的建设过程中，也会出现一些问题，因此要科学应用混凝土结构，保证水利工程质量安全。本节通过对目前水利工程中混凝土结构设计存在问题进行分析，结合多年工作经验，提出进行水利工程混凝土结构设计优化的对策，希望对水利工程建设中混凝土结构设计提供理论指导和技术支持。

一、水利工程混凝土结构设计的意义

水利工程通过修建堤坝、水闸、渡槽等水工建筑对水资源进行调控，通过这些水工建筑的兴建来预防或控制洪涝灾害和干旱灾害，满足社会生产和人民生活的需要。水利工程的规模比较大、工期比较长、施工技术难度比较高，一般来说在水利工程中需要应用混凝土结构。混凝土是指砂石、水泥、水按照一定比例进行混合配比，并以水泥为胶凝材料的建筑工程复合材料。混凝土与一定量的钢筋等构件进行配合使用，可以作为承重材料使用到各种建设工程项目中。由于混凝土结构具有良好的耐火性、耐久性、整体性，因此在大型建设工程项目中应用非常广泛，但混凝土结构在我国的水利工程项目中的应用时间比较短，应用经验比较少，尚有很多不足，因此研究如何对水利工程中的混凝土结构进行优化设计，对我国水利工程建设具有非常重要的理论意义和实践价值。

二、目前水利工程中混凝土结构设计存在的问题

由于我国混凝土结构应用于水利工程的时间并不长，相关经验比较少，因此在实际施工过程中，会遇到一些问题，具体表现在以下几个方面：

（一）材料配比问题

由于混凝土是水泥、骨料、砂石、水等多种施工材料搅拌混合而成，并非单一属性的工程施工材料，在具体的施工环节中，对于混凝土的各种材料的配比也各不相同，比如水分的增加，而水泥减少，则会导致最终配置的混凝土标号降低，在施工中出现麻面和气孔等情况，进而影响混凝土结构的安全性。如果粗骨料比例过高，则会导致混凝土出现离析，影响混凝土结构的可靠性。

（二）岔管设计问题

目前我国的水利工程项目主要采用"一洞多机"的方式进行地下管网的布设，这种设置对于混凝土结构设计的要求比较高，目前我国还没有比较完善的岔管设计规范，这使得施工人员对于岔管设计的承压能力很难准确把握，特别是在地形地貌比较复杂的情况下，经常发生设计不合理的情况，对水利工程的整体安全性造成影响。

（三）衬砌渗漏问题

在水利工程施工过程中，经常会出现混凝土衬砌渗漏的情况，这是混凝土结构设计中最难解决的问题。渗漏问题如果不能有效解决，将对整体水利工程建设造成严重影响，衬砌渗漏主要是因为混凝土结构产生了裂缝，裂缝产生的具体原因包括以下几点：

（1）混凝土模板设计得不合理。

（2）在通道施工的过程中，对于通道位置的设计不合理，如果通道上方出现沉降就会对衬砌产生较大压力，最终发生混凝土裂缝的情况。

（3）混凝土结构的原材料本身存在质量问题，例如混凝土的标号不满足施工设计要求。

（4）混凝土的运输过程、搅拌过程、养护过程出现问题。例如运输时间过长，混凝土和易性受到影响，没有按照混凝土的初凝和终凝时间进行科学养护，混凝土在使用之前没有进行充分的搅拌振捣，造成骨料离析的情况。

（四）前期准备不足

水利工程的技术含量比较高，相比建筑工程，水利工程的施工难度更大更复杂，在水利工程设计阶段，需要对工程所在地的地形地貌、水文地质条件、气候条件进行详细调查。

在实际施工过程中，经常出现因为前期调查不细致而导致水利工程在施工过程中的各种质量问题。比如有的水利工程项目围岩应力比较大，围岩不稳定，加上岔管形态复杂，导致应力集中和衬砌开裂，破坏混凝土结构的稳定性。

三、水利工程中混凝土结构优化设计

水利工程中混凝土结构设计的难度比较大、要求比较高，要综合考虑地形地貌、水文地质、环境气候等多种因素，保证混凝土结构具有良好的抗渗性、稳定性、可靠性。在水利工程项目中，对混凝土结构优化设计具体表现在以下几个方面：

（一）加强对混凝土结构的裂缝控制

裂缝控制是水利工程混凝土结构设计的重要内容，混凝土结构既要控制好承载力，也要把裂缝控制在国家强制标准和设计标准允许的范围内，并根据荷载、压力变化等参数来确定。水利工程中经常使用非常规构件，裂缝要根据构件的烈性进行评估，并考虑断面作用力的变化问题。根据工程实际情况选择不同的养护方法，创造适当的温度和湿度条件，保证混凝土正常硬化。不同的养护方式对混凝土性能的影响也不同，最为常见的施工养护方法就是自然养护，除此之外还有干湿热、红外线、蒸汽等多种养护方式，标准的养护时间为28d，湿度不低于95%，在自然养护的过程中，可以重点加强对温度和湿度的控制，减少混凝土表面暴露时间，防止水分快速蒸发。控制混凝土的里表温差以及表面降温速度，最终达到控制混凝土结构质量，优化混凝土结构设计的目的。

（二）加强对混凝土原材料的选择与合理配比

合理配比的混凝土是保证水利工程质量的关键，能够有效防止气泡、麻面、孔洞等问题的产生，可以选择细度 2.0 ~ 3.0 范围内的砂，合理控制添加剂的比重。对混凝土进行充分振捣和搅拌，确保混凝土的和易性，避免离析，混凝土浇筑之前要确保模板支撑牢固，按照施工标准进行模板支撑和拆卸。钢筋要焊接牢固，禁止随意踩踏混凝土保护层的垫块，并保持垫块均匀牢固。

（三）围岩结构稳定性的优化设计

衬砌的布局对于水利工程的混凝土结构质量具有重要影响，在进行混凝土衬砌设计时，要注意围岩能够承载的水压力。水利工程混凝土结构设计的优化，要重点解决围岩承载力问题，在设计过程中，用平缓地面和陡坡地面确定最小覆盖厚度，厚度不足容易引起工程渗水。

（四）衬砌的优化设计

衬砌可分为开裂和抗裂两种衬砌，要根据工程设计要求和围岩承载力来确定衬砌方式。

通过对混凝土衬砌与围岩进行联合作用模拟，形成二次应力，并在此基础上进行钢筋混凝土的支护，把衬砌配筋量控制在合理的范围内，达到最佳支撑效果。通过分析变形与裂缝产生的原因，进行岔管衬砌的布置。

（五）混凝土的温度和湿度计算

对于水利工程中的大体积混凝土温度计算主要通过温度场、应力、抗裂性三个方面。一般运用限元法和差分法进行应力计算和温度场计算，而且在进行应力计算的过程中，要考虑混凝土变化而导致的应力松弛。不同配比的情况下需要进行试验值与计算值的比较。

（六）基础资料完善、等级标准明确

要提高混凝土结构设计水平，首先要保证基础资料的真实、准确、完整。基础资料是进行混凝土结构设计的前提。要明确结构设计的等级标准，并考虑工程规模和建筑类别，保证混凝土结构设计质量的同时，实现有效的成本控制。完善水利工程监理制度，对水利工程混凝土结构的设计、施工、验收等过程进行监督和管理，保证施工质量和施工的连续性。

综上所述，水利工程对于周边居民的生产生活和生态环境有着非常重要的影响，混凝土结构在水利工程建设中发挥着重要作用，针对当前混凝土结构在水利工程建设中暴露的问题，在混凝土配比、裂缝控制、围岩稳定等方面进行设计优化，为实现高质量的水利工程奠定基础。

第四节　优化设计与水利工程建设投资控制

水利工程建设体系在不断发生着变化，针对水利工程的投资也逐渐形成多元化。投资者都会对投资风险进行评估，控制资本投入，以最少的资本投入谋得最大的经济收益，节省下来的资金还能另投其他项目。对于整个水利工程建设，投资控制无不体现在各个阶段。当前的投资控制已经形成一套完善体系，通过对项目的实施方案、资本需要以及可行性研究，有效地控制了投资规模，基本不会出现无底洞投资和工期无限期延长等现象。在投资控制方案设计上，对每一笔资金投入都进行严格估算，控制超额投资现象的发生，施工阶段实行严格的招标制度，有专门的监理部门全程监督从投标到中标整个流程，对于工程造价有审计部门进行审核，不合理部分一律修改，将预算投资合理化，使投资得到应有的控制。但是在怎样优化设计投资控制这方面，还没有得到广泛关注！

一、优化设计对水利工程建设投资的影响

（一）设计方案直接影响工程投资

水利工程建设首先要进行项目决策和项目设计，这是投资控制的关键所在。而在项目实施阶段则不需要进行投资控制了。在做出对项目进行投资的决策之后，就只有设计这一块了。根据现行的行业规范，设计的费用一般只占据整个工程建设总费用的 5% 不到，然而正是这 5% 的投入影响着整个资本投资的 70%，所以对于工程设计方面一定要完善。在单项工程设计方案的选择上又会对整个投资有很大影响。根据不完全统计，在其他项目功能一致的条件下，更加合理的单项设计方案可以降低总造价的 8% 左右，甚至可达 15% 以上。比如某多层厂房，其框架结构均较为复杂，设计单位按照常规方案进行设计，由于厂房层次较多，荷载又大，导致部分单间尺寸较大，地基开挖较深。事后经其他设计人员分析，采用新型打基方案，可以省下大量的混凝土，还能减少土方开挖深度，相比前方案节约资金 250 多万元。

（二）设计方案间接影响工程投资

工程建设的增多，也伴随着事故发生的增多，造成事故发生的众多因素中，有 30% 是由于设计环节的责任。很多工程项目设计上没有经过优化，实施起来各种不合理，严重影响正常的施工。有的设计质量差，各单项设计方案之间存在矛盾，施工时需要返工，这就造成投资的浪费。

（三）设计方案影响经常性消耗

优化设计不但对项目建设中的一次性投资有优化作用，还影响着后期使用时经常性的消耗。比如照明装置的能源消耗、维修与保养等。一次性投资与经常性消耗之间存在一定的函数关系，可以通过优化设计寻找两者的最优解，使整个工程建设的总投资费用减少。

二、优化设计实行困难的原因

（一）主管部门对优化设计控制不力

长期以来，设计只对业主负责，设计质量由设计单位自行把关，主管部门对设计成果缺乏必要的考核与评价，仅靠设计评审来发现一些问题，重点涉及方案的技术可行性，而方案的经济可行性则问及很少。加之设计工作的特殊性，各个项目有各自的特点，因此针对不同项目优化设计的成果缺乏明确的定性考核指标。

（二）业主对于优化设计的要求程度不高

业主对于工程建设认识具有局限性，所以他们习惯性地把目光放在施工阶段，而对设计阶段关注不多。出现这种现象的原因有：①在设计对投资影响力方面认识不足，只知道如何在设计上省钱，减少虚拟投入，而不知优化设计可以带来更多的经济利益和更好的工程建设；②在设计单位的选择上比较马虎，有些方案虽然通过招标等方式选择，但是方案的设计并不完善，很难对其进行综合评估；③业主本身专业知识不够，对于优化设计难以提出有价值的要求或建议；④某些业主财大气粗，根本不在乎对设计进行优化，项目建设只追求新颖。这些都是优化设计得不到开展的因素。

（三）优化设计的开展缺乏必要的压力和动力

目前的设计市场凭的是行业经营关系，缺乏公平竞争，设计单位的重心不在技术水平的提高上，只保证不出质量事故，方案的优化、造价的高低，关系不大，使优化设计失去压力。现在的设计收费是按造价的比例计取，几乎跟投资的节约没有关系，导致对设计方案不认真进行技术经济比较，而是加大安全系数，造成投资浪费。设计单位即使花费了人力、物力优化了设计，也得不到应有的报酬，从而挫伤了优化设计的积极性。

（四）优化设计运行的机制不够完善

优化设计的运行需有良好的机制作为保证。而目前的状况：①缺乏公平的设计市场竞争机制，设计招标未能得到推广和深化，地方、部门、行业保护严重；②价格机制扭曲，优化不能优价；③法律法规机制有待健全。

三、搞好优化设计的几点建议

（一）主管部门应加强对优化设计工作的监控

为保证优化设计工作的顺利进行，开始可由政府主管部门来强制执行，通过对设计成果进行全面审查后方可实施。《建设工程质量管理条例》的配套文件之一《建筑工程施工图设计文件审查暂行办法》早就由建设部颁布施行，《办法》的落实将对控制设计质量提供重要保证。但《办法》规定的审查主要是针对设计单位的资质、设计收费、建设手续、规范的执行情况、新材料新工艺的推广应用等方面的内容，缺乏对方案的经济性及功能的合理性方面的审查要求：①建议建设行政主管部门加大审查力度，对设计成果进行全面审查；②加强对设计市场的管理力度，规范设计市场，减少黑市设计；③利用主管部门的职能，总结推广标准规范、标准设计、公布合理的技术经济指标及考核指标，为优化设计提供市场。

（二）加快设计监理工作的推广

优化设计的推行，仅靠政府管控还不能满足社会发展的要求，设计监理已成为形势所迫，业主所需。通过设计监理打破设计单位自己控制质量的单一局面。主管部门应在搞好施工监理的同时，尽快建立设计监理单位资质的审批条件，加强设计监理人才的培训考核和注册，制定设计监理工作的职责、收费标准等；通过行政手段来保障设计监理的介入，为设计监理的社会化的提供条件。

（三）建立必要的设计竞争机制

为保证设计市场的公平竞争，设计经营也应采用招投标：①应成立合法的设计招标代理机构；②各地方主管部门应建立相应的规定，符合条件的项目必须招标；③业主对拟建项目应有明确的功能及投资要求，有编制完整的招标文件；④招标时应对投标单位的资质信誉等方面进行资格审查；⑤应设立健全的评标机构，合理的评标方法，以保证设计单位公平竞争。

设计单位为提高竞争能力，在内部管理上应把设计质量同个人效益挂钩，促使设计人员加强经济观念，把技术与经济统一起来，并通过室主任、总工程师与造价工程师层层把关，控制投资。

（四）完善相应的法律法规

优化设计的推广要有法律法规作保证，目前已有《水利建设项目经济评价规范》《建筑法》《招投标法》《建筑工程质量管理条例》等实施规范，这些规范对设计方面的规定不够具体，为更好地监督管理设计工作，还应健全和完善相应法律法规，如设计监理、设计招投标、设计市场及价格管理等。进一步规范水利工程设计招标投标，出台维护水利勘察设计市场秩序的法规。

通过优化设计来控制投资是一个综合性问题，不能片面强调节约投资，要正确处理技术与经济的对立统一是控制投资的关键环节。设计人员要用价值工程的原理来进行设计方案分析，要以提高价值为目标，以功能分析为核心，以系统观念为指针，以总体效益为出发点，从而真正达到优化设计的效果。

第六章　水利工程安全评价

第一节　水利工程施工安全标准化体系评价

在水利工程建设中采用安全标准化管理体系，能够使施工环节更加合理，实现人力与物力资源的合理配置，为施工人员与材料设备的安全提供切实保障，因此，水利企业应积极建立和完善施工安全体系，不断引进先进的技术和设备，使安全隐患能够得到有效消除，使工程能如期完成，使企业获得良好的收益。

一、水利工程施工安全标准化体系评价分析

（一）构建依据

施工安全标准化体系的建立主要是为保障施工的安全，使施工人员和材料设备都处于安全的环境之中，尽量避免各种安全事故的发生。该体系的构建依据分为三个标准，即基础性、通用性与专业性。其中，基础性通常是指在施工场地内以基础部分而存在，为其他工作的实施提供便利，应用范围十分广泛，例如，指导符号、图形以及术语等。通用性主要是指能够涉及大部分问题的共同性标准，例如，安全要求、质量要求、环保要求等，而专业性标准是指在具备具体标准的情况下，有针对性地进行扩展和延伸。

（二）体系评价

1. 增强了安全管理的系统性

该体系能够将安全管理目标转变为系统性工程，并组织相关部门和人员协调合作，明确管理目标，提升安全意识，弥补了以往安全管理中存在的缺失，防止盲目管理、片面管理问题的发生，使过去形式化的管理方式变得更加科学化、系统化，进而使整个水利工程都能够得到有效的管理。

2. 提升了安全管理效率

标准化管理体系的实施使企业的安全标准与评价标准都得到有效的规范，并且在日常工作中加以落实，使各级管理人员对管理工作的参与度增强，自觉树立安全意识，缩短磨合期，使管理工作更加标准、规范、具体。

3. 提升了经济性

标准化评价体系的实施是为了排除安全隐患，注重安全防护保障，不放过施工中的每一个环节，尤其是施工人员的操作行为与安全防护设施。该体系的实施使工程安全事故发生概率明显降低，安全风险也得到有效预防，节省了大量安全事故费用的支出，进而提升了企业的经济效益。

二、如何完善施工安全标准化体系

（一）加强对施工现场的安全管理

在水利工程建设过程中，需要加强对施工现场的安全管理，施工现场属于工程安全事故多发地，对其实施严格的监控管理能够有效地降低事故的发生概率，有利于水利工程的顺利施工，因此应健全施工现场的各项规章制度。例如，安全用电、项目抽查、责任落实等多个方面；严厉打击一切不良施工行为，对无证上岗、不科学操作等一律从严处理，禁止非专业人员进入到施工场地，施工人员在作业过程中必须配备安全帽、安全手套等，一经发现没有按照规定执行的，立即给予相应处罚；一切以安全和质量为主，不允许进行一系列的赶工作业，以免对水利工程质量产生不良影响。

（二）引进先进的施工工艺

如果水利企业的施工设备和管理方式较为落后，则施工人员在操作中发生失误的概率就会提高，进而构成安全威胁，因此，在我国科学技术不断发展的情况下，水利工程建设也应紧跟时代的步伐，积极引进先进的施工工艺和高科技、高安全性的施工设备，不断更新和优化施工技术，尽量减少人员的直接操作，以此来提升工程的整体质量和效率，从另一角度来看，这也使施工安全标准化体系得以有效完善。

（三）提升工程监管力度

由于水利工程建设的周期较长，在实际施工时涉及的范围也比较广，跨度较大，要想做好工程施工安全管理工作，需要对以下内容加强重视：提升对关键环节的控制力度。关键环节的质量往往会影响整体工程，因此，对施工安全进行控制，能够提升水利工程的整体质量和安全性，延长工程的使用周期；合理安排工程施工的进度，与具体的实际情况相结合，禁止出现赶工期等现象，并且对施工人员的安全进行有效的控制和监督；提升工程施工标准化管理程度，严格执行安全标准体系中的相关规定，根据科学合理的评估标准，采用正确的评估方法对水利工程施工安全进行评估，这样做不但能够对施工人员的操作行为进行规范，有利于完善施工安全标准化体系。

随着社会经济的不断发展，对水利工程的需求量逐渐提升，对工程质量、安全等方面的要求也更加严格。施工安全标准化体系的实施能够促进工程施工的顺利进行，保障施工人员与材料设备的安全，与现代化的工程需求充分符合，从而促进水利工程的健康、高效、可持续发展。

第二节　水利工程安全监测系统评价若干问题

水利工程安全监测系统评价是安全监测系统更新改造和水利工程运行管理的依据。虽然研究层面为大坝安全监测系统评价做出了有益探索，但由于侧重数学模型和数据分析，许多方面做了近似和忽略，实际上广大水利工程管理单位迫切需要了解水利工程安全监测系统评价的主要内容、依据和关键。

一、工程安全监测目的及对安全监测的要求

（一）安全监测的目的

对工程安全监测系统进行评价首先需要明确大坝安全监测的目的。众所周知，工程安全监测有检验设计、校核施工和指导工程安全运行三个目的，显然这三个目的针对不同时期、不同结构形式、不同工作环境的水利工程时其内涵并不相同。检验设计主要针对超过现行结构设计规范的新结构、新材料和新施工方法所采取的检验性监测措施，针对的是设计不能完全保证达到实际效果的结构、材料或施工方法；校核施工主要针对施工过程中面临的勘探不完全性和动态不确定性，采用实测数据可以实时了解施工方法的有效性和针对性，及时调整施工进度、方法和工艺，从而达到降低施工安全风险的目的；指导工程安全运行是指针对工程运行过程必然面对的材料和结构老化、地质条件劣化、水文气象条件的不确定性甚至水库调度中面临的工程安全风险，需要通过实测资料了解工程安全现状。可见安全监测始终是以工程安全为关注重点，以降低工程安全风险为目的。

（二）不同时期工程对安全监测的要求

水利工程的生命周期包括施工期、初蓄期、运行期（除险加固期、除险加固后运行期）和退役期等过程，每个过程中，其安全监测的重点既有相同点也有不同点。

施工期面临的安全风险主要包括勘探中未全面了解地质缺陷及施工相互作用、突发气象和地质灾害、卸荷破坏及滑坡、水化热诱导过高温度应力、施工导流和围堰安全、过大过快与不均匀变形、爆破震动、大型机电设备安装等风险源引起的工程安全问题。

初蓄水期面临的安全风险来自水压力和渗透压力给水工程（包括与工程安全有密切关系的边坡和附属建筑物）带来的安全风险，主要原因或现象包括水压力导致的变形、渗透破坏、扬压力或渗透压力增加引起的滑动失稳、浸水湿化变形和强度劣化、水锤和水力劈裂等安全风险。

正常运行期是水利工程安全风险比较低的时期，其安全风险主要是材料和结构长期缓慢劣化导致工程安全问题和由于突发气象、地质或人为灾害诱导的工程安全问题。在此期间，可以根据工程安全鉴定或评价的结论，结合工程安全监测系统运行情况对大坝安全监测进行优化。

除险加固期由于水位变化导致新的不利工况或由于施工开挖诱导的安全风险是除险加固时安全监测必须考虑的问题。对于除险加固过程中采用的新材料、新结构和新施工方法以及用于指导除险加固施工的必须采取有针对性的安全监测措施。

退役期工程安全面临的风险是由于水荷载变化、材料劣化和几何结构变化导致的应力变形重分布可能导致的安全风险，这个时期安全监测主要针对水位变化、拆除方法、过程或废弃所导致的泄洪淤堵等可能导致的结构滑动、开裂、漫顶等安全风险[1]。

（三）不同结构形式对安全监测的要求

结构形式、几何尺寸甚至施工方法都影响其应力分布和失效模式，不同坝型对安全监测的要求不一样，现以土石坝和混凝土坝为例进行说明。

按照土料在坝身内的配置和防渗体的材料不同，土石坝分为均质坝、黏土心墙和斜墙坝、面板堆石坝、人工材料心墙和斜墙坝、多种土质坝、土石混合坝等。根据筑坝施工方法可以分为碾压式土石坝、抛填式堆石坝、定向爆破堆石坝、水力冲填坝和水坠坝等，不同坝型其破坏形式、安全敏感因素、失效模式不同，对安全监测系统的要求也就不同。一般而言，土石坝防渗体有效性和渗透破坏始终都是安全监测的重点，对于面板堆石坝重在面板，对于心墙坝是心墙及其与坝壳的接触部位。即使在同一坝型，对于超过设计规范的大坝，如同样是黏土心墙堆石坝，最大坝高295 m的两河口大坝其安全风险比同坝型70 m以下坝高的大坝要大得多，其失效模式和演化速度也不一样，因此其对安全监测提出了更高要求。

混凝土坝按受力形式可以分为混凝土重力坝、支墩坝和拱坝。重力坝可分为实体重力坝、宽缝重力坝、空腹重力坝、浆砌石重力坝等。支墩坝按其结构形式可以分为平板坝、大头坝、连拱坝。一般而言混凝土坝的稳定及其影响因素始终是安全监测的重点，如重力坝的变形和扬压力、拱坝坝体和坝肩稳定性等，而碾压混凝土坝层间结合防渗和寒冷地区

---

① 张朝辉. 水利工程施工质量与安全管理措施研究 [J]. 水利技术监督，2016，24（1）：18-19.

的防冻就是安全监测必须考虑的因素。

《水利水电工程安全监测设计规范》分别就混凝土坝、土石坝、溢洪道、厂房建筑物、通航建筑物、水工隧洞、水闸、渠道及渠系建筑物、堤防、边坡及滑坡等给出了监测设计一般要求，对水利枢纽安全监测设计具有重要意义，但针对运行期现存的建筑物，其安全状态始终与设计阶段预期往往不一样，因此安全监测系统评价应该更加针对具体建筑物及其呈现的各类安全状态，和根据已经呈现的各类隐患征兆预计的各类风险进行评价。这一点任何规范和标准都难以做到如此细致，只能依据专家和有经验的大坝安全监测技术人员经过现场调查后进行。

（四）不同位置和运行条件对安全监测的要求

不同的地理位置、地质和运行条件，包括岩石组成、初始地应力分布、地下分布以及不同的地震烈度区，水利工程失事风险都不同，因此其安全监测要求也不一样；另外运行条件也是安全监测所必须考虑的因素，水位变化频繁不仅影响采样频次，同样影响失效模式。水位的突然升降将导致动水渗透压力，可能导致上游坝体向水库方向滑动，从而使得变形监测方向发生改变，这就要求安全监测必须与之相配套。

二、工程安全监测系统评价内容

（一）监测设施正常性评价

本节将监测设施正常性定义为监测设施本身正常，而将监测设施与具体水利工程安全的匹配性定义为安全监测设施的适用性。暂不考虑监测设施与大坝之间的匹配性，只考虑监测设施（包括传感器、附属设施和读书仪表或装置）能否正常工作。

一般条件下，监测设施的正常性评价主要依据三个方面，分别是设计与考证资料、现场检查测试结果以及历史实测数据分析。设计与考证资料就是指通过该仪器获得的实测资料，包括仪器设备率定、检验、安装埋设及施工竣工资料。现场检查测试结果依据相关规程进行，主要通过专家检查和实测数据分析监测设施当前的工作状态，具体包括仪器设施的标识、保护、稳定性和继续工作的能力。这里历史实测数据分析不考虑与大坝本身的关系，只就基于仪器原理分析仪器的工作状态。该资料能反映前一段时期监测设施工作状态，是评价监测设施工作状态的有力证据，但新修理或埋设仪器就缺乏有效的历史实测数据。考证资料是指仪器设计参数、安装埋设过程和计算工程监测物理量所需要的位置参数和计算参数，这些考证参数和标识是通过仪器测值得到相应监测物理量的基础。现场检查和现场测试可以直观得到仪器定性信息和当前状态的定量信息，是判断仪器当前工作状态的基础资料之一。要准确判断监测设施的正常性，必须将上述三个方面因素一起考虑、并进行综合评价。

（二）监测项目和测点针对性及协同性评价

有关监测技术规范针对的监测项目和测点布置是一般情况，实际工程与规范要求可能存在一定的区别。以大坝渗流监测为例，大坝及其地基、坝肩等各部位实际地质条件往往与地质勘探情况存在差异，小渗透系数或存在固结条件下，基于达西定律的渗透压力及流线分布与实际情况可能不太吻合，加上渗透系数、初始地应力和孔隙水等非均匀分布，导致渗流分布和演化的非均匀性十分明显，因此许多按监测技术规范施工的测压管可能无渗透水，有些坝下游按监测技术规范应布置的渗流量监测测点，但实际大坝下游侧根本找不到渗漏水，因此一个正在运行的大坝监测项目和测点评价与设计阶段应该存在明显的差别。对于已经运行的大坝，其监测项目和测点评价必须与工程现状相适应，有很强的针对性，即必须考虑到工程所处的实际工程环境。

在监测资料分析和大坝安全评价中，考虑到监测项目之间相互协调、互相验证甚至建立模型的需要，监测项目之间的协同性必须满足。如针对高孔隙壤土监测渗透压力和有效应力是一对耦合比较紧密的物理量，同时其渗透压力和渗流量之间的耦合也很紧密。一般而言，水文是变形、渗流和应力的共同影响因素，监测项目设置必不能少。对于混凝土坝，变形和降雨量之间的关系不是很直接，因此针对混凝土坝，变形监测项目和降雨量监测项目之间不存在必然联系。为做好已建运行的安全监测系统评价，充分考虑大坝安全评价或除险加固相关发现、结论和建议，对提高已建大坝安全监测系统评价的针对性具有十分重要意义和价值。

对于原设计中没有出现的新的裂缝、变形、渗水，只要达到危害级别，都必须增加监测项目和测点，这些大坝运行过程中新出现的情况是大坝特殊性的具体体现，是监测项目和测点针对性的重点。显然由于新增加监测项目和测点，必须根据资料分析和评价的需要考虑配套监测和项目的必要性。另外需要强调的是，对于已建安全监测系统的评价，还必须考虑潜在的失效模式和工程可能遇到的风险，根据可接受风险和投入，考虑监测项目、测点增减对大坝安全运行和安全预警可能造成的影响，在此基础上进行监测项目和测点针对性及协同性评价，总之，监测项目和测点针对性及协同性评价必须在监测设施适用性分析的基础上，立足工程安全的现状，充分考虑工程安全风险，同时兼顾监测资料分析的要求。

（三）监测资料整理整编分析与运用评价

监测资料整理整编分析与运行评价包括巡视检查与仪器监测的原始记录以及其整编分析。监测资料整理整编分析必须在真实性、可溯源性和规范性的基础上进行，重视基本工作内容和每一个步骤的规范性、严密性和完整性，保证监测资料整理整编分析满足安全监测技术规范要求。在此基础上，应针对已建工程的特点进行有针对性分析，指导明确工程安全状态，对下一步工程运行管理有明确的意见。

（四）运行管理及系统维护评价

运行管理首先要有明确的规章制度并实施证明规章制度得到严格执行，同时规章制度必须考虑到紧急情况下的风险预案，即应急条件下的安全监测管理，包括人员、仪器设备和资料快速分析等内容，使得应急条件下的工程安全监测既能为工程应急决策提供第一手资料，同时也为工程本身和类似工程今后提高管理水平服务。前文提到的现场检查、仪器设备测试、资料整理整编和分析，是对安全监测系统运行管理和运行维护最直接的检验和验证。

三、评价依据

（一）监测规范和结构规范

在监测设施正常性评价方面可以依据相应的监测技术规范，但是在量程、精度评价方面需要同具体工程相结合，一般认为监测综合精度不低于测值年变幅的10%，监测设施量程应该考虑测值趋势性变化、周期变化、特殊情况和测量误差等因素。由于仪器一般都是量程越大则精度越低，为此对于存在趋势性变化的物理过程，在仪器量程选择时应以覆盖监测对象性态变化的阈值前段为准，以起到监测系统预警的作用。

测点针对性和协同性评价方面，一定要针对当前工程的实际情况和潜在失效模式，这对充分理解工程本身结构设计、施工及运行维护特点是十分必要的，可以更好地理解设计意图、工程存在的安全风险和两者之间的关系。

资料整理整编分析规范性、及时性和可用性评价依据监测技术规范进行，在资料整理整编方面技术规范说明比较详细，但在资料分析方面需要结合工程实际进一步具体明确评价标准。

运行管理及系统维护评价监测技术规范相对较弱，这方面还需要依据相关法规和部门规章结合工程安全监测系统正常运行的要求确定。

（二）安全鉴定结论和除险加固设计

水利工程安全鉴定、评价是对大坝当前状态的综合评价，其结论对了解工程安全性态变化及可能的失效模式具有十分重要的意义。在监测系统评价时充分考虑近期工程安全评价中出现的问题和安全鉴定的结论十分必要，它可以有效检验监测系统设置的针对性。同样除险加固是对原有结构的改变和安全状态的改变，针对除险加固需要解决的问题，布置相应的监测仪器检验除险加固效果，是针对除险加固工程安全监测设计必须考虑的重要因素，针对各类加高模式，反映新老接合面接合牢固程度和工作状态的监测物理量都应该是安全监测的重点，其他监测重点还包括预应力结构的预应力损失、新荷载分布导致的不均匀变形、新增防渗结构的防渗效果和自身强度、抗滑支护结构自身稳定和强度等。

（三）工程赋存环境及其安全风险

水利工程的结构和材料是在坝址区的水文地质、工程地质和水文气象条件等长期作用下不断演化的。从结构和材料老化、地基及边坡水致弱化等力学—物理—化学多场耦合作用下，可以对水利工程可能的破坏模式及其可能性进行分析，在任何一个关键失效路径的控制节点上采集敏感物理量，以达到预警工程性态恶化的目的。工程赋存环境除了包括常规地质、水文、气象条件外，还包括非常规的运行管理和突发情况风险，例如养鱼网箱、船舶失事堵塞溢洪道或撞毁闸门等带来的泄洪风险。

四、评价需考虑的因素

设计与考证资料完备性、真实性必须通过现场检查与测试才能核实，同时与巡视检查记录和实测数据互为校核。

监测设施的适用性必须要求现场测试和实测数据序列都正常，两者之间必须要相互验证，如两者之间出现矛盾可以认为监测设施不适用。监测设施正常不一定有用，这与监测设施的位置、监测物理量、施工埋设以及与具体大坝的针对性有关，如一个被灌浆封闭的渗压计其设施本身是正常的，但对安全监测没有意义，因此在监测设施正常的基础上，保证实测数据真实地反映监测设施所对应测点的大坝监测物理量更加重要，监测设施适用性分析必须充分考虑仪器工作环境、埋设状态和大坝被监测部位的工作状态，特别是由于各种施工或材料老化导致的仪器测值失真。

项目测点针对性协同性评价也需要通过现场检查结合结构安全风险分析确定，同时要考虑当地气压、气温、风速、侵蚀等可能给监测设施以及监测数据带来的影响，获取完备的实测数据必须考虑必要监测项目和测点之间的协同工作，如土石坝内部变形必须与外部变形相结合以获得相对稳定点的变形，内部埋设渗压计必须考虑沉降导致的仪器埋设高程变化和气压变化修正、量水堰实测数据还必须包括温度和透明度等指标。

资料整理整编分析规范性、及时性和可用性评价必须充分考虑实测资料可能包含的误差以及实测数据的物理意义，提供的分析报告必须包含对异常测值物理意义的解释，且不允许一个问题多次存在而无任何进展。资料分析报告应该与工程安全状态和大坝运行调度中出现的新问题相适应，且能为大坝运行调度提供可以借鉴的依据。

运行管理及系统维护评价的基础条件是规章制度和人员设施的配置，但其实际效果还是通过监测设施的正常性，资料整理整编分析的规范性、及时性和可用性评价两个大方面来反映，监测设计的不完善不属于运行管理和维护方面的问题。

总之，大坝安全评价与系统验收之间存在明显不同，系统验收有明确的规范和合同依据，而系统评价更需要评价者的专业技术水平。

第三节　水利工程施工安全评价工作

一、安全评价工作发展

安全评价也称危险评价或风险评价，起源于20世纪30年代，最早应用于保险业。20世纪50年代末，系统安全工程的发展大大推动了风险评价技术的进步。20世纪80年代初期，系统安全工程引入我国，受到许多大中型企业和行业管理部门的高度重视，系统安全分析、评价方法得到了大量的应用。1989年，我国制定并推行了《建筑施工安全检查标准》（JGJ59-88），初步规范了建筑施工安全评价的操作。1999年，在原有的检查标准的基础上，进一步推出了强制性《建筑施工安全检查标准》（JGJ59-99），使建筑施工安全评价工作迈上了一个新台阶，安全评价工作从定性阶段进入了定量评价阶段，实现检查评价工作的标准化、规范化。2002年6月29日，《中华人民共和国安全生产法》颁布，安全评价被写进了国家法律中。20多年来，我国的安全评价从无到有、不断发展，为保障安全生产工作发挥巨大的作用。

近年来，水利部一直大力加强安全管理，通过开展水利工程建设安全生产专项整治、隐患排查等活动，强化政府宏观监管，加大执法力度，通过广泛宣传、完善制度、严格执法和规范行为，建设工程各方主体安全意识增强，行为日趋规范，水利工程建设安全生产状况有所好转。同时水利行业积极引入施工安全评价机制，2005年水利部下发了《转发国务院安全生产委员会办公室关于做好2004年国家重点建设项目安全设施"三同时"工作的通知》，明确要求做好国家重点水利建设项目安全设施"三同时"工作，生产经营单位新建、改建、扩建工程项目的安全设施，必须与主体工程同时设计、同时施工、同时投入生产和使用，认真做好水利建设工程安全评价、安全设计和安全设施竣工验收工作。即将颁布的《水利工程建设安全生产监督管理规定》也对安全评价机构做出了要求，并在多处积极试点，准备逐步推广与应用。

安全评价工作作为现代安全管理模式，正健康快速地发展，它体现了安全生产以人为本和预防为主的理念，是保证水利工程施工安全生产的重要技术手段。

二、安全评价的必要性及现实意义

水利工程具有工程规模大、形式多样、施工技术复杂、多工种人员交叉作业、施工环境恶劣高处作业、起重吊装作业等危险性施工活动频繁等特点，与一般建筑工程相比，客观上存在较大的安全风险。尽管各级领导机构对安全生产相当重视，对其的投入也不断增加，但在现行的安全管理模式下，工程施工过程中的人身、设备安全仍然得不到充分保障。过去安全管理的方式由于不能定性、定量地对企业的安全状况做出准确的评价，不能有效辨识安全管理中存在的主要危险因素，无法度量一个企业安全状况好坏，使各级领导难以全面把握安全工作的状况，在决策时缺乏可靠依据，难以有针对性地开展工作和采取有效预防措施。在这种情况下，企业安全工作就只能停留于表面，处于"头疼医头、脚疼医脚"疲于应付的被动局面。同时过去的安全管理方式过于简单地强调人的因素，只侧重追究人的操作责任，而忽视了物（包括环境）的因素，结果必将导致物及环境的不安全状态，且事故难以得到控制。

安全评价是综合运用安全系统工程的方法对系统的安全性进行度量和预测，它通过对系统发生危险的可能性及其严重程度，提出必要措施，以寻求最低的事故率、最小的事故损失和最优的安全投资效益。通过安全评价，可以预先识别系统的危险性，分析生产安全状况，全面评价系统及各部分的危险程度和安全管理状况，促使达到规定的安全要求。安全评价可以使所有部门都能按照要求认真评价本系统的安全状况，将安全管理范围扩大到各部门、环节，使安全管理实现全面、系统化管理。通过评价，能摸清底细，找到差距，从而有针对性地制定措施预防事故的发生，同时使安全管理工作由事后处理转变到事先控制上来。安全评价还可以使安全管理变经验管理为目标管理，一方面可以使各部门、全体职工明确各自的安全目标，在明确的目标下，统一步调、分头进行，从而使安全管理工作做到科学化、统一化、标准化；另一方面，可以使各层次领导及技术人员补充现代安全管理的知识，了解系统安全工程的精髓所在，从被动与事后型的"亡羊补牢"模式向以风险防范为重点的系统化安全管理模式迈进。

安全评价与日常安全管理和安全监督监察工作不同，安全评价是从技术带来的负效益出发，分析、论证和评估由此产生的损失和伤害的可能性、影响范围、严重程度及应采取的对策措施等。安全评价的意义还在于可有效地预防事故发生，减少财产损失和人员伤亡或伤害。

三、安全评价程序和评价方法

安全评价工作程序一般包括：①前期准备；②危险、有害因素和事故隐患的识别；③定性、定量评价；④安全管理现状评价；⑤确定安全对策措施及建议；⑥确定评价结论；⑦安全评价报告完成。

目前适用于建设项目安全评价活动的方法主要有安全检查法、安全检查表法、危险指数法、预先危险分析法、故障类型及影响分析法、故障假设分析法、事故树分析法、事件树分析法、人员可靠性分析法、作业条件危险性评价法、定量风险评价法等。任何一种安全评价方法都有其适用条件和范围，合理选择安全评价方法对于安全评价活动十分重要。安全检查表是安全评价中常用的安全评价方法，是国内外 20 世纪 20 年代后普遍应用的方法，它根据系统分析结果，查出各个环节的隐患，编制表格进行安全评价，优点是简单、直观、易于企业同步管理，缺点是静态、主观，但是又要认识到安全检查表的赋分值和权重的设定是值得探讨的。

对于非线性建模，没有绝对最优的方法，存在选取的参数的随意性，这就难免会出现评价准确性不高的判断，因此参数的选择显得尤为重要。

四、安全评价工作中应注意的问题

（1）安全评价目前是许多企业提高安全管理水平，夯实安全基础，控制事故发生的有力手段，但查评工作程序较为烦琐，在时间及人员组织安排上存在一定困难，不能作为一种经常性的安全检查手段，因此以往的安全检查制度仍不能偏废，二者应结合进行。

（2）安全评价工作的重点应放在自我查评上，安全评价作为"第三方"的查评只能帮助提高，不能在施工单位自我查评时马虎应付、草率了事。

（3）对安全评价发现的问题应加以归纳分析，找出深层次的原因，尤其是管理方面的问题，整改时应提出有针对性的要求和安排。

（4）很多安全隐患都与管理是否到位有关，安全评价是全面规范化的安全检查，在所有评价分项中，每一个分项都是对日常安全管理的检验，通过评价促进管理水平的提高。安全管理抓好了，安全隐患消除了，安全评价自然就好了，可见安全评价与日常安全管理是相辅相成的，所以应以管理为重心。

开展水利工程施工安全评价，在于督促、引导施工企业改进安全生产条件，从法律法规、制度保障、信用体系、责任承担体系、技术支撑体系和监督管理体系等方面全面建立健全安全生产保障体系。安全生产作为构建和谐社会的重要内容，也是必须履行的法定职责。只有通过安全生产评价，树立施工现场与建筑市场行为中的企业内部自我管理、自我控制、自我监督和自我保证的自律意识，在施工过程中控制人的不安全行为、物的不安全状态和不安全的环境因素，完善管理制度，健全事故应急救援预案，做到"以人为本、安全第一、预防为主"，积极开展安全管理评价，掌握安全现状，就可以在施工全过程中实现人身安全、经济效益、环境效益和社会效益的有机统一。

第四节　水利水电工程施工安全管理与控制

水利水电工程是一项和人们生活有着紧密联系的工程，有效地保证水利水电工程施工安全对国民经济的稳定增长以及保证人们的生命财产安全有着非常重要的意义。然而水利水电工程施工是一个涉及人员较多，施工场地相对比较分散并且耗时很长的过程，在施工中很容易出现安全事故，因此需要人们必须加强对水利水电工程施工的安全管理和控制，从而有效保证水利水电工程施工安全。

一、现阶段我国水利水电工程施工安全管理与控制中存在的问题

（一）流动性比较大

现阶段伴随着水利水电工程的不断发展，水利水电工程的施工人员以及施工环境都在不断地发生着改变，因此也就给施工人员的素质提出更高的要求，然而大多数的水利水电工程施工人员文化水平不高，而且很多在进入水利水电工程施工之前并没有接受过专业的技术培训以及安全意识培训，从而导致水利水电工程施工中存在有安全隐患。

（二）高空作业以及露天作业较多

水利水电工程施工作业大多是在室外进行，因此会受到外界天气影响非常大，另外，在进行高空作业时危险系数较大，需要在风雨侵蚀以及风吹日晒中进行作业，施工条件太差，同时水利水电工程需要进行的产品种类非常繁多，这样就增加了施工安全隐患。

二、更好的展开水利水电工程施工安全管理与控制的建议

（一）相关人员安全意识的提升

在对水利水电工程施工进行安全管理和控制时，需要提升相关人员的安全意识。首先是提升施工管理人员的安全意识，使水利水电工程施工的整个环节都贯穿安全生产理念，建立一个相对完善的奖惩机制以及实行责任到人制，这样一旦水利水电工程施工出现安全问题可以对施工管理人员问责，因此可以促使管理人员加强对施工安全管理，自觉做好各项安全管理工作；其次是要提升施工人员的安全意识，经常性对是施工人员展开各种形式的安全教育培训。例如，可以对员工进行安全手册的发放，组织施工员工观看施工安全教育一类的视频或电影，对员工进行施工安全典型案例的教育，进行事故通报等多种形式，从而使施工人员充分地意识到施工安全的重要性，在进行施工时严格遵守各项操作守则认真并且细致地进行施工工作。同时还需要对施工人员进行技术培训，以及应急措施培训，让他们可以具备熟练施工的能力，在施工过程中如果发生意外情况他们也可以冷静处理。另外还需要对施工人员进行心理辅导，因为水利水电工程施工是一项非常艰苦的工作，员工很容易产生懈怠甚至是厌倦心理，因此需要通过心理辅导工作来对施工人员的不安情绪进行疏导，从而使他们可以全身心的投入施工过程中，避免被其他事情分神，从而保证施工安全。

（二）标准化管理

想要保证安全生产，首先需要做的最基础的一项工作就是要实行标准化管理，对水利水电工程施工的全过程都实行标准化管理，即在进行水利水电工程施工时，需要将施工安全事项，施工安全措施，作业具体程序，施工人员都进行明确的标准化规定，这样水利水电工程施工的每一项内容，施工对象，施工地点都非常的明确，有效地避免了由于盲目施工，职责不明，情况不清造成的水利水电工程施工安全隐患。

（三）加强对施工现场的管理

水利水电工程施工现场会涉及设备，材料以及人员等多方面的要素，因此一定要加强对施工现场的安全管理，从而有效的保证施工安全。具体的做法如下：首先，明确安全规章相关制度并且执行到位，将施工的各项职责都责任到人，这样一旦出现施工安全问题可以快速找出发生安全事故原因，从而快速地将安全问题解决；其次，需要对施工人员进行技术培训，确保每个施工人员必须持证上岗，严格禁止违章操作的发挥使能；再次，在水利水电工程施工现场有各种材料以及水电线路的堆放，非常容易出现火灾现象，因此需要由专人负责材料以及水电线路的管理，等到施工完成后，及时对施工现场的各类材料进行规整以及清理工作；最后，可以建立施工现场督察小组，专门负责对水利水电工程施工过程进行监督，一旦发现出现违章作业现象他，应该立即对此现象进行制止并且提出惩罚措施。

（四）完善施工现场安全管理制度

首先，需要做好安全防护措施，即在施工现场要配备有充足的安全措施，在火灾易发生位置需要放置足够多的灭火器，例如在发电机房，仓库，木工车间以及机修车间等位置。在容易发生安全隐患的位置一定要注意进行安全标识的设置以及报警器的安装，同时需要对施工所用的防护用品以及材料进行严格的质量检查；其次，健全安全交底制度。即在每天进行施工之前，需要进行技术交底工作并且做好详细记录。建筑单位一定要确保安全检查人员的数量足够充足，要对施工现场进行每月不少于一次的全面检查，同时还需要对施工人员进行安全指导；最后，需要健全事故责任制，施工管理人员深入现场进行实地考察工作，对于没有做好防护措施的工作人员提出警告以及给予相应的惩罚。

综上所述，水利水电工程是一项和人们的生活有着紧密联系的工程，然后在水利水电工程施工中有种种原因会出现安全事故，给人们带来巨大的危害，因此需要人们采取有效的措施加强对水利水电工程施工安全管理与控制，从而保证水利水电工程施工的安全。

第五节 安全标准化体系在水利工程施工中的应用

随着我国社会主义经济的快速发展，水利工程行业发展越来越迅速，其建设规模也在不断扩大。水利工程受到社会各界的关注，他们根据当代水利工程实际发展情况，对水利工程施工安全做出了详细研究，并在国家相关法律法规基础上，提出很多完善水利工程施工安全标准化体系的有效措施。

一、水利工程施工安全生产标准化概述

安全生产标准化是指通过科学方法建立安全生产责任制，并制定安全管理制度和操作规章制度，其目的是排查治理隐患、监控重大危险源、建立健全预防机制，利用相关法律手段规范生产行为，最终促使生产环节符合国家安全生产法律、法规、标准规范要求，让施工人员、机器和资源处于安全生产环境，提高水利建筑质量，不断加强企业安全生产规范建设。实现水利工程施工安全生产标准化的措施主要有：制定安全生产工作标准、安全生产技术标准和安全生产管理标准，它们分别针对岗位标准、专业标准和企业标准制定的，其效果要求是岗位达标、专业达标和企业达标。

水利工程施工安全标准化体系不同于职业健康安全管理体系，它们之间存在很多区别。①专业性不同。安全标准化体系有具体法律法规，但运用方法又比较灵活，如在水利工程施工安全标准化法律法规实施中，更多的是结合水利工程实际情况实施，还有专门的《水利企业安全标准化规范》，同样建筑有《建筑行业安全生产标准化规范》、矿山有《井下（露天）矿山安全标准化规范》等等。而职业健康安全管理体系则没有专业性区分，相关法律法规可以适用于任何组织和企业；②执行力不同。水利工程施工安全标准化与安全生产标准化执行原则一样，都必须遵循强制性原则，而职业健康管理体系必须遵循自愿原则；③评审机构不同。水利工程施工安全标准化是经政府认定才能进行下一步实施，而职业健康管理体系则是经相应认证机构认证就可以进行实施；④要求不同，水利工程施工安全标准化有起点要求，职业健康管理体系没有；⑤安全生产标准化是管理标准，职业健康管理体系是管理方法；⑥水利工程施工安全标准化是以水利隐患排查治理为基础、预警预测为目的，而职业健康安全管理体系只是一种控制手段；⑦考评指导效果不同。总之水利工程施工安全标准化与国家安全标准化是个体与整体的关系，国家安全标准化性质决定水利工程施工安全标准化性质，水利工程施工安全标准化的实际应用影响国家安全标准化的实施，它们之间是相辅相成的。

二、水利工程施工安全生产标准化体系成熟分级

（一）水利工程施工安全标准化初始级

水利工程施工安全标准化初始级是水利安全标准化体系中的基础级别，其管理标准没有将水利工程施工安全制度及相关法律法规建立起来，只是根据水利工程施工实际情况建立简单的水利工程施工安全标准化体系。初始级水利工程施工安全标准化体系的运作，是在水利施工经验的基础上进行的，其中习惯性工程施工安全标准部分占据主导地位。

（二）水利工程施工安全标准化计划级

计划级是在初始级基础上进行的，其主要运行目的是对水利工程施工现场进行结构化管理。根据施工需要制定安全标准化运行计划是实施结构化管理的前提，包括施工人员安全管理、资金投入安全管理和岗位资源分配管理等，是建立健全水利工程施工安全管理体系的关键，其安全管理计划可以多次使用，有利于水利工程施工安全稳定的进行。

（三）水利工程施工安全标准化规范级

水利工程施工安全标准化规范级主要强调水利工程施工安全标准和制度的顺利展开，其组织性较强，是计划级安全标准化运行计划的具体规范和初步实施。随着安全标准化制度的实施，水利工程日常施工安全管理工作也被纳入安全标准化运行计划实施中，进一步明确水利工程施工安全管理目标，有效完善水利工程施工安全管理体系，促进水利工程行业的发展和进步。

（四）水利工程施工安全标准化控制级

控制级说明水利工程施工安全标准化体系已经比较成熟，并且可以进行全面控制和调整，不但如此，还可以将水利工程施工工作进行量化管理。水利工程施工安全标准化控制级中的量化管理，是指水利施工单位根据水利施工指标，对施工人员进行施工监督、施工控制和安全绩效评估。与此同时，进行规范化工程施工数据分析，以此对水利工程施工安全标准化系统运行进行科学评价，达到不断完善水利工程施工安全标准化内容的目的。

（五）水利工程施工安全标准化改进级

改进级是水利工程施工安全标准化的最高级别，它是安全标准化体系成熟的标志。水利工程施工安全标准化体系运行是一个动态过程，是水利工程施工实践不断优化的结果。水利工程施工安全标准化改进级是安全标准化体系的持续优化，运行过程中仍然使用工作量化、数据分析和安全绩效评价措施，并在控制级的基础上对运行效果进行更深层次的分析和评价，以此不断完善水利工程施工安全标准化体系，提高水利工程施工安全管理水平。

三、水利工程施工安全标准化体系建立健全措施及评价标准

（一）水利工程施工安全标准化体系建立健全措施

建立健全水利工程施工安全标准化体系是水利工程施工顺利进行的关键，本节作者根据水利工程施工经验，提出了建立健全水利工程施工安全标准化体系措施：第一，根据水利工程施工现场实际情况制定初级安全标准化体系；第二，将符合实际情况的初级安全标准化体系与国家相关法律法规结合起来，完善水利工程施工安全标准化体系，以达到安全标准化体系升级为安全标准化计划级别，为以后实现体系优化打下好的基础；第三，在水利工程施工安全标准化体系计划级的基础上，对安全标准化体系进行科学合理的法律规范和施工控制；第四，在比较健全的水利工程施工安全标准化体系中，进行全面的优化工作，优化的主体是施工人员、施工材料、施工技术和施工投资机构，以达到水利工程施工安全进行的目的。

（二）水利工程施工安全标准化体系的评价标准

水利工程施工安全标准化体系评价标准是安全标准化体系成熟级别的判断关键，其使用是通过水利工程施工中各项指标实现的。例如，水利工程施工安全与危害的申报效果，可以明确判断出安全标准化的级别。在现实施工中如果安全问题得到相应申报，说明水利工程施工安全标准化体系为初始级；如果安全问题得到申报但并不全面，则说明安全标准化体系为计划级；如果安全问题得到比较全面的申报，说明安全标准化体系为控制级；如果安全问题得到全面的申报，并及时到施工现场进行安全管理和修改，说明安全标准化体系为改进级。

总之，建立健全水利工程施工安全标准化体系是施工安全控制的重要途径，结合施工风险管理，可以将水利工程施工安全标准化体系建立工作进行到底。水利工程施工安全标准化体系运行是一个动态和不断优化的过程，其运行具有阶段性、层次性和动态性特征。

第七章 水利工程技术研究与鉴定

第一节 水利工程建设中的关键技术

要想从根本上解决水利工程质量问题，提升使用性能，就必须要加大对水利工程建设关键技术的研究力度。

一、水利工程检测技术

检测技术是水利工程建设中较为重要的一项技术，其不仅能及时反映水利工程的运行状况，还能起到防护作用，因此，无论是在水利工程前期还是后期养护过程中，都要加大对水利工程检测技术的运用。要善于使用精准性和抗干扰性较强的钢弦式小孔水压测量仪器，对大型水利工程运行状态进行长期监测，在此基础上，针对性地根据显示数据进行有效分析与评价，尽可能降低病险工程的使用风险。除此之外，还要对破损面积较大的水利工程进行修复，通过合理的强度、变形系数进行稳定计算，使水利检测更加准确，从而保证水利工程运行安全。

二、碾压混凝土及结堆石筑坝新技术

碾压混凝土和面板胶结堆石坝是提升水利工程质量的重要手段，其涵盖范围十分广泛，不仅包括水利建设合理的结构设计、材料配比，还包括施工方法改进及工程质量把控。施工人员一般会在碾压混凝土中加入更为高级的配料，使得面板胶结堆石料的耐久性和韧性得以提升。在进行水利工程养护时，可以利用这种材料对病险工程进行修补，以提升水利工程质量，减小反复修复工程的压力，从而延长水利工程的使用年限。

三、地下工程建设

在水利建设过程中，地下工程的建设一直备受国家及人民关注。通常情况下，地下水

渗透性较强、孔隙较大，这在一定程度上加大了地下工程建设难度。为了更好地缓解施工压力，施工人员必须从实际出发，合理分析水利建设施工周围的地下水情况，并在此基础上，对地下回填土层进行强度改造，从而达到减小水利工程对地基破坏程度、提升地面土层承受水流压力的目的。同时，还要做好地下水管的防冻处理，在进行排水管的连接时，必须要用裸露在管外的螺纹丝扣连接水镀排水管，并且要涂抹适当的沥青，防止排水管连接处破裂。

水利工程是促进我国国民经济发展的重要因素之一，不仅能有效带动农业产业转型，为人们提供生活生产用水，还能缓解供需矛盾，保障人们的正常生活，因此，我们必须要加大对水利工程的重视程度。近年来，随着天灾范围的不断扩大，水利工程建设更是迫在眉睫。然而，由于我国水利管理水平较为低下，又长期缺乏专业知识和技术指导，使得我国水利工程在建设时存在一定的局限性，出现了大量的病险工程，严重威胁着人民的生命和财产安全。为了减小水患风险，除了要提升水利工程管理水平外，还要加大对水利建设关键技术的研究，在利用先进技术的基础上，优化水利设计，从根本上提升工程质量，为我国农业发展做出巨大贡献。

第二节　水利工程施工防渗漏技术

随着我国经济发展水平的不断提高，我国的各项基础设施建设工作都在有序地开展。水利工程作为国家的基础性工程建设，它对人们的生产和生活具有重要意义，并且随着科技发展水平的不断提高，水利工程的规模也逐渐扩大，在数量上也有了很大的提升，因此，水利工程的工程质量直接关系到投资较大的水利工程完工后能否正常使用，是否会对其下游的人民群众的生命安全造成重大威胁，所以在工程施工过程中，必须加强对施工质量的把握，避免此类问题的发生。渗漏问题是影响水利工程的大问题之一，在施工过程中必须高度重视这一问题，并可采用行之有效的防渗漏技术来保证其质量能够达到指定要求标准。

一、水利工程渗漏的原因

（一）结构渗水

结构渗水出现的情况一般有两种，一是大面积渗水，二是点渗水。

大面积渗水的产生原因主要是由于在对混凝土浇筑过程中，没有经过充分的振捣或者搅拌均匀，导致混凝土没有达到使用强度就开始进行下一步的操作，因此混凝土搅拌质量出现问题，导致大面积渗水的出现；另外在对基坑进行降水过程中，由于降水基坑通常设置在垫层之下，很难满足降水的要求，需要的时间相对较长，当需要加快进度时，可能水没有处理完全就开始进行施工，后期的积水的影响使得工程渗漏出现。

点渗水的产生原因一般是由于在结构的某个位置出现孔洞，其危害性相对较小，处理这一问题的难度不大，只需要将孔洞的位置补充完整即可。在混凝土施工时，需要对管线的止水环进行严格的焊接工作，如果对止水环的焊接工作出现问题，或者混凝土的振捣不够充分，孔洞就很容易出现，导致渗水的问题发生。

（二）施工裂缝

一般情况下，施工裂缝有两种存在形式，一种是变形裂缝，另一种是施工裂缝。在进行较大规模的水利工程施工时，通常都会采取将整体工程分解成若干个部分，然后逐步地对小部分进行施工，从而形成整体规模的水利工程。在采用该方法进行施工时，渗漏问题出现的可能性相对较大，当施工的缝隙连接处本身的强度相对其他位置较低时，容易发生施工裂缝，它是施工裂缝的主要发生位置。变形裂缝的产生主要是由于在施工过程中，本身止水带的牢固度不足，导致变形裂缝的出现，从而出现渗漏的现象。

二、水利工程施工中的防渗漏技术应用

（一）防渗墙技术

防渗墙主要是通过钻孔将一定强度的防渗材料注入产生渗漏的位置，使其形成强度较高的连续性墙体。该技术的应用主要是针对耐久性较长、渗漏系数不高的工程情况，具体的分类有：锯槽法、薄型抓斗和多头深层搅拌水泥法。

1. 在水利工程中使用锯槽法施工时，最核心的工序是对于先导孔的确定，在明确了这一位置之后，利用预先设定好角度的锯槽机刀杆直接插入先导孔内开始对土体进行切割，锯槽机的整体运行速度要根据实际土体的物理力学性质进行确定。锯槽机在向外输送土体的同时还可以对已经完成切割的工程部分喷射泥浆，其主要作用是为了后期注射混凝土时提供泥浆护壁的作用，然后进行混凝土的浇筑，逐渐形成一道具有保护作用的混凝土防渗墙，其厚度一般为25cm左右，这样能够有效地解决水利工程渗漏的问题。

2. 薄型抓斗技术利用小型挖掘机来开挖一个墙体，之后在墙体内进行全面的混凝土浇筑，从而形成具有高强度的混凝土防渗墙。薄型抓斗在使用过程中对于挖掘机的宽度具有一定的要求，一般采用30cm宽的挖掘机。施工时，在挖掘机工作的过程中也要向土壁喷射一定的泥浆从而对墙壁形成一定的保护作用。该技术在砂土含量较高的地方使用较多。

3. 多头深层搅拌水泥技术的最大特点在于工程造价相对较低，没有过多的泥浆使用，同时操作过程相比其他方法较为简单，在我国的防渗墙技术应用中使用程度比较广。同时

该技术对于实际工程的要求也比较少，基本能够在所有土层中进行使用，处理效果也比较理想。该技术是利用多头搅拌桩机形成水泥土防渗墙，由于多头深层搅拌桩机能够独立完成开挖和注浆工序因此其工程造价相对较低，没有其他设备的参与，效率比较高。

（二）灌浆技术

1. 高压喷射技术是利用专业钻机来开挖钻孔，在钻孔深度达到指定位置时，采用高压泥浆泵来对其进行喷射。采用该技术能够形成具有较高强度凝结体的墙体，并且对于土层的构成能够进行改良。其优点在于施工效率比较高、造价较低、设备比较简单，但是其不足之处在于对地形复杂程度较高的位置施工时不容易控制，导致适用范围受到限制。

2. 卵砾石层防渗技术是将水泥混合浆和黏土作为原料来进行施工的。在使用该技术时，一般不能自行形成钻孔，都是采用循环钻灌阀来进行成孔。通常这种技术的主要作用是配合物探工程进行使用，兼顾到防渗处理效果。

3. 坝体劈裂灌浆技术是根据坝体制作的相关规律以及控制注浆的压力值，使坝体能够整体沿轴线裂开，然后对这一裂缝进行注浆，形成一个完整的整体，起到防渗的效果。采用该技术能够直接对坝体的准确位置进行处理，针对性较强，同时在施工过程中，还能对其周围的裂缝进行灌浆，准确地控制渗漏系数，防治坝体出现破损。

水利工程本身具有其特殊性，它的施工周期相对其他工程项目也比较长，同时工程规模也比较大，因此，在施工过程中对于它的施工质量要求也会更高。渗漏问题是水利工程施工中常会出现的一个重要问题，在实际的水利工程施工中，我们首先要运用所掌握的防渗漏技术，避免这一问题的出现，其次，如果在工程施工上出现了渗漏这方面的问题，我们要先弄清楚问题出现的原因，然后及时采用可行性较强的处理措施对其进行处理，避免带来更大的经济损失。

第三节　水利工程基坑排水施工技术

水利工程是促进我国国民经济发展的重要构成部分，而基坑排水是水利工程的施工难点，严重影响水利工程质量。本节主要对水利工程基坑排水方案、技术要点及注意事项进行了分析，以期有效提升地下水降水质量，达到良好使用效果，同时为提高基坑在工程施工中的稳定性提供可靠依据。

一、水利工程基坑排水方案

（一）降深要求

基坑开挖时要挖穿填土层以便可以进入到强透水性砂层中，通常基坑涌水量会比较大，为了确保基坑开挖安全，坑壁结构能够稳定，防止涌水与流沙现象的发生，在设计降水时，要把基坑降水与基坑支护施工降水结合在一起综合进行考虑，确保地下水位可以降到基础桩承台底 0.5 米以下，这样基坑中心线位置的降深就要比开挖基底至少少 0.5 米以上。

（二）排水方案

当前较为常用的深基坑排水为明沟降排水与管井井点排水，在这里面基坑明沟降排水比较适合降水深度小的工程。针对工程地质特点以及降深要求，在设计上较适合采用管井井点降水以促进基坑排水，与此同时还要设计明沟排水，其目的是为了收集基坑与坑壁局部渗出来的地下水与施工过程中的其他地下水。

二、水利工程基坑排水施工技术要点

（一）明沟排水施工

基坑需要排出的水分包括雨水、地面渗水、地下泉水、围堰积聚的余水等，且基坑排水技术的选择应根据基坑所在地形、基坑大小、基坑所在土质、工期、基坑开挖深度并结合基坑进水情况来确定。在基坑开挖施工且完成围堰后，必须迅速将基坑内的积水排出，采用的方法为：充分考虑并利用下游水位低这一地形条件进行自流排水，若是存在余水，应采取人工开挖排水沟或用水泵将余水引导排出。基坑排水工作应尽早进行，以便使基坑有干燥固结的时间，从而为后续施工的顺利进行提供一个良好的保障。若是存在地形条件的应尽量使用地形自流排水方法，若是没有条件的应采取开挖排水沟人为引导排水的方法。排水沟的布置形式主要有下列几种：一是结合基坑实际情况，选取合适位置由基坑处自高向低开挖排水沟，将坑内积水引入集水井中采用水泵排出；二是若是基坑开挖难度大，就应沿基坑等高线分层设置排水井和排水沟，而后采用水泵将水排出。根据设计中组合的不同，排水量的估算可分为：降雨量的计算：明渠排水的降雨量按抽水时段中最大日降水量在当天排干计算；施工废水，其用水量的估算，应根据气温条件和混凝土养护的要求而定；渗透量的计算方法，当没有可靠的渗透系数等资料时，透水地基上的基坑，可按下表估算渗透流量。

（二）基坑基础施工

若是开挖基坑的地质基础为粉土和粉砂，在开挖过程中，由于必然会出现渗水，这就极易导致管涌、流沙情况的出现，从而增加施工难度。地下水位过高是造成管涌出现的主要原因之一，一旦渗水出溢坡降超出粉砂粉土允许范围，就会导致土粒随渗水移动，由于粉砂粉土由均匀细小的颗粒组成，出溢坡降允许范围较小，因此，若是开挖基坑的地质基础为粉土和粉砂，为了确保施工进行顺利，如何有效降低地下水位至关重要。防止管涌和流沙出现的办法多种多样，例如铺垫沙砾反滤层、放缓边坡等办法，但是这些方法又会一定程度的增加工程量，这样不仅会增加成本，又会对施工造成影响，所取得的效果也不理想。随着这一问题的产生，新的施工工艺也应运而生。例如从施工工艺或基础结构上采取措施的沉箱、沉井加水力冲填等新施工工艺，能有效防止和降低排水困难，从而降低地下水位上采取的措施或射流装置或在基坑四周设置井管排水系统等新方法，均能取得较好的效果。

（三）井管施工

井管施工采取的方法主要为水冲沉井和钻井工具施工。若是采用钻井工具施工，当井管外径在45厘米左右时，选择的钻井工具直径应在75厘米左右，为了避免在钻井工具造孔时出现井壁坍塌情况，应采用比重合理的泥浆加固井壁，且井孔内的泥浆面应超出地下水水面，但是应低于井管口40到60厘米，在钻孔深度符合要求时，应及时进行井管下放工作：先下放普通砼底管，在顺序沉放无砂砼管，最后将性能一般的井管放在上部，将性能优越的井管放在下部，井管安放过程中，做好一系列安全措施，而后顺序、有节奏地进行下管，每节管子安放完成后应迅速进行固定，并清洗干净后涂抹热胶结剂，而后进行上一节井管的安放，并在井管接缝口涂抹热胶结剂，再采用粗布或是玻璃丝布缠结在上下管接缝处，为了确保井管垂直，还应采用4根长为35厘米、宽为3.5厘米的木板或竹片将其紧贴在井管外壁，并用铅丝绑扎牢固，待全部井管安放完毕后，应先填埋50厘米厚的黄沙于底管内部，再填埋50厘米厚的细砾石或碎石，直至钻孔和井管内无空隙，以起到拦砂滤水的作用。

三、水利工程基坑排水施工注意事项

1.施工人员在布置排水干沟时要尽量避免施工干扰，并且要设置一定纵坡，确保渗水得以集中起来，另外龙沟断面要结合渗水量以及纵坡进行确定，所以基坑放样时还需充分考虑排水所需，进而适当扩大基坑开挖范围。

2.集水井大小通常相当于所使用水泵10到15分钟的出水量，能加大尽可能地加大；集水井的深度要以确保水泵工作深度为基准，与此同时还要确保排水水面比基坑工作面低30到50厘米左右。井径和管径要选择得当，二者之间要设置合适的环状间隙（环状间隙大小要结合不同地层特点而定），以便填充有效的阻砂透水滤料。环状间隙施工期间要确保水清砂净，并且要以确保水量为前提，不得盲目加大管径，不然不仅会使得施工难度增加，还会造成工程成本加大。

3. 从水泵里排出的基坑渗水，施工人员需将其引出基坑外面一定的距离，以防止和减少排出水重回到基坑里面。为了确保排水沟畅通，还要派专人负责，以便将清理与维修工作落实到位，而洗井方法要结合含水层的地层情况、钻井时间以及泥浆使用等实际情况而定，对于一些成孔时间比较长且泥浆消耗较大的井，则需采用活塞、空压机和提桶等联合起来洗井，由于活塞洗井时很容易给泥皮拉实滤料造成破坏，就会采用空压机振动以将水道洗通，进而将管里面的沉淀排出去。

综上所述，随着社会主义市场经济的发展与改革开放进程的不断深化，水利工程建设事业在我国正进入一个黄金发展时期。基坑排水施工技术作为水利工程建设中的重要流程与内容，在保护地基安全与提升地基承载力等多个方面发挥着至关重要的促进作用。但若施工质量不合格，极有可能给水利工程的整体施工造成巨大的危害。因此，必须合理确定基坑排水基坑降水方案，进一步提升水利工程基坑排水施工技术水平，并针对施工中存在的问题提出相应的应对策略，以此全面提升水利工程质量。

第四节　水利工程质量检测新技术研究

在我国经济迅猛发展的同时，我国的科学技术以及基础建设也取得了非常长足的进步和发展，从另一个角度来分析，我国基础建设尤其是我国水利工程的建设发展也在很大程度上促进了我国经济的快速发展。我国的水利工程建设在我国的基础工程建设中，占有着非常大的比重，尤其是近些年我国的水利工程建设，不论是在数量上还是规模上都有了非常大的发展和延伸。水利工程建设的发展能够有效地体现出我国经济发展为我国社会带来的改变，也是我国社会文明发展的一个重要显现。但是水利工程建设在建设的过程中要保障建设质量，只有这样才能够有效的保障我国水利工程的质量，同时也能够为我国的水利工程带来更多的附加值。为了有效地保障我国水利工程的建设质量，最大限度上保障水利工程的安全性和稳定性，我国在水利工程质量检测的技术上一直都在进行创新和发展，只有将检测技术进行拓展，才能够有效的保障水利工程造福于民，体现水利工程建设的价值。因此在我国水利工程建设的过程中，质量检测技术的发展和应用非常关键，是保障水利工程建设质量的重点工作内容，下面进行详细的分析和论述：

一、水利工程质量检测技术中的无损检测技术介绍

（一）水利工程质量无损检测技术已经实现了标准化检测

在我国水利工程质量检测的过程中，无损检测技术已经有了近二十年的发展，在近些年的应用过程中，无损质量检测已经实现了检测过程的标准化建设，目前我国无损检测标准化已经走在了世界前列。我国相关部门通过多年的努力，已经在回弹法，取芯法以及超声回弹法等方法上进行了标准化的制定和应用。同时我国的相关行业协会已经逐渐的推出协会标准以及行业标准，通过这样的形式在很大程度上促进了我国水利工程质量技术的提升，保证了我国水利工程的建设质量。

（二）水利工程质量无损检测技术已经逐渐地建立了相关体系

随着无损质量检测技术的不断应用，我们也针对无损检测技术建立和完善了相应的技术应用体系，在无损技术体系中，超声波检测技术，红外线技术计算，波动分析技术以及雷达检测技术都逐渐地被纳入无损检测体系中，同时，除了上述的检测技术之外，检测体系中还包含了很多的检测设备应用，应该说我国的水利工程无损检测技术体系已经具备了一定的水平和完整性。

（三）水利工程质量无损检测技术的智能化发展

在水利工程质量无损检测技术发展的过程中，离不开检测设备的应用，只有有效的保障检测设备的性能，才能够有效的保障无损检测技术的结果准确、科学。随着我国技术的不断发展，智能化已经开始应用到无损检测技术中，很多的无损检测设备都实现了智能化应用，检测设备不仅仅能够综合的进行质量检测，同时还能够智能化的进行检测结果的分析和计算。通过智能化的检测设备的应用，能够将质量数据的处理由传统的单一数据处理转化为综合信息数据处理。目前我国很多的无损检测设备都配置了电脑以及相关的设备，这样能够最大程度上实现无损检测的智能化。

二、水利工程质量检测技术中新型检测技术分析

目前我国的水利工程检测技术多种多样，但是在实际的应用中，无损质量检测技术应用的范围还是非常广泛的。无损检测主要的优势在于不对水利工程造成损坏，在不损坏结构的前提下进行质量的检测。在检测的过程中通过相应的检测技术直观地反映出水利工程建筑内部的质量问题和缺陷，得到工程建筑内部的检测有效数据。在目前我国水利工程质量检测无损技术中，主要有五大新型技术：一是超声波无损检测技术，二是激光无损检测技术，三是频谱无损检测技术，四是雷达无损检测技术，五是其他无损检测技术。本节主

要针对目前应用广泛的超声波无损检测技术，雷达无损检测技术以及频谱无损检测技术进行论述。

（一）水利工程质量检测新技术中的超声波无损质量检测技术

在水利工程质量检测的过程中，超声波无损检测技术是具有广泛代表性的一项检测技术。超声波无损检测技术主要是通过人工的方式在水利工程建筑结构内部进行弹性波的激发，发射出的弹性波是有一定频率限制的。当弹性波触及建筑结构内部的材料时，超声波会产生一定强度的反射波，通过反射波的数据传输，水利工程内部结构的相关参数会被传输。我们就是通过这些传输参数来进行研究和分析，很多情况下，超声波的波动信号能够让专业工作人员分析和判断出水利工程建筑内部的力学性能和内部损坏情况。超声波无损质量检测技术的主要优点有三个：一是超声波激发便利，二是检测操作便捷，三是超声波无损检测的经济成本较低。正是有了上述三个优势，超声波无损质量检测技术在目前水利工程质量检测中应用非常广泛，同时也有非常大的应用前景。

（二）水利工程质量检测新技术中的激光无损质量检测技术

在水利工程质量检测新技术中，激光无损质量检测技术同超声波无损检测技术相比，也是有其特殊的一面，因此在应用范围上也较为广泛。激光无损质量检测技术的主要优点有四个：一是激光无损检测有着非常强的方向性，二是激光无损检测技术有着非常高的亮度了，三是此激光无损检测技术的相干性以及衍射性非常好，四是激光无损检测技术有着较好的微侧强度。正是有了上述四个优点，才让激光无损质量检测有着非常宽阔的适用空间，目前激光无损质量检测技术已经成为水利工程质量检测技术中的首选技术之一。激光无损质量检测技术在应用的过程中主要遵循了三个应用原理：

激光无损质量检测技术的激光衍射应用原理主要指的是当激光发射遇到结构狭窄的位置时会出现一定程度的衍射现象，主要的体现为检测屏幕上会有明暗相间的规则条纹，需要注意的一点是明暗相间条纹的宽度同结构的狭窄程度有非常大的关系。我们可以通过调整条纹的宽度来获取结构的狭窄检测宽度，然后我们通过条纹的呈现程度来有效的判读工程结构的狭缝宽度，这样就能够有效的分析判断出水利工程结构内部的结构变形程度。

激光无损质量检测技术的光电放射原理主要就是应用了物理学中激光遇光则强的性能。我们在应用激光质量检测的时候，通过相应的光电转化设备将光能有效地转化为电能。一旦激光的光强出现变化的时候，相应的电流也会出现变化。因此我们在应用激光质量检测的时候，要事先设定光电流同光位移之间的相对关系，这样就可以通过光电流的有效变化算出水利工程结构的弯沉位移，分析出工程的质量问题。

激光无损质量检测技术中的光时差原理主要就是利用了光的传播速度非常快的原理，利用激光进行短距离的时差记录，进而找出水利工程的建筑质量问题。

（三）水利工程质量检测新技术中的频谱无损质量检测技术

目前在我国的水利工程质量检测技术应用的过程中，频谱无损质量检测技术也有了一定程度的应用。频谱质量检测技术主要就是通过不同的检测介质内部的波频率的不同进行质量检测的一种检测技术。在应用频谱无损质量检测的过程中，我们要通过力锤的作用对水利工程建筑的表面进行一定的冲击，通过冲击产生的震源来分析各种频率的占有成分。然后我们通过相应的传感器来检测各种不同的波的频率，在应用检测器的过程中，我们还要应用频域互谱技术以及相关分析技术来进行辅助分析，通过上述技术的应用，我们能够得出不同水利工程建筑结构深度的结构参数，进而分析出建筑结构内部的质量情况。

三、在水利工程建设过程中质量检测技术的主要作用

随着无损检测可靠性的提高，其检测结果不但是普遍使用的一种质量处理的依据，而且越来越多的工程已将其作为施工过程中的质量控制手段，使无损检测技术介入施工管理中。如：新拌混凝土快速测定仪，可在几分钟内测试出出罐的新拌混凝土中水泥含量、水灰比，推定出 28d 的强度值，起到了预先监控的作用。钢筋位置及保护层测定仪，可模拟出混凝土内钢筋直径和保护层的厚度，从而能更有效地监控施工过程中的质量问题。依据在以标准试块测定值为代表来评判工程质量的基础上，运用无损检测结果既可验证试块的真实性，也可反映出建筑的真实质量和差异。在北京等一些大、中城市已明确规定，新建建筑必须抽取一定比例，进行强制性无损检测，并以此作为工程验收的重要依据。

在我国水利工程建设的过程中，建设质量是一项非常重要的内容，只有在建设的过程中，切实的保障水利工程的建设质量，才能够让水利工程发挥出最大的效果，给公众带来便利。因此为了有效地保障水利工程的建设质量，质量检测就显得非常关键和重要。在我国水利工程质量检测技术发展的过程中，也一直在针对检测过程中出现的问题进行调整和创新。目前我国的水利工程质量检测主要采用的是无损检测，无损检测是在不破坏工程结构的前提下进行的质量检测，这样就对检测技术提出了非常高的要求，只有保障检测技术的先进性和应用性，才能够在质量检测的过程中发现质量问题，及时的处理，保障水利工程的建设质量，提升水利工程的使用寿命和应用安全性。

第五节　水利水电工程除险技术

随着我国科学技术快速发展，水利水电工程也随之快速发展。现今，水利水电工程已经成为我国一项基础性工程，直接决定了一个地区的经济发展状况，同时也关系到了人们

的正常的生活。可以这样说，水利水电工程一旦出现问题，不仅会对当地的区域造成极大的不利影响，甚至会对周边的市民造成经济损失，甚至可能带来的一定的生命影响。其中自然灾害也是造成水利水电工程险情发生的一个主要因素，因此为了在险情之后进行有效的除险工作，必须要对水利水电工程的除险技术进行深入研究。

一、工程险情的主要特点

（一）突发性

水利水电是一项我国基本的工程，很容易遭受到自然灾害的影响。由于自然灾害具有较强的突发性，导致灾害出现时工作人员往往会措手不及。即使已经有相应地险情预报机制，但是灾害如果发生，依旧会对水利水电工程造成极大地打击。目前，主要能影响水利水电工程的灾害有泥石流、地震滑坡、气候等问题，因此工程除险技术也要适应自然灾害突发性的特点。

（二）不确定性

虽然我国有对自然灾害的预测技术，但是自然灾害的除险依旧很难预测期具体位置与想象状况。与之一样的就是自然灾害对水利水电工程的设备所带来的损失也很难预测，对整个工程的内在与外在的安全性也有着极大地不确定性。另外，有些自然灾害可能伴随着一些后续的灾难，这些都对整个工程的除险工作带来了较强的不确定性因素。

（三）破坏性

自然灾害一旦发生，往往带来的灾难是无法估计的，其破坏性也不言而喻。自然灾害的破坏性对整个水利水电工程都带来了难以预测的后果。一旦大型自然灾害发生，不仅会带来水利水电工程险情，更是会对周边的工程造成一定的影响，给后期的整个工程除险工作带来难度。

二、紧急处置技术研究

（一）安全性评价

在整个水利水电工程除险的过程之中，安全性一直是最为首要的一部分。首先需要对安全性进行有效的范围评价；其次是对安全性的使用方法与方式进行合理规范；最后是对目前一些较为先进的除险技术进行有效掌握。

（二）处置方案确定

对于水利水电除险工程来说，最为重要的就是拥有关于技术上的决策，而对整个技术决策来说，最为关键的就是处置方案的决定。特别是面对水库与水电站的除险工作当中，有效地安排和确认处置方案直接决定了能否高效、快速地解决水利水电工程的险情。因此以安全性作为基础评价，再根据具体状况做出明确的处置方案，有针对性地解决各项问题，其中主要包含紧急除险技术可行、抢险现场状况、除险技术要求等内容。

（三）技术预案研究

现今，我国已经对水利水电工程当中出现的突发事件做出了相应的法律法规的明确，对于此类工作更是给予了高度的重视。但是现今依旧存在的一个现象就是对于水利水电工程的险情相关应急预案已经相对完善，但是对于除险技术上面的重视还不够，并且存在一定的问题，很多单位只是将关注点放在了指挥上面。这种状况导致了一旦发生险情，就很容易因为技术问题所产生一些状况，尤其是对于险情的处置不合理，就会对后期造成较为明显的不利结果。

三、水利水电工程除险施工技术研究

（一）重点研究对象

对于整个水利水电除险工作来说，重点的研究对象主要包含以下几个：①对于江河的各个地方进行排险工作，其中江河堤防中容易出现的裂缝、管涌、决口等都需要进行严格排查；②对近坝库进行有效检查，避免出现滑坡、泥石流等现象；③对土石坝中所较为常见的现象做出排险工作，降低泄洪能力不足、坝坡失稳等现象发生；④对一些自然灾害做好除险工作，在地震中所出现的重力坝、面板推石坝等现象做好排险工作；⑤对一些设备做好排险工作。

（二）重点研究内容

①快速勘查险情，作为除险工作的第一步就是快速准确地了解险情状况。根据目前我国水利水电除险状况来说，其最为主要加强和完善的工作就是快速了解险情。针对此问题，需要我国和企业采用较为先进的手段与设备，来攻克这项难关。现今我国是没有专门进行险情勘察的技术设备与相应的手段措施，基本是采用较为常规的方式进行此类工作，很难达到一个快速的特点，因此这需要我国和企业多加重视；②各方物资与人员做到快速进场工作。水利水电工程的除险工作一旦开始，离不开人力和物力的支撑，这需要及时到位，才能确保水利水电工作的有效进行。一般来说，水利水电工程除险工作中所需要的设备、物料、专业技术人员都需要快速到位，否则一旦面临较为强大的自然灾害，导致泥石流、

山体崩塌等现象，都会对整个交通造成影响，这样物力与人力更加难以进入除险工作现场。因此对于现今我国除险技术来说，还需要解决各项资源到位问题。再就是快速进行抢险施工。对于整个水利水电工程的除险来说，快速进行除险施工工作是整个处置方案的关键所在，按照相应的处置方案进行明确的施工要求，在一定的期限内按时完成，将整个除险施工得到更加科学合理化的进行；③对安全控制方面上的情况。对于整个水利水电工程除险来说，安全其实主要包括的就是两个方面，一个就是工作人员和使用的设备的安全性，另一个就是除险工作对整个水利水电工程不会造成任何不利影响，即使造成一定的不利状况，也要在可控制范围之内。

（三）一般研究方法

水利水电除险工程技术一般分为三种研究方式：①根据工程类型来说。在水利水电工程的除险过程之中，采取何种方式都需要根据当时的水利水电所处现状，险情的现象等进行全面和系统化的分析，才能将工程除险技术的优势发挥到最大化；②对施工专业的研究分类。施工专业分类是根据施工的除险设备、混凝土作业等进行有效的研究。根据施工的专业技术采取相应的研究，可以将整个水利水电除险工程技术得到更加有效全面化的提升，使之更加细致化。与此同时，还能提高工作人员的除险技术水平；③关于路线的研究分类。根据技术路线来说，收集相关的有效资料和信息，分析其最佳的安全控制技术，达到对水利水电工程的针对性与有效性，形成最佳快速便捷地工作方式，同时与相关设备企业合作，不断完善设备，做好新设备的研发工作。

第六节 水利工程堤围加固施工技术

随着经济的发展，作为我国重要民生工程的水利工程建设规模越来越大，技术越来越先进，但在实际的使用过程中仍然出现了不少问题，如水利工程围堤的加固问题。水利工程中的围堤能够起到缓解当地内涝的问题，同时可以提高水库的蓄水调节能力，因此，加强对水利工程围堤加固施工技术的研究具有非常深远的现实意义。

一、水利工程的施工特点

水利工程是我国重要的基础设施，关系着我国的农业和民生问题。首先，水利工程建设施工技术要求高，施工人员必须严格按照施工规范进行施工，保证水利工程施工质量；其次，水利工程施工速度提高，伴随着我国科技的不断发展，大部分水利工程建设采用了先进的材料和技术，机械化程度也越来越高；最后，国家的水利工程多位于地形复杂、位置偏远的地带，水利工程地基施工难度大。

二、围堤加固的施工技术

（一）处理堤基

首先，要确定清理范围，施工人员应根据施工要求，使用挖掘机把水利工程堤面上的杂草、垃圾、石块等杂物清理干净，如果挖掘机清理不干净，则由人工再次清理；其次，根据围堤的具体情况对表面土渣进行清理，还要把施工分为不同的层次与时段，清理的厚度控制在 20 cm 以内，确保堤面清理干净再进行相应的施工，可以提高新面与旧面的结合度；最后，将清理出来的杂物运出去，不能随意堆放或扔到河流中，除此之外，还要根据施工要求对洞穴进行平整化施工和压实处理。

（二）迎水面护坡和背水坡反滤

在进行迎水面的护坡施工时，为了提高护坡的稳定性，首先需要使用厚浆进行砌石，为了发挥良好的排水性能，排水管的直径最好保持在 50 mm，水平间距和垂直间距分别控制在 3 m 之内和 1.5 m 之内。为了保证施工质量，工作人员要对施工所用的材料，如：水、石料、砂以及水泥等进行严格控制，严禁使用质量以及规格不符合施工标准的材料；其次，在进行迎水面厚浆砌实筑施工之前，工作人员一定要按照设计要求进行施工，施工过程中一定要保证挡墙式反滤干砌和浆砌石的紧实、饱满与平稳，保证砌缝的牢固，发现砌缝不紧密的地方可以加入塞垫；最后，迎水面护坡和背水面反滤施工结束后，必须对其进行为期最少半个月的养护，确保迎水面护坡外露面一直处于潮湿状态。背水坡的反滤施工完成后也要积极进行养护工作，在反滤的过程中一定要注意粗砂和碎石的反滤均匀。

（三）填筑堤身

在堤身填筑施工前，首先要进行土方填筑施工，在进行土方填筑施工时，工作人员需要按照相关标准将施工段划分为相应的长度不同的作业段。在施工的过程中，也要遵循施工相关要求进行测量。当辅料施工到堤坝边缘时，可以在堤坝边缘的外侧多填 30 cm，提高边坡的紧实性和稳定性；其次，在新料铺设施工之前，为了提高下层和上层紧密的衔接性能，施工前必须对路面进行刨毛处理，保证路面清洁。另外，在进行铺设时还要注意按照施工要求决定铺设的厚度。在运输材料入库时，由于人工有限，加上涂料数量多，汽车应具备自卸功能，再由推土机将材料运进仓库，这样能够有效降低人工成本和加快工程进度；最后，在进行土方碾压前，一定要根据施工的实际情况选用合适的压路机，然后进行分层碾压，碾压过程中一定要控制压路机的速度维持在 2 ~ 3 km/h。为了保证每一层土层的碾压紧实度符合施工质量标准，一定要采用静态的碾压方式进行碾压，待碾压平展再采用振动的碾压方式接着进行碾压。碾压车的施工路线一定要和河堤的轴线保持平行，碾压宽度和平行的位置的横向距离保持在 50 cm 之内，垂直距离保持在 3 m 之内。除此之外，还要注意在进行堤身填筑施工时，应严格把握使用的材料质量，例如：施工所使用材料的含水量误差不能超过 3%，可以采用烘干法对含水量进行测量，进而保证施工材料含水量达到施工相关标准。

（四）堤顶

堤顶是围堤施工的最后一个环节，工程工作人员在进行施工时，要充分考虑施工当地的实际交通情况来选择施工技术，防浪墙的高度与宽度要以当地的汛期浪高为参考依据进行设计与施工。为了进一步保证堤顶之上路面的平整宽阔，堤面的宽度一定要符合标准。

三、施工中需要注意的事项和质量控制

（一）施工前准备

施工前期准备是工程施工顺利进行的基础，因此，在施工开始之前一定要做好各项准备工作。包括：施工工序、分工规划、施工方法的确定、施工材料的选购和入库、施工机械设备的选择和调试以及施工场地的清整等工作，确保每一项都达到工程的标准和使用要求，进一步保证工程施工的科学性和可靠性。土方回填时要遵循从下往上的顺序，为了避免发生沉陷而影响施工进度，填筑时要留出相应的高度。各类施工材料不能掺杂杂物，一定要达到施工质量要求，填筑材料的粒径与级配也都要达到设计要求。垫层填筑的铺设方法一定要符合小骨料的分离程度。

（二）工程质量控制方法

质量控制贯穿于水利工程建设的所有环节，因此，可以从下面几个方面对其进行质量控制：首先，严格把握材料关。一定要在正规供应商处购买施工材料，并且要对材料进行检测，再次确认合格之后才能入库并投入使用，应根据材料的性质选择正确的存放方式，保证材料的质量；其次是施工的机械的选择。要根据施工的具体情况选择机械类型，同时安排专业的工作人员定期对机械进行保养和检查，在施工之前还要将机械调试至最佳的状态，保证施工质量；最后，根据不同的施工内容选择不同的施工方法。工作人员在施工之前要严格按照技术规程进行一段试验施工，如果实验效果符合质量要求，则可以正常施工。如果质量与施工质量要求不符，就要找出原因，进行相应的调整，各项内容都符合要求后，才能进行正常的施工。

水利工程围堤加固质量不仅关系着农业的发展，还关系着水利工程的抵御自然灾害的能力。因此，必须加强施工技术的监督与指导，不断引进国内外先进的设备和技术，并结

合我国的工程实际情况，进一步提高水利工程的质量，在最大程度上发挥水利工程的各项功能。

第七节　水利水电工程竣工验收技术鉴定

竣工验收技术鉴定是水利工程建设管理中重要环节，是水利水电工程竣工验收的重要依据。自《水利工程建设项目验收管理规定》（水利部令第 30 号）和《水利水电建设工程验收规程》（SL223-2008）颁布以来，水利行业正式拉开了开展竣工验收技术鉴定工作的序幕。

一、技术鉴定的范围

根据《水利水电建设工程验收规程》（SL223-2008）的要求，大型水利工程在竣工技术预验收前，应进行竣工验收技术鉴定。中型水利工程，竣工验收主持单位可根据需要决定是否进行竣工验收技术鉴定。技术鉴定工作的主要任务是对涉及工程的设计、施工质量和运行情况进行评价，提出技术鉴定意见，明确工程是否具备竣工验收条件，为工程竣工验收提供依据。

二、技术鉴定的实施

项目法人委托有关单位承担技术鉴定工作，技术鉴定单位负责组建专家组，开展竣工验收技术鉴定工作。专家组由工程设计、施工等方面经验丰富的人员组成，包括水文、地质、水工、施工、机电、金属结构等有关专业，必要时可安排专门工作组，协助专家组开展工作。

（一）前期准备阶段

技术鉴定单位组织有关人员赴现场了解工程情况，与参建各方研究竣工验收技术鉴定工作，制定技术鉴定工作大纲，确定工作开展方案和工作流程，明确参建各方的职责和要求。项目法人按照工作大纲要求，组织参建各方进行准备，按质、按量、按时完成各项资料编制和报审工作。

（二）现场鉴定阶段

技术鉴定单位分专业组进行现场查勘、调研，开展对工程设计、施工等方面的调查、检查以及各方资料的审核等工作，对建设各方资料准备情况（中间成果）提出意见和建议，分别与参建各方充分交换意见，并修改完善各专业报告；召开技术鉴定会，对工程防洪与度汛、各水工建筑物、金属结构、安全监测等方面提出初步技术鉴定意见。

（三）形成成果阶段

专家组全体成员赴工程现场，在进一步了解工程设计、施工质量情况和全面掌握有关资料的基础上，深入与建设各方进行座谈和研究，对工程进行评价，提出技术鉴定报告（初稿），在征求工程参建单位的意见后进行补充和修改，经鉴定单位领导批准后提交正式技术鉴定报告。

三、技术鉴定工作的主要内容

竣工验收技术鉴定的主要工作内容：检查工程形象面貌；检查设计依据和标准是否符合国家现行有关规范、规程和标准（包括工程建设标准强制性条文）；检查重要设计变更是否按建设程序经有审批权的单位批准；检查土建工程施工以及电气和金属结构制造、安装、调试是否符合国家现行有关技术标准，对工程施工质量缺陷和质量事故的处理情况提出评价，对工程设计、施工质量进行评价；检查、评价工程运行管理、调度运用方案是否符合国家现行有关技术标准；根据安全监测成果、设计复核成果，对工程初期运用的安全性进行评价；检查、评价移民安置、环境保护、水土保持、消防、工程档案等专项验收情况和遗留问题的处理情况等。

（一）工程形象面貌评价

根据批准的初步设计，检查工程形象面貌是否符合竣工验收要求，并提出评价意见。

（二）防洪能力复核

根据延长后的水文系列资料，对原设计洪水成果进行复核，评价工程设计洪水标准及泄洪能力，复核堤防及挡水建筑物的安全超高，核查枢纽建筑物和其他建筑物的泄洪或排涝能力及消能设施的安全可靠性，核查工程调度运行方案对防洪和度汛安全的符合性，并提出评价意见[①]。

（三）河道及堤防工程

对河道扩挖或清基后堤基地质条件变化及设计采用的地质参数进行评价；对不良地质问题的处理措施以及施工质量是否符合要求进行评价；对填筑土料设计的合理性进行评价；对堤防横断面设计的合理性、堤防施工质量及质量缺陷处理情况进行调查和评价；对设计变更的合理性进行评价等。

---

① 许德祥.水库移民系统与行政管理 [M]. 北京：新华出版社，1998.

（四）枢纽及其他建筑物

对开挖后的工程地质条件变化及设计采用地质参数进行评价；对不良地质问题的处理措施以及施工质量是否符合要求进行评价；对工程布置、结构体型设计、整体稳定计算成果进行分析评价；对混凝土结构及防渗排水系统进行分析评价；对工程消能防冲设施的安全性及可靠性进行分析评价；对工程施工质量、质量缺陷处理情况进行调查和评价；对工程设计变更的合理性进行评价等。

（五）机电工程

对工程电力、接入系统、电气主接线及建筑物用电、主变压器、开关站以及防雷接地系统的设计、制造、安装、调试质量及运行安全可靠性进行评价；对计算机监控系统、继电保护、交直流控制电源及公用设备控制、通信的设计、安装、调试质量及运行安全可靠性进行评价；对设备制造、安装质量缺陷及启闭机调试验收中出现的问题落实情况进行检查和评价；对初期运用期间出现的安全问题进行分析研究和评价；对设计变更的合理性进行评价。

（六）金属结构工程

对建筑物各类闸门和拦污栅设计、制造、安装、调试质量及运行的安全可靠性进行检查和评价；对各类闸门和拦污栅的启闭机、检修机桥的设计、制造、安装、调试质量及运行的安全可靠性进行检查和评价；对各类启闭设备的供电、照明、通信、控制系统设计质量及运行安全可靠性进行评价。

（七）工程安全监测

对工程安全监测设计的合理性进行评价；对工程安全监测设备与监测系统的施工质量和观测工作进行检查和评价；对观测资料的整编情况及其可靠性进行检查和评价；对有关水工建筑物施工期和运行期的安全监测成果进行分析；对建筑物的性状进行安全性评价。

（八）竣工验收条件检查

检查工程历次验收的资料、程序及质量评定情况，历次验收中的遗留问题的处理情况，并做出评价；检查移民安置、环境保护、水土保持、消防、工程档案等专项验收情况和遗留问题的处理情况，并进行评价；检查工程竣工验收所需资料的准备情况，并做出评价。

四、存在的主要问题及对策

竣工验收技术鉴定实施时间不长，从操作情况看，还存在一些问题，主要表现在以下几个方面：

1.鉴定单位没有资格标准，缺少准入机制。技术鉴定工作涉及工程的方方面面，鉴定单位的技术水平直接影响鉴定工作的质量。鉴定单位必须具备与鉴定项目相关的专业知识，并具备解决工程范围内有关鉴定问题的能力。这些是保证鉴定结论客观、公正的前提条件。目前由于鉴定单位资格没有标准，没有一个严格的准入机制和管理机制，开展技术鉴定单位的水平参差不齐，导致鉴定质量难以保障。

2.认识不足、重视不够。工程竣工验收投入使用关系到整个工程的安全和效益的发挥，对已完工程的质量和验收准备工作进行全面的检查评价，是技术鉴定的主要目的，充分认识技术鉴定工作的重要性和必要性，是做好技术鉴定工作的基础。在实施过程中，由于参建单位对此项工作的重要性认识不足，重视不够，投入的技术力量不足，在资料提供和准备上不能在确定的时限内达到要求，自检材料质量不高、深度不够，甚至各方提供资料相互矛盾，给鉴定工作增加了难度，影响鉴定工作质量。

3.鉴定时间过短，质量难以保证。建立技术鉴定制度，就是考虑到竣工技术预验收时间过短，对工程很难有一个全面细致的评价，希望通过技术鉴定给工程安全更加全面、公正的结论。但由于对技术鉴定的工作时间没有明确要求，有些项目就出现了因项目法人或项目主管部门行政干预，使得技术鉴定的时间得不到保障；有些鉴定单位要求不严，为节省经费甚至只召开一次现场专家组会议就提出报告了事，使得技术鉴定的工作质量受到了影响；有的项目法人对鉴定报告中提出的问题不能正确对待、认真处理，在验收中也没有给予足够的重视，使技术鉴定流于形式，起不到真正的作用。

技术鉴定为工程验收提供有关依据，技术鉴定工作的质量，直接影响到工程验收的能否顺利进行。从目前技术鉴定工作存在问题来看，应采取以下措施加以解决：

1.严格鉴定单位准入，实行追究制度。加强对鉴定单位和鉴定人员的管理，抓紧制定技术鉴定管理办法，建立健全鉴定质量评估、鉴定人员诚信等级评估、责任追究制度。严格鉴定单位准入，对鉴定人员实行严格的考试考核制度，对有鉴定资格的人员进行登记造册，实行统一管理。在严格鉴定准入门槛的同时，实行责任追究制度，技术鉴定过程中鉴定单位和鉴定人员主观、客观方面发生偏差而导致错误结论，对鉴定单位、鉴定人员的错误行为进行责任追究。加强技术鉴定单位资格的动态管理，对不按有关规定从事技术鉴定工作，或长期未从事过技术鉴定工作的单位，取消其技术鉴定单位的资格。

2.落实责任，强化技术鉴定工作权威性。技术鉴定是一项系统性、技术性、程序性工作，要落实责任，制定工作流程，对鉴定工作的任务、范围、工作重点、工作程序和方法做出严格而具体的要求，参建单位应严格按照有关要求，紧密配合、协调统一，高效工作，保证工作进度、质量，按照计划安排时间提交成果资料，资料要真实、完整、齐全。同时，主管部门要加强交流、培训，逐步提高参建各方对技术鉴定工作的认识，充分认识开展鉴定工作在工程建设管理中的地位和作用，严格按照要求开展重视此项工作，保证技术鉴定工作的严肃性和权威性。

3.严格时间和标准，确保技术鉴定工作取得成效。建议在工程开工前期，明确工程竣工技术鉴定单位。这样，既保证了技术鉴定的工作时间，也有利于技术鉴定单位提前介入工程建设中，及时了解工程建设的详细情况。针对各阶段不同要求，主动搜集有关资料，以充分保证技术鉴定工作的深入进行和高质量完成。另外，技术鉴定是政府部门做好工程验收前的准备工作，从这方面来说也是一种政府行为，主管部门要抓紧制定有关标准，严格执行，同时可以要求项目法人在委托有资格的单位进行技术鉴定时，要报验收主持单位同意，这样才能保证技术鉴定工作质量。

第八章　水利项目管理概述

第一节　我国当前水利项目管理信息化现状

随着人们生活水平不断提高，我国水利项目数量不断增多，与此同时，水利项目管理也逐渐受到更多关注，社会信息化背景下，水利项目管理信息化成为水利工程管理的主要发展趋势，全面实现管理信息化，不仅是我国水利工程建设现代化的要求，也是实现资源优化配置，降低成本投入的需求。以此为内容，首先对水利项目管理信息化现状进行分析，继而提出了相关的解决对策和建议。

一、当前水利工程项目管理信息化的内容

（一）项目信息规划

项目信息规划是指水利工程中涉及的一些信息，例如工资、成本等，是水利工程项目管理中第一项重要内容，工资和成本是项目信息规划中重要程度所占比重最大的，项目信息规划是通过对水利工程实施过程中发生的一些信息进行规划和把控，为水利工程的顺利进行做铺垫。

（二）施工流程控制

施工流程控制是水利工程项目管理中第二项重要内容，施工流程控制是通过对施工过程中产生的信息进行控制与管理，对表现出来的信息进行分析和预测，对在施工过程中产生的问题进行分析，找到产生问题的原因，对症下药，采取合适的措施解决问题，结合在施工过程中得到的有用信息进行来对工程中的各方面进行把控，只有对施工过程中的各部分信息进行严格把控，才能保证工程的顺利实施，才能不耽误项目的进程。

（三）施工工艺管理

施工工艺是水利工程项目管理中第三项重要内容，随着科技的进步，传统的施工工艺逐渐被淘汰，形成一个现代化的施工工艺技术，现代化的施工工艺是传统的施工工艺与现代的科技相结合的成果，在传统的施工工艺中添加入现代的先进的科技技术，形成一个具有技术性的施工工艺，然而形成的现代化的施工工艺仍然需要进行磨合，不断地适应水利工程才能够形成一个全新的施工工艺。

（四）具体施工安排

在一项水利工程开始前一定会有一个详尽的计划书，但是在实际施工过程中不能够完全按照计划书去执行，因为在实际施工过程中会有一些意外因素和特殊情况的产生，比如天气原因，虽然在计划书中的会有预计的一段时间留给这些意外因素和特殊情况，但是对于意外因素和特殊情况持续的时间是无法估计的，所以当有特殊情况出现时要马上准备好另外的方案来保证工程的正常进行，也可以做些适当的调整，或者做一些准备工作，不能够闲下来干等着，这样不仅耽误工程的进度还会因为这一特殊情况带来更多不可预计的情况。所以在具体施工时一定要有一定的把控，这样才能保时保量完成该项工程。

（五）网络管理统一化

现今的科技发展进步，无论在什么工程中都离不开网络，所以网络管理在水利工程信息管理中也占有相对重要的一席之位。在水利工程中，网络管理主要是通过对基础设施的管理来进而实现网络管理，网络管理是通过对基础设施的统计，分析之后进行一个综合的网络管理。随着网络不断的升级，网络利用率也在不断提高，因此在水利工程过程中的网络管理也在不断提高，所处地位也在不断上升。

二、加强水利项目管理信息化的重要措施

（一）促进项目管理信息化的传递

在水利工程信息管理过程中的项目管理中，存在一种现象，工程技术人员不懂管理和网络技术，管理人员不懂网络技术和工程技术，网络技术人员不懂管理和工程技术，这就会给项目管理信息化的实行带来问题，由此，相关的部门和组织应该组织相关的工程技术人员、管理人员和网络技术人员进行相应的学习，提高他们的综合技术能力，然后对人员进行系统综合的选拔，这样不仅可以减少人员的经费支出，还能够培养一批属于自己的人才。

（二）建立以信息为中心的工作流程

建立以信息为中心的工作流程就是通过多方的信息收集之后，建立一个综合的系统，在系统中存入多方收集到的信息，这样做到多方共用的信息管理系统，减少了因为信息收集所浪费的时间和精力。

（三）推行项目建设标准化管理

针对项目所形成的各种的管理模式，都应该通过在实际应用中的不断实践来进行慢慢地改进，进而形成一个项目建设标准化的管理，这样，在日后的使用过程中也会更加方便和快捷，不会因为与新项目的磨合而带来一些不必要的问题，节约时间。

（四）大力推广基于局域网、因特网的信息管理平台

在项目管理内部，通过局域网实现内部信息的交流。集团总部通过局域网系统将公告通知、计划安排发布给各单位及下属部门；下属各单位以及外地分支机构通过公司局域网或者互联网，以点对点的方式将第一手资料（包括施工现场图片、工程进度、质量、成本等）传送同总部，总部迅速提出指导意见又反馈同去。对外可通过因特网实现与政府部门的业务往来电子化。现在许多城市的政府主管部门已经开通网上申报资质、网上资质年检、网上申报项目经理、网上申报职称等网上办公业务。

（五）开发基于因特网的各种应用系统

信息化建设的重点是开发应用以 Internet 为平台的项目信息管理系统，建立数据库和网络连接，实现网上投标、网上查询、网上会议、网上材料采购等。在施工阶段，利用以 Internet 为平台的项目管理信息系统和专项技术软件实现施工过程信息化管理。

（六）大力推进计算机辅助施工项目管理和工艺控制软件的应用水平

目前，要大力推进施工管理三个控制过程（进度、质量、成本）相关软件的应用。如在进度控制方面，利用网络计划技术可以显示关键工作、机动时间、相互制约关系的特性，根据施工进度及时进行资源调整和时间优化，适应施工现场多变的情况在质量控制方面，利用质量管理软件进行质量控制具有处理时间短、结果可靠性高等优点。在工艺控制软件方面，应进一步优化应用较为广泛的深基坑设计与计算、工程测量、大体积混凝土施工质量控制、大型构件吊装自动化控制、管线设备安装的三维效果设计等应用软件。

总之，推行我国水利项目管理信息化的过程中，首先要掌握现阶段我国水利工程项目管理的内容和情况，针对这些内容不断完善对策，以此更好地提高项目管理效果，提升水利工程质量。

第二节 水利项目管理现代化及其评价指标体系

南水北调水利工程在统一调度全国水利资源、解决华北地区水资源不足、促进社会主义现代建设中发挥着至关重要的作用。实现水利项目管理的现代化是保证这一工程顺利实施的关键和保障。从长远来讲，实现水利项目管理的现代化不仅仅是顺利实现南水北调这一水利工程的需要，更是克服自然条件和严峻水资源分布不均的迫切需要；水利项目管理的现代化涉及管理制度、机制、手段等诸多方面的内容，是一项系统的工程，也是当前水利建设中必须要面对的现实性课题。

一、水利项目管理现代化的含义分析

尽管理论界并没有对水利项目管理现代化给出一个统一的定义，但是通过水利项目管理现代化的实践过程，不难发现水利项目管理现代化是一个不断发展的、随社会历史不断演进的特定过程，同一定社会历史时期经济社会水平对水利项目提出的现实性要求相一致，是满足社会经济现代化和水利现代化的客观需要，要通过现代化的管理制度、管理理念、管理手段和管理人才实现。

二、水利项目管理现代化评价指标体系的构建

水利项目管理最根本的原则就是要能够准确和客观地反映出一个区域或是一定历史阶段水利项目管理的水平。

方便起见，我们可以将水利项目现代化管理评价指标体系分为定性和定量评价两个类别，这两个大的类别基础上又分为一级、二级两个层级指标，具体如下：

（一）定性评价

定性评价的一级层面指标分为：水利工程管理体制合理性与先进性水平、水利工程运行管理制度规范化程度、水利工程管理手段自动化信息化水平。其中在管理体制合理性与先进性这一级指标下的二级指标分为水管单位分类定性准确合理性、管养分离方案先进性及落实程度等；在水利工程运行管理制度规范化程度这一级指标下的二级指标分为安全监测工作制度完备和执行程度、维修养护制度完备和执行程度、调度运用方案和操作制度完备和执行程度等；在水利工程管理手段自动化信息化水平这一级指标下的二级指标分为水利工程控制运用决策、支持系统开发与应用水平等。

（二）定量评价

定量评价的一级层面指标分为：水利项目设施完及功能达标程度、水利项目的工程生态环境保护水平、人力资源结构性合理状况等。其中在水利工程设施完好状况以及功能达标程度这一级指标下的二级指标又可以分为工程设施完好率、观测设施完好率、工程设计能力达标率等；水利项目的工程生态环境保护水平下的二级指标分为水土流失治理率、水域功能区水质达标率、生态与环境用水保证率等；人力资源结构性合理状况下的二级指标具体可以分为在岗人员业务技术素质及学历水平等。

三、水利项目管理现代化评价指标体系中的定性评价和定量评价实施税务步骤和具体方法

对于定性评价中评价步骤和评价方法可以通过下面的表述来呈现：

一般情况下，我们将定性平均分为五个档次：优秀、良好、中等、合格、不及格。

1.确定评价指标的权重；

2.对定量指标的目标水平进行确定；

3.对定性评价中的二级指标进行评价；

4.对定性评价中的一级指标进行评价；

5.在对定性评价二级指标、一级指标评级基础之上对整个系统进行评价。

四、以南水北调京石段某水利项目为例对水利项目现代化指标体系的实际应用

南水北调京石段应急供水水利项目位于河北省石家庄市境内，于2008年竣工。该水利项目工程等级为一级，总干道与建筑物主体为一级建筑物，项目的6座渠系建筑物均为公路桥，其中3座为20米跨预应力空心板桥，1座预应力工型组合梁桥，2座双曲拱桥。

根据应急供水水利项目的实际情况和项目管理现状，对其项目管理现代化的评价指标设计出一级、二级指标的相应权重，对照各指标体系内涵和计算办法，计算出供水水利项目的综合现代化实现程度为：

定性评价中的一级评价指标：水利项目管理体制的合理性和先进性状况，所占比重为0.20，实现程度为87%；水利项目中的现代化运行管理制度状况所占权重为0.12，实现程度91%；其水利项目管理手段的自动化信息化水平所占权重为0.12，实现程度为89%；

定量评价中的一级评价指标：水利项目的设施状况，所占权重为0.20，实现程度为100%；水利项目的生态宝华状况，所占比重为0.20，实现状况为97%；水利项目管理单位的经营状况以及发展潜力所占比重为0.08，实现程度为96%；水利项目的人力资源管理状况所占权重为0.08，实现程度为62%。

最终的综合评价结果为：实现程度为91%。根据水利项目现代化实现计算结果考核标准，该水利项目管理已经实现现代化。

水利项目管理现代化是水利工程管理永恒的话题，其指标评价体系也正处于规范化和科学化阶段。作为国民经济发展和社会主义现代化建设的重要组成部分，水利项目管理的现代化必将发挥出更大的作用。实施水利项目管理现代化，必须要充分认识我国在水利项目管理现代化过程中存在的问题和不足，根据不同历史阶段对水利项目管理的实际要求和自身发展水平，不断制定和运用最新的指标评价标准，借鉴世界发达国家在水利项目现代化管理过程的有效机制和研究成果，实现我国水利工程管理制度、机制、手段、水平和人才方面的现代化，提高水利工程现代化的水平和质量。

第三节 水利施工项目6S管理

水利建筑市场竞争日趋激烈，给企业的生存、经营和发展带来了很大的冲击和压力，要想在竞争日益加剧的市场环境中占有一席之地，必须加强管理，向管理要效益，而6S管理不失为一种加强项目管理，提升自身形象，压缩施工成本，提高经营效益的有力工具。

一、6S 管理概述

6S 管理起源于 1955 年的日本企业，由 5S 管理扩展而来，是现代企业行之有效的现场管理理念和方法。6S 管理主要是对生产中的人员、机器、材料等生产要素进行管理的方法，其精髓是人的规范化和物的明朗化，强调的是标准和制度，关注的是细节，要求的是执行。

"6S"是指整理（SEIRI）、整顿（SEITON）、清扫（SEISO）、清洁（SEIKETSU）、素养（SHITSUKE）、安全（SECURITY）。开展以整理、整顿、清扫、清洁、素养、安全为内容的管理活动就是 6S 管理。

（一）整理

将工作现场物品分为必要物品和不必要物品，必要物品留下，其他都消除掉。目的是腾出空间，活用空间，防止误用，营造清爽的工作场所。

（二）整顿

为减少寻找物品时间，创造整齐的工作环境，消除过多积压物品，将物品依照规定位置依次摆放。

（三）清扫

将工作场所内看见与看不见的地方清扫干净，使现场保持干净、亮丽。目的是稳定品质，减少工业伤害。

（四）清洁

将整理、整顿、清扫进行到底，并且制度化，经常保持环境处在美观的状态。清洁的目的是创造明朗的现场，维持上面 3S 成果。

（五）素养

每位成员都要养成良好的习惯，并遵守规则做事，培养积极主动的精神（也称习惯性）。目的是培养有好习惯、遵守规则的员工，营造团队精神。

（六）安全

重视成员安全教育，每时每刻都要有安全第一的观念，防患于未然。目的是建立起安全生产的环境，使所有工作建立在安全的前提下。

二、实施 6S 管理的意义

随着施工企业进行 ISO 标准认证等规范化管理活动，水利工程项目的施工管理已逐渐从劳务密集型向智能管理型过渡，但是由于施工队伍素质及管理人员经验不足等，还存在施工管理粗放、环境脏乱、现场物料堆放杂乱、安全意识淡薄、习惯性安全违规等现象。而这些现象的存在影响了企业形象，降低了项目管理效率和经营效益，不利于企业的发展和进步。6S 管理是一项基础性的管理，立足于现场实践，涉及施工现场人、材料、机械、场地等要素的管理。打造整齐、清洁以及纪律化的工作现场和施工环境，进而提高施工人员的施工和管理水平，改善生产作业环境、避免浪费，在提高人的素质基础上，提高效率、降低成本、安全施工、文明施工，创建合格工程。因此，水利施工项目实施 6S 管理，对施工企业管理水平的提高能起到巨大的推进作用。

三、水利项目现场实施 6S 管理要点

（一）施工人员管理

6S 中的人的要素管理简单地说就是培养施工人员的好习惯，提高思想意识修养和遵守工作规则。项目部通过制定并执行各类管理制度、通过奖惩帮助施工人员养成好的工作习惯，进而提升施工队伍的精神风貌，也就是 6S 中的"素养"管理。工作前要求做好工作准备，做好工作机具和工作环境的检查，安全防护用品的正确佩戴等，工作中自觉遵守各种操作规程和规定，保持好个人习惯，自觉维持工作环境的整洁，正确使用劳动工具和正确操作设备，提高人员的素养和思想意识来保证施工安全中人的安全，来提升整个团队

的精神面貌和精神文化，提升企业文化层次。

（二）施工设备资源管理

施工设备是水利工程施工现场最常见的资产，而设备的管理重点在于保证设备的使用完好率，因为施工设备的状态会直接影响到工程施工的质量和进度。

加强施工现场设备管理应主要从以下几点入手：①做好设备的配备，项目施工施工组织设计的编制，施工方案的编写，设备资源的配备计划，并按施工进度和实际内容进行合理数量和种类的施工设备的配备；②做好设备的检查验收，保证设备的正常使用和良好的状态及设备安全装置的完好无缺，杜绝设备安全事故的发生；③做好设备维保工作，制定设备使用操作安全操作规程，做好设备的维保计划，并按计划做好设备的维保工作，保证设备正常的工作提高设备的完好率及施工的顺利进行；④做好设备的使用记录，要保证设备正确操作和使用，定岗定人定设备，一人一机，工作完成做好设备的交接班记录和设备的清理和整理工作。

（三）施工物料资源的管理

水利项目的施工现场由于地处偏远，地域空间有限，临时占地不足，人员思想意识差，保存不当等造成施工物料的堆放杂乱。物料浪费现象在一些项目还很严重，节约意识需加强。一次性材料使用浪费，实际使用量远远大于计划量，超出正常的损耗量，而有的项目是材料的购进数量远远大于实际使用量，回收不及时造成材料浪费，加大了施工成本。因此从以下几点加强材料管理：①做好材料的购置计划，按施工内容和施工进度购置材料，并做到工完料清；②把好材料入场关，在做好材料进厂检验的同时，做好入仓记录，确保材料的合格使用；③保管好材料，按材料的性质做好材料的保管和保存，保证材料的存放质量，注意材料的保存期限，做到先进先出；④严格执行限额领料制度，按定额和计划做好材料的出库和领料，并及时核对、盘点防止超额领用和浪费；⑤做好材料消耗的记录，将工程量和实际消耗量定期进行对比，定期进行统计分析一旦发现差额异常，及时找出原因进行纠偏；⑥充分利用材料以提高其有效利用率。

（四）安全施工管理

安全施工即 6S 管理中最后一个要素，也是很重要的一个要素——"安全"，安全施工的宗旨是建立安全生产的环境，并将所有的工作应建立在安全的前提下。安全管理是施工现场管理中最为重要的一项。水利项目的施工特点是：环境恶劣、条件艰苦、人员多、设备多，安全投入经费不足，造成安全隐患的存在。安全管理最关键的是做好事前和事中管理，制定好切合项目实际和企业实际的安全管理制度，通过事前预防和事中控制把各类隐患风险扼杀在萌芽中。水利项目中的安全因素很多，其中最重要的是：人、物和环境，即：人身安全和设备安全。安全施工是在施工过程中要做好 3 个方面：①保护施工人员的安全和健康，预防职业病，防止工伤事故；②保护施工设备安全，确保施工装备连续正常的运转，保障企业财产不受损失；③创建安全的施工环境，确保施工人员在安全状态下作业。通过安全管理制度的建立和严格执行，通过安全防护用品和安全设施的配备和使用，通过严格的检查保证，才能在保障人和物安全的基础上又快又好地完成项目施工。

（五）施工环境管理

随着绿色低碳理念深入人心，项目的实施愈来愈关注环保、污染、扰民等对环境的影响。水利项目大多地处偏远山区，对绿色施工的理解还比较单一、不到位，不能积极主动地采取措施防止对环境的影响。而作为施工企业要有长远的目光，要考虑到自身的发展和社会上应承担的责任。绿色施工不仅仅是指在工程施工中实施封闭施工，没有尘土飞扬，没有噪声扰民，在工地四周栽花、种草，实施定时洒水等这些内容，还同绿色设计一样，涉及可持续发展的各个方面，如生态与环境保护、资源与能源利用、社会与经济发展等。也就是在施工中首先不扰民、不破坏环境、减少环境污染基础上，节约水、电、材料等资源和能源，在人与环境的和谐共存中又好又快地完成施工任务。

实施 6S 管理的目的是为了提高水利施工企业从业人员的素质，从整体上提升水利行业项目施工现场管理水平，提升水利施工企业形象，提升水利施工产品品质，在提高施工企业市场竞争力的同时，提高效率，降低成本和消耗，实现利润最大化，为施工企业的发展壮大和创建和谐社会提供有力保证。

第四节　水利工程项目进度计划管理

进度管理在工程建设中占据着不可或缺的重要地位，合理地控制，能够达到理想的效果。工程项目进度管理是前提，实现工程工期目标的基本保证，处在管理工作的龙头地位，对按期按质完成工程量具有重要的作用，而科学的项目进度管理可以保证水利工程项目能在一个确定的时间内按质完成。因此，在水利工程项目实施时，做好进度管理工作，对保证施工质量及企业获取经济与社会效益具有重要意义。本节分析了水利工程项目进度计划管理的任务、基本原理及重要性；还分析了水利工程项目进度计划的实施、检查、控制、调整等内容。

衡量水利工程项目是否成功的标准是项目是否按时、按成本和按质量完成。水利工程项目如何做到按时，这就涉及进度管理，项目进度计划管理是开展项目其他方面管理的前提。水利工程项目进度计划管理不仅是工程项目建设管理的重要任务，而且也是必不可少的一个重要环节。科学的项目进度计划管理，可以保证项目能在工期内按时完成。

一、水利工程项目进度计划管理内容和任务

（一）水利工程项目进度计划管理内容

水利工程项目进度计划管理是指在水利工程项目实施过程中，为实现工程项目进度计划中所确定的目标，对项目进度计划进行的监督、检查，对出现的实际进度与计划进度之间的偏差采取措施等活动。

（二）水利工程项目进度计划管理任务

水利工程项目进度计划管理是一项系统工程，一个完整计划既要反映关键工序及其前后工序之间的逻辑关系，又要涵盖施工组织设计和质量计划；既要反映生产要素的配置问题，又要保证施工的连续性和均衡性。其任务是：通过系统分析，对本企业人力、物力及财力等进行合理使用；把水利工程项目施工中的所有组织要素全面组织起来，制订各项专业进度计划。在水利工程项目进度执行过程中要不断跟踪与调整施工生产的各项指标，既要保证有计划地、有序地进行施工活动，又要做到连续、有均衡施工，以保证按时、按质完成水利工程项目。

二、水利工程项目进度计划管理重要性

水利工程项目进度计划管理是实现水利工程工期目标的基本保证，是进行施工的重要依据，对于水利工程项目，具有建设周期长、投资大、技术综合性强、受地形、地质、水文、气象和交通运输、社会经济等因素影响大等特点，加强水利工程项目进度计划管理显得尤为重要。水利工程项目进度一旦失控，必然会导致人力、物力的浪费，进度一旦拖延，后赶进度，工程建设的直接费用就可能增加。在关键时期（如汛期、雨季）若不能按时完工，将会造成重大经济损失，甚至可能影响工程质量；若进度拖延导致工程工期延长，工程不能按期投产受益，将直接影响工程的投资效益。

三、水利工程项目进度计划管理基本原理及工作体系

（一）水利工程项目进度计划管理基市原理

水利工程项目进度计划管理是一个动态循环的过程，其基本原理是 PDCA 循环原理。"PDCA"循环是一套科学、有效的管理方法，也是一种科学严谨的工作方法和工作程序，更是一种经过各行业验证的科学管理工具。PDCA 循环原理是一个贯穿始终的工作过程，管理人员只要按照 pian（计划）、do（执行）、check（检查）和 action（改进提高）的顺

序认真实施管理，并且循环往复，步步提升，就会使得最终目标得以成功实现，管理水平不断提高。

（二）水利工程项目进度计划管理工作体系

一般来说，水利工程施工项目进度计划管理工作体系分为进度计划的编制、执行、检查和分析评价。首先在提出水利工程项目进度目标的基础上，编制进度计划；然后将计划加以实施，在实施过程中，要进行监督、检查，以评价项目的实际进度与计划进度是否发生偏差；最后对出现的工程进度问题（暂停、延误）进行处理，对暂时无法处理的进度问题重新进行分析，进一步采取措施加以解决。

四、水利工程项目进度计划管理的过程

水利工程项目进度计划是从施工单位取得建设单位提供设计图纸进行施工准备开始，直到工程竣工投产交付使用为止。

（一）编制项目进度及相关的计划

在进行水利工程施工前，施工方首先要编制项目进度计划，要依据水利工程项目的特点和施工进度控制的需要进行编制，而且要根据不同的计划周期制定出不同的施工进度计划。进度计划要具有广度、深度、作用不同的控制性和直接指导项目施工的作用。为确保施工进度计划能顺利地实施，施工方还应编制与项目进度计划相关的资源需求计划，如：劳动力需求计划、物资需求计划以及资金需求计划等。

（二）项目进度计划的实施

施工进度计划的实施是 PDCA 循环过程中的 D（执行）阶段，具体指按进度计划要求组织人力、物力和财力进行施工。

逐级落实项目进度计划，最终施工任务书由班组实施。施工任务书用来进行作业控制和核算，是管理层向具体进行施工作业的人员下达施工任务的一种有效工具，而且有利于进度管理。施工任务书主要包括施工任务单、考勤表和限额领料单。

坚持进度过程管理。在施工进度计划执行过程中，应加强监督与调度，记录实际进度，执行施工合同对进度管理承诺，将实际数据和进度计划对比，跟踪统计与分析，落实到位进度管理措施，处理好进度索赔，确保资源供应，使进度计划顺利进行。

（三）项目进度计划的检查

项目进度计划检查与进度执行往往在一起进行，计划检查是对计划执行情况的分析与总结，是工程项目进度进行调整的依据。

项目进度计划的检查，首先应按统计周期规定进行定期的检查，另外还要根据实际需要进行不定期检查，定期检查和不定期检查同时进行。具体检查的内容包括：检查工作时间的执行情况，检查工程量的完成情况，检查资源使用与进度保证的情况，还有上一次进度计划检查所提出问题的整改情况。

项目进度计划的检查主要是通过实际进度与计划进度对比，从而发现偏差，以便调整或修改计划。进度计划的变更必须与有关单位和部门及时沟通，保证进度目标的实现。方法有这几种：利用横道图检查、利用网络计划检查、切割线检查法、香蕉曲线检查法。

施工进度计划检查后要写进度报告，进度报告内容有：进度计划实施情况的综合描述及完成情况；与计划相比，项目的成本、进度和工作范围的实施情况；进度执行情况对工程质量、安全和施工成本的影响情况；进度计划在实际过程中存在的问题及其原因分析；计划采取的措施及其理由；下一个施工计划阶段期望达到的目标。

（四）项目进度计划的调整

水利工程项目在实施过程中由于受到各种因素影响，工程进度会经常发生暂停、延误，导致实际进度与计划进度发生偏差，一旦出现上述工程进度问题，需要采用科学方法调整初始网络进度计划，采取有效措施赶工，以弥补前期产生的不足。

项目进度计划的调整内容主要包括工作内容、工程量、工作起止时间、持续时间、工作逻辑关系与资源供应等。项目进度计划的调整方法主要有：利用网络计划的关键线路进行调整、利用网络计划的时差进行优化。

（五）项目进度计划管理总结

1. 中间总结

在项目实施过程中，每次对进度计划进行检查、调整后，应及时编写进度报告，对进度执行情况、产生偏差原因、解决偏差的措施等进行总结。

2. 最终总结

在项目进度计划完成后，应总结：进度管理中存在的问题及分析、进度计划方法的应用情况、合同工期及计划工期的完成情况、进度管理经验及进度管理的改进意见。

进度计划管理总结是进度计划持续改进的重要保障，必须给予充分重视。

近几年，我国水利工程建设正处于快速发展的时期，为了保证水利工程顺利进行，提高水利工程进度管理水平，提高整个水利工程建设的施工水平，要加强水利工程项目进度计划的管理，从而达到提高经效益和社会效益的双重目标。水利工程项目进度计划管理在于对人力资源、材料、设备、资金和技术的合理配置和控制，以期达到使各种资源的合理化利用，实现规划目标或计划目标，其最终目的是实现合同目标。因此可以说，如果没有施工进度计划管理，便谈不上工程项目管理，要加强水利工程项目进度计划的管理。

第五节　水利水电工程的施工项目管理

水利水电工程项目管理，是指项目在建设过程中，要合理优化工时，严格监督项目用料的质量，控制实际用额不超过投资总额，在这种情况下，进行一系列合理的组织安排，各方协调统筹工作，完美完成项目建设。

一、水利水电项目管理在施工中的地位

水利水电工程项目产品位置具有不可移动性、样式多变、占用空间大等特点，施工周期资源利用情况、材料运用的数量以及空间分布的广泛性受项目产品特征左右。一般进行水利水电工程建设，经常是在河流区域进行，受地形影响大；承接的工程在建区域多在闭塞的山区，由于交通设施较为落后，在交通运输物料方面的花销无疑增大；关于水利水电工程建设多用于国家投资，惠民政策的实施，其项目在开展前需进行要多次专家研讨，反复对比分析然后选择最优施工策划提案，保证施工的正常平稳进行。由于水利水电的工程浩大，设计施工人员较多，保证施工过程中的安全问题尤为重要。这时候各方面的管理要到位，要排查各种安全隐患，跟进每天的施工进度，各方安排安全有效进行。

二、导致水利水电工程项目管理出现问题的原因

（一）建造原料

水利水电工程建设需要用到最多的原料就是钢筋混凝土以及砂石，这些是最平常但是又最容易出现漏洞的地方。在这些原料上偷工减料，钢筋质量要求没有达到工程要求的标准，质量不合格，一旦建设完成，项目承受不住水压等其他原因，工程出现问题，严重危害民生。所以在项目管理过程中，相关监督人员要有良好的职业道德操守，对建造原料从购进到投入生产进行严格监督，安置妥当，避免因管理不善等原因造成质量的不过关。

（二）硬件设施

大型机器如挖掘机、碾压机等需要大量投入到工程建设中，机械设备的好坏和工作人员的操作步骤极大影响着水利水电工程的质量。因此，在挑选大型机器时，管理人员要对设备严格筛选，机器的性能、精度、零部件的配置等要纳入比较范围。

（三）施工人员

作为项目建设的主体，施工人员的个人修养和能力水平与工程施工质量密不可分。在项目建设过程中要有相应专家进行跟进与测量，防止因施工不当造成人员伤亡或其他工程问题。

（四）工程建设方案

项目开始前制定的方案是整个施工项目的精髓，一旦方案设计内容与当地地形等条件相冲突，整个施工将会出现障碍，后期的管理也难以进行。所以之前专家研讨的过程一定要仔细认真，排查一切可能出现的风险问题。

三、对优化水利水电工程项目管理的建议

（一）建造原料的把控

项目在购进原料时，要对质量严格把控。严格按照相关标准进行检测，经过相关部门检测后还要对原料进行检验，提交质量合格报告，每个步骤有序进行，还要对部分原料进行抽检，保障质量合格。

（二）项目投标招标环节的把控

项目在招标投标时，相关审理人员要对中标企业提交的证明材料进行严格审核。要对材料的可行性进行全面分析，并对建造初稿进行审批。相关人员要坚守职业操守，自我监督，不能受贿或有私心，危害工程管理工作。投标招标环节秉承公正公平公开的原则，发掘优秀的施工单位，在施工人员的技术水平上和生产机械上严格要求。

（三）现场施工监督

施工现场质量的提高是保障整个工程建设质量的根本。监督人员要时刻警惕工程可能出现的意外状况。在建设方案进行交接前，将每个任务落实到每个特定人物上面，每一段工程期的落幕，相关交接工作要做好。技术人员要熟悉现场情况，对建设过程中采纳的新技术和特殊材料要进行登记，先由经验丰富的施工队进行试验，成功后再大批投入。在施工过程中规定的条例要严格执行，如禁止吸烟等，规范纪律，保证施工项目管理有效进行。监督的作用也有利于控制施工进度，在执行工程计划时，监督质量，提高进度，有利于施工成本的降低。

水利水电工程建设是一个庞大的建设工程，涉及多个方面的问题。进行水利水电工程的施工项目管理前，要综合分析影响管理的各种生产要素，找出对应的解决方法，指定一套优秀的管理方面。由于工程的重要性，管理要做到面面俱到。要不断进行探索，吸取相

关项目遇挫的教训，将理论与实际相结合，科学地进行管理，使是项目安全有效地完成。

第六节　水利工程项目质量监督管理

通过探讨水利工程项目特征、工程质量监督管理现状及出现的问题以及水利工程质量管理优化策略等，希望能为水利工程项目的建设给予一定的帮助和启迪。

可靠的水利设施，水利工程建设单位必须在重视提高工程项目质量的监督管理水平的基础上不断深化对水利工程项目的管理和监督，确保水利工程项目质量的可靠性。

一、水利项目质量监督管理的概述

水利项目质量监督管理是一项由质量监督机构开展的对水利工程实施监督、管理的一种行为，其主要的工作阶段包括从水利工程项目的开始实施到水利项目竣工的这一整个阶段。这与水利工程工期长、资金投入多、工程效益关系到经济与社会有重要关系。也正是因为这个特点，需要加强对水利工程项目的监督管理工作，在管理与监督的过程中及时的发现其中存在的问题，并且不断改进，为后期的施工以及管理积累经验。但是，由于实际情况的复杂多变，导致多个因素都有可能影响到水利工程项目质量监督管理工作。

二、水利工程项目质量监督管理工作现状分析

（一）水利项目质量监管实效不佳

从目前我国水利项目质量监管的实效来看，虽然相关体制的建立突出水利项目法人治理责任的监督作用，但是实际上，目前的监督管理工作的主要内容放在了程序检查方面，项目施工过程的监管工作变成次要，具体表现为监管部位开展对水利工程的监管工作，主要是对施工文件等进行监督，并没有实际进入到项目施工现场中去了解是否有问题发生。

（二）质量监督管理定位不准

正常情况下的水利工程质量监管的工作职责就是利用自身的权力去发生水利施工中的质量问题并监督其整改，其目的并不是监督，而是提升整个项目质量。水利工程监督管理工作主要采取巡查+抽查的方式，但是实际情况是事后监督检查的方式更加普遍，这种情况下就根本无法发挥出其监督管理职责，还容易遗留安全问题。

（三）施工过程问题较多

从现实水利工程的施工来看，其中存在的问题也比较明显，例如施工过程中的用电管理不够规范，主要表现在施工现场用电电线架设未按照相关要求进行架设，又或者是水利工程项目施工的细节没有受到重视，具体表现为下游坝坡坡面出现隆起等问题，这些因素都会导致潜在危险问题，甚至可能引发严重施工质量问题。

三、提高水利工程项目质量监督管理的对策

（一）深化水利工程管理体制改革

考虑到目前水利工程项目质量监管工作中实效不明显甚至是监管流于形式的问题，需要在深化管理体制改革的基础上通过建立健全四级领导机制，确保出现问题可最快时间找到相应负责人，找到问题出现的原因并加以整改。另外还需要进一步完善水利工程监管机构，考虑到工程质量监管机构是受政府委托的质量监管部门，因此需要通过法律明确水利监管机构的独立地，加大人力、资金、物力的投入，确保能够顺利开展监管工作。

（二）构建水利工程全过程质量监管体系

只有构建了贯穿整个水利工程全过程的质量监管体系，才能够确保整个水利项目工程有序开展。①水利工程项目需要重视科研报告的审查工作，通过制定相应的审查制度在确保工程立项科学合理的基础上能够符合当地水利条件以及当地水利工程的规划；②开展全过程的质量监督，其中不仅包括对整个水利项目实体质量形成的全过程监督，还需要对各个责任主体的各个行为开展监督；③加强监督检查工作，对企业资质、人员执业资格、责任主体质量管理、质量控制等均进行监督管理，确保整个水利工程项目水平。

例如，江口县水务局为认真贯彻落实《质量发展纲要（2011-2020）》《贵州省人民政府关于贯彻落实〈质量发展纲要（2011-2020）〉全面推进质量兴省工作的意见》文件精神，加快工程建设进度，确保工程质量安全，采用多举措推进水利工程质量监督管理，包括成立质量安全监督小组、研究制定《江口县水务行业安全生产领导责任制》和《江口县2016年安全生产工作计划》、先后4次对全县水利工程质量进行了隐患大检查大整治行动。针对检查中发现许多在建工程没有及时进行质量监督核备手续问题，该县水务局在下发《关于完善我县2016年度水利工程质量监督管理工作的通知》的基础上要求凡属该局质量监督范畴内的各水利工程项目业主单位，在工程开工前、施工中、完工后等各个环节都必须来该局办理质量监督手续，违者依法追究相关责任。该县水务局大力推进水利工程质量监管创新，认真总结以往水利建设管理经验，在业主监管方式、施工管理模式等方面勇于探索、推陈出新，有效地改善了以往质量监督程序不规范、手续不齐全、责任不明晰、工作

任务不明确等问题，水利建设管理水平不断提高，水利工程质量得到了有效保障。

（三）实现水利工程项目的不定期检查

为能够了解到真实的施工情况，发现其中存在的问题，相关工作人员可不定时的进入到施工现场中了解施工情况，或者是开展专项检查，对水利工程的建设情况、施工质量等进行检查，同时结合施工文件了解其中的情况，及时发现可能存在的质量隐患，规范施工，提高其质量意识。另外还需要加强质量管理相关知识的培训工作，通过学习相关治疗有效提高施工人员的责任意识。

（四）加强项目质量监督管理队伍的建设

想要确保项目监督管理工作的顺利落实，并充分发挥出其职责，建立一个高素质、专业性强的质量监督管理队伍十分必要。通过加强现有队伍的培训与考核，在了解现有队伍成员专业素质的基础上通过进一步的培训提升其能力，通过考核激励队伍成员认真学习与接受培训，最终实现队伍成员专业知识、管理技能的双提升。加强项目质量监督管理队伍的建设工作，一方面是满足水利工程项目监督管理工作的需求，另一方面是我国水利工程项目中相关的法规制度、政策等都会发生变化，只有不断学习才能够建设出一个符合现代社会发展的水利工程项目质量监督管理队伍，有效促进整个水利工程项目的良好发展。

只有水利工程项目质量监督管理工作有序运行才能够在一定程度上确保整个水利工程项目质量，同时也是保证后期整个水利工程顺利运行的重要前提。虽然目前的水利工程项目质量监督管理工作仍然有不够完善的地方，特别是细节，因此针对水利工程项目监督管理工作仍然需要从多个方面完善。本次重点对体制改革、体系完善、加强检查、队伍建设四个方面提出了针对性的措施，目的就是希望能够为现有的水利工程项目质量监督工作提供一定参考，促进我国该方面工作的发展。

第七节　如何加强农村水利项目的管理工作

建设新农村，水利为首要任务。随着经济的飞速增长，带动了我国农业科技的不断进步，农村基础设施建设也逐渐被重视。随着国家对水资源的管理工作的加强，农村的水利项目建设成为了近年来发展农业经济的主要推动力。

一、农村水利项目管理的重要意义

随着农村水利工程技术的进步以及发展，水利工程管理水平也在不断地提高。然而由于长期以来我国往往重视水利工程的建设，对农村水利工程的施工管理却显得有些遗漏，导致我国的农村水利工程的管理单位在建设初期得不到良好的发展，很大程度上影响水利工程的运行状态。甚至还有很多的水利工程自身的维护资金不到位，导致水利工程的内部机械老化严重。

水利工程项目在建设的过程中要整体性的关注建设管理，同时又不能够忽视其施工管理。由于水利工程的建设周期非常长，一般情况下水利工程的建设周期为3~4年，有些大型的水利工程项目可能会更长。例如：我国的三峡水利工程项目建设从1994年年底开始建设，直到2002年才开始的正常运作，还只是其中的一部分开始运作。由于水利工程的施工期非常长，往往大型的水利工程施工期间所需要机械维护费比建设费用还要大。但是对农村小型水利工程的施工管理不能过因为其耗费小就忽视。由于农村水利工程在实际的工作中不仅仅包括发电作用，还要起到灌溉的作用，在一定的情况下能够保证人们正常灌溉，使得农作物能够正常生长。因此可以说明农村水利工程建设期间进行管理显得非常重要。及时提高其建设管理，使得水利工程能够在一定的施工条件下，充分发挥其功能，实现我国的农村水利工程可持续发展。

二、农村水利项目管理存在的突出问题

（一）基础设施薄弱，抗灾能力差

目前，农村的水利项目工程建设还不够全面，仍然有约占六成左右的农村耕地无法达到除涝的标准，同时，由于气候原因，降水的时空分布不均匀，也造成了一部分农村地区缺水严重，同时也存在着严重的水污染问题。在水库的除险工程的建设上，仍然不能得到及时有效的治理。

（二）投资体制不健全，资金的投入力度小

目前有很多农民存在着这样的现象"政府建设农民使用"和"有人建设却无人管理"，由于受到传统的小农思想的影响，农民习惯了靠天吃饭的思想，即使是在涉及切身利益的农田水利建设上，也全部依赖国家和政府，因此，对于农村水利项目建设的积极性不高。

（三）产权不清，管理滞后

长期以来，由于小型水利项目规模较小、地点分散、所有权不明确，造成工程建设与管理脱节现象。小型水利项目"国家扶持、农民投劳、集体管理、个人使用、的管理运行机制同千家万户自主经营、分散用水的现状愈来愈不适应，经营者责任心不强，造成了小型水利项目经营管理不善，工程效益衰减。

（四）工程建后管理不到位，工程难以继续

目前，有很多农村在水利项目的管理上，缺乏有效的管理和运行机制，管理责任往往无法落实，而管理者们也缺乏明确的管理思想。在水费的征收问题上，缺乏健全的管理机制，使得水利项目的经济效益无法充分的发挥水费收缴一直是困扰水利项目管理单位发展的一个重大难题，成为严重影响水利项目发挥应有效益的因素。

三、加强农村水利项目管理工作的措施

（一）做好农村水利建设五项重点工作

①认真开展县级农村水利综合规划试点工作，做好规划编制工作，并在实施中坚持规划的权威性；②建立稳定的农村水利投入保障机制，尽快建立以政府为主导、农民自愿投入为基础、兼容其他多元化的投入机制；③在充分尊重大部分受益村民的意愿，充分发扬民主的基础上，积极探索和完善"一事一议"政策；④建立农田水利建设新机制，努力推进小型农村水利项目管理体制改革和农民用水户协会等改革，切实建立起水利项目良性投入、运行和管理体制；⑤推进机电排灌泵站更新改造、农村饮水安全等各项重点工程建设。力争解决农村大部分人的饮水安全问题，全面完成国家投资的大型排涝站和省级中型机电排灌泵站更新改造工作。

（二）做好新农村水利项目的规划

我国目前针对新农村的水利现状和其存在的问题，制定全面完善的切实可行的规划，调整小型农村水利项目建设和管理的规划，将新农村饮水安全和小型农水工程建设都纳入其中。在规划理念上，要加大水利建设和管理的环境综合治理力度，初步构建起水利环境安全保障的体系。大力推进节水型社会建设，建立起全面发展先进的农业用水制度，加大对水污染管理的力度，恢复河流自净的能力，扩展水环境的承载范围。

（三）不断投入创新机制，增加对农村水利项目的投入

随着我国城市化步调的加快，水利服务建立的对象也发生了较大的变化，要求的质量也愈来愈高，水利项目的建设管理从过去的防洪排涝问题到现在的水环境问题的治理。水利项目建设和管理的发展主要就在于改革，一定要通过不断投入创新机制，增加对农村水利项目的投入。并且加强农田节水规划的工作，积极的争取到国家的资金。同时，积极推进水利改革的完善，加大国家资金和社会援助的投入，积极融资，积极建设和管理新农村水利项目，依照原则"谁受益、谁负担、谁投资、谁所有"；制定政策，发展民营水利，积极吸引社会的援助和国家的资金，将资金投放到农村水利项目的基础设施上去。共同使用国家的资金，形成合力，势必要将农村水利项目建设和管理，运用道路的建设、绿化的

植树和经营水利项目的生产结合起来，有科学性的开发水利资源，形成水利项目建设和管理的良性运行机制，逐步让农村水利项目的建设和管理走上可持续的自我发展的轨道。

（四）加强和建立水利项目的科学性管理

管理水利项目的人员要把水利项目管理作为一项使命来对待，向管理要效益。各个部门的管理单位首先就是要建立起完善的管理机构，做到相对于稳定的管理水利项目的人员；然后就是加强财务会计方面的监督工作，让受益群众代表参与进来监督，确保运行管理费用开支公开透明；最后建设和管理后的水利项目形成的资产要按时交给有关企业和个人，给他们颁发使用权证书，同时也可以采取专业性的管护措施，例如：拍卖、经营、个人承包、独立资金等措施，方便形成一系列适合当地社会情况的运行管护模式，让新老农村水利项目的建设和管理能够良好运行。

综上所述，水利是农业的命脉，农村水利项目应注重开发人力资源，加强资金投入，推行专项资金项目预算审签制度，使施工过程合理、项目管理严格、经费使用透明，保证其成为为农业生产和人民生活服务优质工程。同时要加强工程项目的后期管理，使工程能够充分长效的发挥其效益，确保农业生产的顺利进行和人民的正常生活。

第九章　水利项目管理理论研究

第一节　水利水电施工项目管理

水利水电工程项目各种因素的影响，会造成多方面的问题，要提升水利水电施工的效率，保证其安全性，达到节约成本的目的，需要结合现代水利水电工程的实际特点来形成一套完整有效的管理理念和体系，提高水利水电工程的施工质量。

一、水利水电项目管理的定义

水利水电项目的管理目标是主要针对项目的进度、质量以及费用进行管理，需要在有限时间和空间范围内进行物力、人力全面协调，从而保证工程项目顺利进展。在项目施工过程中，掌握其施工的进度和质量成本，在有限资源内实现进度最快、质量最好。

在项目管理的过程中，也可以借鉴国际工程公司的管理理念来进行优化和改革，这是我国的水电工程项目的建设在管理上与国际接轨的必然要求。我们可以通过改革、合作、兼并、重组等办法来逐步改变我国水电工程管理某些不合理的现状。

二、水利水电工程项目管理中存在的问题

（一）工作人员素质较差

部分管理人员并未依据相关的施工规定或条例展开工程管理工作，进而在一定程度上影响了水利水电工程的质量；还有部分管理人员在利益的引诱之下，在施工中偷工减料，这种行为不仅水利水电工程的管理质量得不到保证，同时还将对水利水电工程的整体质量带来极大的影响。此外，一些管理人员缺乏责任心，工作态度散漫，工作期间不认真、不严谨，这些都会影响到工程的质量。

（二）工程质量管理目标不明确

许多工程项目常常会提出各种口号，例如"一流工程"、"优质工程"等等，然而，这些目标口号的概念较为模糊，想从口号中归纳出工程质量的要求是比较困难的。出现这一情况的主要原因是：一般水利水电工程都比较大，而在其项目建设动态的品质管理中，管理人员的数量及其精力等都受到了一定的限制，继而无法保证实时监督工程施工，且其管理深度也有所局限。除此之外，假使水利水电工程的筹划与建设单元、施工与品质监督部门，皆属于一个部门或地方，那么极易出现行业庇护现象，进而对水利水电工程的质量管理工作带来极大的影响。

（三）缺少必要的比较、论证过程

在水利水电工程管理中，比较和论证过程同样是其中一项不可或缺的内容与环节，必要的比较和论证过程，是衡量水利水电工程管理科学合理与否的标准之一。水利水电工程中的各个方面，例如工期、投资、运行、管理、效益、对工程所在地生态环境和社会环境所带来的影响等等，都需要经过科学合理的分析，以此来最大限度地降低各种可能发生的负面影响，在若干份可行性方案当中予以筛选，经由专业的计算与分析，最终选出最理想的建设方案。然而，当前一些水利水电工程缺少必要的比较和论证过程，仅仅只是进行简单的说明、比较，并采取简单定案的形式选择方案，即"不是A就是B，不是B就是A"，这种行为将致使工程项目缺乏合理性与科学性，继而引发"高投入、低产值、低收益"的情况。

三、水利水电工程管理问题的解决对策

（一）优化管理方式，建立健全管理模式

在水利水电工程的项目建设过程当中，其本身具有施工规模相对较大、施工周期相对较长的现象，因此在具体的施工过程当中很容易受到各种方面的影响。为了最大限度地避免其周围因素的影响，需要管理者在其现代技术的基础上进行科学的管理，对其管理方式进行全面的优化，建立健全管理模式，最终实现其质量的提升和管理效率的发挥。要根据现场的施工情况来实行动态的管理方式，从而可以对施工中存在的问题进行了解和掌握，并且在第一时间进行解决。在对管理制度的建设方面，需要根据水利水电工程的实际情况来制定相对应的管理制度，最大限度地发挥制度的优点，不断提高制度的约束力。要建立健全管理责任制度，确保制度可以得到贯彻和落实。对于信息的管理需要做到共享，建立起一定的信息共享平台，从而可以保证管理层当中的管理人员可以及时的发现其中所存在的问题并且进行针对性地解决。

（二）提升管理者的管理水平，创新管理意识

管理者应用科学有效的管理方式来不断提升对于工程的管理水平，需要管理者进行不断的创新，从而打破传统的管理理念，根据实际情况来制定出整体项目工程质量提升的方案和思路。在这个过程当中，管理者需要不断地完善和充实自我，利用自身丰富的专业知识，来对水利水电工程进行科学管理。

（三）做好管理的论证工作，有效提升管理质量

管理人员需要掌握一定的科学技巧和论证方式，制定出良好的科学管理计划和管理方案，全面的掌握和管理各种因素所带来的不稳定影响，应用科学的方式来纠正存在的弊端和问题，要将简单的说明和比较转变为科学的论证，推动管理工作朝着科学性和合理性的方向发展。

（四）明确管理目标，有效推进发展

水利水电项目的最终管理，需要具备明确的项目管理目标，按照目标来开展水利水电工程的具体施工。作为管理者，要对水利水电项目工程知识进行全面的了解，掌握管理目标，科学把握该目标。例如要加强水利水电工程供水、防汛的调度管理、要对水利水电工程的预警系统建设进行管理等，这些环节都需要管理者科学把控。

第二节　灌溉型水利工程项目管理

灌溉水利工程项目管理工作对灌溉水利工程作用的发挥具有重要影响，为了促进农业种植结构的调整，对农业灌溉技术科技水平进行提升，优化当地农业生产条件，减少水资源的浪费问题，需要对灌溉水利工程项目管理工作产生更多重视，切实落实各方面的管理工作，为灌区水利工程各方面效益的提升和功能的发挥提供更多支持。

一、灌溉水利工程项目的影响因素

前期准备工作、施工阶段的管理工作、工程管理、业务培训、监督检查、业务管理及合同管理等方面工作均对灌溉水利工程项目建设施工工作的开展及后期运行使用质量等具有重要影响，建设标准、科技含量等方面内容也与灌溉水利工程项目质量、项目管理方面的工作息息相关，在了解这些影响因素后需要对灌溉水利工程项目管理工作进行有效落实，下面对相关内容进行具体分析：

二、灌溉水利工程的项目管理

（一）做好前期准备方面的工作

灌溉水利工程的项目管理过程中，前期工作主要包括河流规划、项目建议书、初步设计等方面的内容，也是论证、评价和决策的重要过程，对后续灌溉水利工程项目建设、管理等方面工作具有重要影响，甚至与灌溉水利工程项目建设施工工作的顺利与否、建成之后的经济性、可靠性及科学性等具有较大联系。目前灌溉水利工程项目的功能较为丰富，并且对水资源利用、生态环境建设等方面具有重要影响，因此如何制定好规划书、做好全面论证方面的工作、对各方责任进行明确、对项目重点进行突出、对各类关系进行理顺、更好的推进灌溉水利工程项目等成为人们需要考虑的重点。此外，应建立一个统一的管理及协调部门，能够担起灌溉水利工程项目建设规划设计、审查等方面的重要责任，最终为灌溉水利工程项目建设工作的开展、节水增效目的的实现、农业用水科技水平的提升提供更多支持，实现推广节水灌溉技术的目的，促进农业种植结构调整、增产增收和节水高效等目标的达成。

（二）加强施工管理

施工阶段的管理工作对灌溉水利工程项目质量、资金使用、建设施工进度等具有重要影响，甚至与灌溉水利工程项目效益的发挥、今后运行管理等方面工作具有直接关联，因此项目管理人员需要对施工计划制定方面的工作进行严格把关，加强对施工过程的管理和监督，确保其能够遵照相应的施工程序开展作业，在充分理解设计意图的基础上展开施工工作，下面对该阶段的项目管理措施进行具体分析：首先，选择最佳的施工团队。通常情况下可通过招投标一类的方式选择资质较好、实力较强的单位进行合作，使其能够更好地完成喷微灌系统建设方面的工作，为施工及设备安装质量等提供更多保障，提高隐蔽工程质量，最终为灌溉水利工程项目效益的增加和功能的发挥提供更多支持，提高作业的专业化水平；其次，加强对灌溉水利工程项目施工材料的把关。材料设备质量的管理工作同样为项目管理中的重要内容，在灌溉水利工程项目中，需要对较多的喷灌、微灌材料设备进行使用，若材料设备方面的质量存在不达标问题，便会使灌溉水利工程项目留下过多的安全隐患。针对上述问题需要加强对灌溉水利工程重要材料、设备的招投标采购及管理工作，为水利工程项目质量、成本等方面的控制奠定坚实基础；最后，对灌溉水利工程项目质量监督、监理方面的制度进行健全，对三级质量保障体系进行构建，切实落实自检、监理专检、质量部门抽检等方面工作，将其进行更好的配合，提高灌溉水利工程的项目管理水平。

（三）加强工程管理

此方面的项目管理工作中，需要做好以下两方面工作：其一，对灌溉水利工程项目的使用权、所有权等进行明确，对工程项目的管理主体进行确定，完善促进工程项目良性循环的运行机制，最终通过有效的项目管理使灌溉水利工程更好地服务于农民，为农业生产等方面工作提供更加优质的服务和更多帮助。人们甚至可将管理责权利和项目效益进行联系，通过适宜的奖惩制度对项目管理工作进行规范约束和激励；其二，对灌水制度方面进行健全，为灌溉水量管理等方面工作的开展和水利工程运行管理、维修养护等方面工作提供更多参考依据，促进灌溉水利工程项目利用率的增加，为其效益的长期、稳定发挥提供更多支持。

（四）加强教育培训和项目监督检查

为了提高灌溉水利工程项目管理工作水平，需要对管理人员、节水技术人员进行适当的教育培训，使其对微灌、喷灌一类的节水灌溉技术进行更好地掌握，对规划设计、设备选型、施工安装以及运行管理方面的各种知识进行了解，为灌溉水利工程项目建设、项目管理等方面工作提供更多支持。在人员管理和教育培训工作中，还需要将现代治水理念灌输给管理者，使其对新型管理理念、治理手段等进行掌握，促进项目管理工作的开展和现代化水平的提升。此外，灌溉水利工程项目监督检查方面的工作同样较为重要，通过强化监管可以为水利工程项目质量、进度、资金利用、合同执行等方面提供更多保障，对监督检查部门的督查、指导职能进行最大限度的发挥。

（五）加强业务管理及合同管理

1.需要做好灌溉水利工程项目业务管理方面的工作。结合灌溉水利工程项目的管理要求，对建设程序进行规范管理，确保项目建议书的编制、可行性报告研究、设计、施工准备、建设实施、竣工验收以及后期评价等方面工作按照规定要求完成。项目主管部门需要做好立项审批、项目设计审查把关等方面工作，能够从技术、成本、可行性等多种角度进行评估，为项目建设质量、建成效果等奠定坚实基础；工程验收把关、评价和节水灌溉技术积累、推广等方面工作同样较为重要，在项目管理过程中需要不断总结和研究本地的区域特征和成功经验规律，充分发挥出项目管理的优势作用，实现提高灌溉节水效果的目标。

2.加强合同管理。为了确保各方认真履行自身职责，减少责任模糊等原因造成的歧义，需要对施工和监督管理合同进行签订，严格按照合同中的内容开展工作，为工程造价管理、质量付款等方面工作提供更多参考依据，防止后期发生问题时出现责任推诿的情况。此外，为了对水利工程项目资金方面进行有效管理，需要对专门的账户进行建立，同时对相关财务管理制度进行健全，能够按照项目进度完成拨款方面的工作，实现专款专用的目标，避免工程款被私自挪用等问题的出现，为农业开发资金的合理使用提供更多支持，促进灌溉水利工程项目管理水平的提升。

总结全文，为了使灌溉水利工程项目创造更多的收益和价值，需要对其项目管理方面的工作加强重视，对更多优秀、先进的管理模式、方法和理念等进行学习和引进，提高水利工程项目管理水平，最终为灌溉水利工程功能、作用等方面的发挥奠定坚实基础。本节已经对灌溉水利工程项目管理方面的工作进行具体分析，以供参考。

第三节　水利工程项目管理的风险及策略

我国是一个人口大国，我国所占的面积也相对来说较大，而且自古以来，我国就习惯于依水而居，喜欢在水边建设和发展城市，所以我国水利工程在不断地进步和发展。水利工程的建设和发展对于我国来说是很重要的，它可以保障我国的经济发展，也可以保证我国人民的生命财产安全。所以浅析水利工程项目管理的风险及策略这项研究对于我国来说是极为重要的，近年来更是受到社会和人民的广泛关注。水利工程在保障我国人民的生活的同时，也会有很多在建设过程中所产生的弊端。

一、水利工程的安全管理

随着我国以建筑管理体制改革的不断深化，我国以工程项目作为管理和性的水利工程施工的企业经营和管理体制也发生了很大的变化。

（一）安全管理的意义

水利工程的核心内容一直都是项目法人制、招标投标制、建设监理制等内容的三项制度进行不断推广，作为一个水利工程的施工企业，既要为广大人民群众提供一个优良合格的建筑产品，又要取得相应的社会效益和经济效益，这一点就很大程度上的要求了项目经理或者相关责任人必须对施工的项目进行规范和科学的管理系统，特别要重视的是加强对工程质量和进度还有工作成本和安全的管理和控制。水利水电工程设施在施工的过程中的安全管理是保护劳动者的安全、健康和稳定发展的重要的一项工作，与此同时，合格的水利水电工程设施施工也是维护社会的安定和团结，他可以极大程度的促进国民经济的稳定持续和健康的发展。随着市场经济的不断发展，水利水电施工企业总体的安全管理已经不能够适应现代的要求。

（二）安全管理的欠缺

我国虽然对水利工程的整体安全相对来说比较重视，但是由于各种因素和监管的不当，我国水利设施依然存在着很大的安全隐患，并且这些安全隐患正在影响着国家的发展和人民的利益。水利工程因为涉及的层面广，他的施工范围涉及工业、水利、电力、交通、城建、环保等诸多领域，所以并不利于相关部门的监管，而有许多黑心的建筑商在其中投机取巧，谋取利益导致最后的水利建筑并不安全。而所涉及的范围广，加上水利设施本身也存在着一定的不安全因素，也导致了水利建设存在着许多的危险，威胁着整个工程的安全。在施工过程中，施工工人对自身安全的不重视，也会导致施工中的施工故障，影响着施工的进展和质量。

（三）安全管理的完善

在水利施工中，安全因素是最为重要的因素之一。在施工中相关的建筑企业要做到加强全员的安全教育的培训，所有的施工人员意识到要保护其他人员的安全是自身的责任，确保自己在施工中的安全的是自己的义务。要从根本上来消除习惯性的违章问题，减轻发生安全事故的概率。要制定和落实相关的安全技术措施和规范，要从源头消除现场的危险源，安全技术措施要有自身的针对性和可行性，并且要得到相关部门和人员的切实的落实。要加强防护用品的采购的质量和检验，确保这些防护用品要起到一定的防护的效果。相关部门和建筑商也要加强施工地区的巡逻和检查，并且要对现场危险进行及时的辨识，并且对危险进行适当的评价，来制定相关的措施控制和防治已经或即将发生的危险。

三、水利工程项目质量的管理

除了要重视水利工程的安全因素以外，水利工程项目的质量的管理对水利工程的发展来说也是极为重要的一点。

（一）工程质量的问题

我国的水利工程技术虽然在不断地提高，但是也与国际水平有一定的差距。水利工程质量的好坏决定了水利工程建设的耐久性和是否能够保障水利工程建设完工后的作用。水利工程质量问题主要出现在两个方面：一个是水利工程的相关技术不够完善，水利工程建设过程中所面临的地貌和地况都不一样，导致了水利工程建设极为复杂，并且需要很高的技术来维护发展。就目前发展状况来看，我国水利工程的技术发展并不完善，还有许多地方需要技术方面的改进；第二点是质量管理体制不健全，使得工程施工质量没有得到有效的控制。水利工程出现质量问题的很大一个原因就是指质量监管不到位，首先是对填筑工程质量的管理，采用的土料、填筑方式、碾压工艺和压实质量是否满足设计和施工的要求。土石结合部的填筑质量和施工的相关技术检验是否合乎要求，对已建成的工程是否提供了检测，进行施工的砂石没有符合建筑要求也是水利工程出现质量问题之一。

（二）解决质量问题的方法

水利工程的质量问题是很重要的一项问题，所以要解决工程的质量问题来保障水利工程的正常建设和投入使用。首先要重视对技术进行发展，国家要大力发展水利工程建设技术，加大相关的资金和人才的投入和培养，来完善我国的水利建设制度；第二点就是加大对水利工程建设的质量的控制，相关部门和建筑商要加大对质量问题的监管，及时发现问题，及时解决问题。在对现场施工进行控制的同时也要加大对施工原料的监管措施，有关部门要加大监管力度，制定相关的法律和制度来保障梳理工程建设的正常稳定运行。相关的建筑上也要加强自身的监管，建造合格的水利设施造福百姓，通过正常的手段谋取利益。

由于水利工程对国家的发展极为重要，而又常常会伴随着很大的不确定因素，所以国家要大力开展对浅析水利工程项目管理的风险及策略的研究和发展，来完善我国水利设施的相关发展，为国家的建设作保障，为百姓的生活谋福利，使我国的水利建设发展得越来越好。

第四节　水利工程建设项目造价管理

水利工程建设项目管理是一项十分复杂且专业的工作，其中涉及很多方面，例如目标管理、进度管理、资金管理、资源管理、安全管理以及质量管理等等。如果想要协调好它们之间的关系，就必须从整体入手，设计出一项完整、高效、系统的管理方案。然而，在水利工程的建设实践中，由于受到诸多外在条件的限制，项目资金的管理工作步步维艰，稍有不慎就会出现资金盈乏以及目标值偏离的情况。为此，水利工程建设企业一定要积极整合以往的工作经验，对原有造价管理体系中的问题做出整改。

一、影响水利工程建设项目造价管理的因素

首先，对于那些没有做好充分前期准备工作的水利工程项目，由于投资决策阶段中所估计的工程标准存在偏差，进而导致工程项目在建设中频繁发生设计变更的情况，在不能及时处理的情况下，就会造成投资金额不足的情况，导致资金缺口越来越大，影响工程造价管理工作的顺利开展；

其次，通过对以往水利工程建设项目的造价管理工作进行分析后可知，在水利工程建设项目的设计阶段，能够对项目造价管理带来干扰的可能性占2~9成；在建设项目的技术设计阶段，可能对造价管理带来干扰的可能性占3~7成；在施工图的设计阶段，可能对造价管理带来干扰的可能性占1~3成。不难看出，当度过项目决策阶段以后，造价管理工作

的重心应当转移到工程设计上。然而，由于受到传统管理观念的影响，目前大多设计部门都存在着重技术、轻经济的情况，在无形当中造成了非常多不必要的资金浪费；

最后，在进入到水利工程建设项目的施工阶段后，项目造价管理工作会遇到更多阻力，一些工程承包方过于追求利益最大化，因此会出现虚报、多报工程款项的情况，再加上工程监理单位的监管工作不到位，大大削弱了项目造价管理的实际作用，最终导致工程造价超出既定限额。

二、水利工程建设项目造价管理的措施建议

（一）水利工程建设项目决策阶段的造价管理

通过上文中的介绍可知，水利工程建设项目的造价管理是一项十分复杂的工作，其中的各项技术经济都会对工程造价的管理质量带来直接影响，其中包括工程项目的建设标准、建设地点、建设工艺、施工设备以及施工材料等等。为此，建设单位要加强对工程项目决策阶段的造价管理，做好对各个细节的把控，具体的管理要点包括如下几个方面：

首先，在水利工程建设项目正式开始之前要做好决策准备工作，根据实际情况来全面搜集资料；其次，要完善项目可行性报告，同时保证建筑标准与工程规模的准确性，结合之前所搜集的相关资料来制作立项申请；最后，要对水利工程建设项目的经济效益展开客观性、科学性的分析，仔细填写估算报告。需要注意的是，投资估算报告的内容要尽可能地完善，保证其中数据均是基于实际，同时还要兼顾到工程建设项目中可能对造价管理带来负面影响的因素，要为项目投资决策的制定留出一定余地，以此来达到造价管控的目的。

（二）水利工程建设项目设计阶段的造价管理

水利工程建设项目的设计阶段是造价管理体系的核心重点，参考西方发达国家所做的统计，虽然工程建设项目的设计费用只占总工程费用的不到1%，但往往这看似不起眼的1%却能够对高达七成以上的工程造价管理带来影响。因此，水利工程建设单位必须要进一步优化项目设计，合理化运用限额设计与价值工程来打造出最优的造价管理方案。其中，限额设计的应用目标需要依靠可行性分报告与投资估算结果来进行确定，建设单位要确保在自己所选择的控制方案的科学性与可行性，进而将工程量控制以及投资限额等方案安排给设计人员，让他们根据方案内容来完成操作。这种方式不仅能够达成合理控制投资限额的管理目标，同时还可以确保工程建设项目的设计质量。

其次，价值工程可以被理解为一种可行性较高的经济分析方案，其中包括了经济分析与技术分析这两大方面内容。建设单位应当结合工程实际来灵活运用价值工程，针对不同造价管理方案来展开综合比对，在保证其实践功能性的同时，优先考虑选择新理念、新技术、新工艺，针对节约性优的方案设计给予一定的奖励，通过此种方式还可以较好地调动

相关管理人员的工人工作积极性。

（三）水利工程建设项目招投标阶段的造价管理

在水利工程建设项目的招投标阶段当中，有关于造价管理工作的内容也同样复杂，其中包括设计图纸、招投标文件、工程报价书、工程清单等等。建设单位应牢记市场择优原则，将工程质量、工期以及工程安全作为主要管理目标，从中挑选出报价合理的承包商。在招投标阶段，造价管理工作的核心应当是价格，建设单位需要做的是保证参与方之间的良性竞争，从中挑选出价位低、质量优的合作对象，具体做法如下：保证工程清单内容的完整性、准确性前提下，做好对招标控制价的编制工作，同时保证价格处于合理范围内；结合实际情况来对工程量清单中的项目展开分析，确定项目的设立难度，减少不平衡报价的出现；要维护行业市场内的良性竞争环境；根据地方政府所下达的政策制度来展开造价管理工作，同时细化各项调价条款；要对施工单位的实际情况进行摸底，避免其出现围标、串标等情况；要事先约定好相关的罚款事项，将责任落实到各个单位的个人身上，规避风险的同时减少经济纠纷。

（四）水利工程建设项目施工阶段的造价管理

1. 加大对施工材料的管控力度

在水利工程建设项目的造价管理体系中，施工材料是整个施工阶段中的重中之重，其占据了工程预算总费用的七成以上。因此在进入到施工阶段以后，施工方必须要严格按照合同方案中的相关规定要控制好材料的使用量，确保材料价格与质量成正比的同时，优先选择报价低的厂商，降低工程总造价。

2. 全面减少设计变更

水利工程建设单位一定要把控好设计变更关口，严格禁止出现通过设计变更的方式来增加工程规模、提高设计标准，以此来提高项目造价管理的实践作用。在施工过程当中，如果出现设计深度不达标、施工材料不匹配以及设计不合理等情况，一定要在第一时间给予解决和处理，避免留下隐患。另外，在施工过程中进行设计变更办理时，必须要同时得到设计单位、建设单位以及总监理工程师的亲笔签名，才能够认定变更生效。

3. 对现场签证管理进行规范

建设单位在施工阶段中要经常性地开展现场签证工作，确保所有参与者都要做到随做随签，从根本上杜绝隐患发生。

（五）水利工程建设项目竣工阶段的造价管理

水利工程建设项目的竣工阶段同样不容忽视，竣工阶段的结算所反应的是整个工程项目的真实经济效益，同时也是该项目法人核对资产价值、办理交付使用的主要参考依据。工程建设项目竣工阶段中的决算管理，一方面可以反映出造价与投资的真实结果，另一方面还能够对建设项目的投资管理成效做出准确衡量，为日后水利工程建设项目管理水平的全面提高积累宝贵经验。

笔者总结出了水利工程建设项目竣工阶段造价管理工作的四大要素：首先，要对建设项目的竣工阶段内容进行全面核对，核对内容包括工程项目是否匹配合同条件、是否达到合格标准、是否履行合同约定等；其次，要针对工程建设项目中的隐蔽工程记录进行核对，保证隐蔽工程的工程量符合竣工图中的内容；再次，要全面落实工程建设项目的设计变更签证，核对是否有上述相关人员的签字内容；最后，要进一步核对水利工程建设项目的竣工图、设计变更以及现场签证等各个方面的工程量，确保与记录报告内容无出入，最大化地减少经济流失。

第五节　水利建设项目规范化管理

施工质量监督过程中，主要依靠制定相关规章和制度来对施工单位进行约束，在这个过程中，政府发挥着关键的作用，如果政府发现施工单位的施工行为与合同规定不一致，就需要及时采取措施。主管部门和质量监督单位主要从全局角度对施工过程进行监督，在设计、监理、施工等环节给予指导，保证项目的施工过程符合政府部门的相关规范和规定。只有完善现行管理体制，使水利建设项目管理科学化、制度化、规范化，提高水利建设项目管理水平，才能实现水利建设项目的顺利实施。

一、明确职责、规范各参建单位行为

（一）项目法人

项目法人是施工过程监督控制各种资金使用、实际施工与生产经营等活动的负责人，对于项目的成功建设具有至关重要的作用。项目法人在确定监理单位之后，要将不同的施工任务在两个单位之间进行分配，将项目的管理权利交给监理单位。项目法人主要负责营造一个良好的施工环境，保证施工过程能够顺利进行，防止外部的干扰因素对施工造成阻碍。

（二）监理单位

监理单位的主要任务是协助项目法人确定一个合格的承包商、并与承包商签订协议，监理单位是施工项目的第三方，有义务对双方的行为进行约束，确定施工图纸的合理性，组织进行项目的建设，保证项目在规定的时间内完工，并对项目的质量负责。

（三）勘测设计单位

勘测设计单位的基本任务是保证项目的质量和基本功能的健全，在此基础上对项目进行优化，减少不必要的成本开支，保证在合同规定的时间内交付工程。设计图纸应当符合国家和政府的有关规定，技术要求也应当达到工程施工的要求，还要保证设计资料的完整性和真实性，保证计算数据来自施工项目，对工程的质量长期负责。按照约定的时间将设计资料交给有关方面，并在本单位保留底稿，后期参与项目的维修和验收等工作。

（四）施工单位

施工单位是完成施工的主体，按照规定受监理单位的监督检查。遵守合同约定和技术规范要求，确保工程质量、进度。施工过程中的每一个环节都要接受监督，保证工程的实用性，构建完善的质量保证制度，保证施工现场人员的人身安全，将施工资料及时递交给设计方和档案管理部门。

二、查找问题、实行规范化监督管理

（一）管理工作不全面，需建立健全规范化的考核制度

水利项目建设期间内，很多施工单位甚至是项目投资人对于项目施工都没有给予必要的重视，对于施工中的各个环节没有建立相应的监督机制，造成了各种问题层出不穷。为了保证水利施工方案的合理性和施工过程的安全性，必须制定科学的设计方案。建设好一项水利工程，要求各个部门必须做好规范化的监督工作，如果对于施工过程的规划工作做得不到位，就很难保证水利工程建设的质量。构建一个健全的管理体系，对各个步骤的施工质量进行考核，能提高各个部门和相关责任方的重视程度。首先，责任要明确，监督管理人员要充分发挥自己的职能，了解自己的工作职责，并落实到位；其次，我们应引用先进的施工技术来提高施工质量，确保工程在满足交货期的前提下满足用户的需求。

（二）管理人员素质低，需提高管理人员的综合素质

水利工程普遍缺乏高素质的监督管理人员，导致监督管理工作不尽如人意。质量监督的过程中需要引用法律条文，因此监督管理人员需要对法律规定熟悉掌握，了解各个施工环节中所运用到的有关法律知识，才能保证监督工作及时有效。当前很多进行工程监督的人员在专业素养上较为缺乏，很多监督人员都是业余的，没有实际监理过工程建设，在监督过程中显得力不从心。招聘具有专业技能的人员和实际参与过工程监理的人员进行监督，组成一个专业的技术队伍，每隔一段时间就对技术人员进行一次培训，提高他们的施工技能和施工意识，保证各个施工单位之间相互协作，让每个员工都能够各尽其职，实现预期的工程施工目标。

（三）管理责任不明确，需规范各级管理部门的行为

针对水利工程的施工过程，政府部门做出了明确的规定，按照施工工程的性质不同确定职责范围，各个单位应当充分了解自身的责任和义务。但是水利工程的施工主要是围绕河流展开，这就决定了其区域性较强，因此在施工过程中会出现各种各样的问题，在工程出现质量问题时，各个部门之间互相扯皮，造成问题越积越多，加之水利工程缺乏长期施工规划，因此水利工程的整体施工质量不能令人满意。要想改变这种现状，首先各个部门要明确各自的职责范围，每个部门要有自己负责的领域，加强各个部门之间的沟通和交流，提高团队合作精神，执法部门可以通过执法来保证工程施工。如果在施工过程中相关单位不按照政府规定和合同约定施工，导致工程质量得不到保障，就可以采取相应的措施，要求责任方承担责任，只有这样才能保证监督工作更有成效。

（四）管理机构不具体，需加强政府组织的管理智能

质量监督由主管机关和质量监督机构两个部门共同构成，发挥关键作用的就是质量监督机构，这个机构相对来说职责并不集中，很多工作人员都不是全职人员，也包括一些专门的管理人员，非全职人员对于自己的工作内容并不是十分清晰，对于工作人员以及相关管理工作内容的了解程度不深，这就给管理工作带来了一定的困难，导致质监单位的权威性下降。政府相关机构需要发挥监督管理的作用，首先就要提升自身的管理技能，树立质量意识，加大监管力度；其次就是保持规范有序，这样才能够保证管理工作更上一层楼。

如何保证水利工程的有效性，是建设单位和政府部门需要思考的问题。确保管理工作的规范化是水利工程建设顺利实施的关键。改变以前落后的监督管理模式，提高监管人员的专业技能，保证监管工作能够真正发挥监督的作用，提高水利工程施工的质量，是水利施工单位面临的一个重要课题。因此必须将规范化管理作为一个重要的工作任务，纳入政府工作职能，才能有效地推荐水利工程的建设与管理。

第六节　水利工程项目档案管理

随着我国社会主义市场经济的持续发展，水利工程档案在社会中起着重要的作用。水利工程档案管理工作是一项长期的基础工作，它既是工程建设的依据，又是工程建设成果的真实记录，档案管理工作的好坏，将影响到整个工程的进度和质量。因此，我们应运用现代化手段提高水利工程档案管理水平，使水利工程档案更加科学、合理、标准。本节主要介绍在整理水利工程项目档案中取得的基本经验和存在的主要问题。

水利工程建设是国家基础设施建设的重要部分，不仅关系到国家和人民的生命财产安

全，而且关系到国民经济的可持续发展及社会的和谐稳定。随着我国社会主义市场经济的快速发展，水利工程档案在社会中起着重要的作用。水利工程在建设过程中、会形成各种各样的文档材料、有建设前期批文、施工过程记录、竣工验收资料及维修保养记录等，这些文档材料全面反映了水利工程建设的详细情况，对工程质量评定、工程竣工后的管理和维护，以及对新建工程的准备等，都具有重要的利用价值。因此，水利工程档案是在各项水利工程的规划、设计、施工和使用维修活动中所形成的科技档案，是水利建设成果的历史记录，是水利工程建设与管理工作内容的重要组成部分，是未来水利建设重要的信息资源，是水利管理工作决策的重要依据。

一、水利工程档案的特点

（一）档案管理的核心是对工程建设过程中的相关事宜进行记录

水利工程建设主要包括以下几部分：一是工程前期。在该阶段主要包括水文水利分析报告、可行性研究报告、当地社会经济及效益调查报告、工程设计图、环评报告、设计委托书以及审批记录等相关资料；二是工程审批。这就包括了相关部门的审批文件、计划请示文件、经批准的移民方案以及建设用地批件等；三是工程施工。主要包括开工报告、施工图、施工合同书、建筑材料化验单、设计变更文件及图纸、机电设备合格证、试验报告、质量检查、施工记录、评定和事故处理记录、施工单位法人、施工单位资质、监理报告、施工单位技术人员、各施工阶段结论报告以及监理文件等；四是竣工验收。该阶段主要是指各单元工程、单项工程、单位工程验收和竣工验收所产生的验收报告和会议原始资料等。

（二）水利工程档案涉及领域的广泛性

水利工程建设要经过项目建议、可行性研究、勘测、设计、施工、竣工验收、投产使用等多个阶段，不仅涉及建设、设计、监理、施工、环保等多个部门和企业，还涉及基础工程、金属结构、机电设备等多个专业、多种技术领域，是多种技术、工艺的综合运用。

（三）管理利用的时效性

水利工程档案是水利工程建设全过程的真实反映和记录，是工程验收、结算、运行、管理、维护、改造、扩建的依据。即使在工程寿命结束之后，也是其他工程设计建设的借鉴或参考，特别是技术档案，对日后的工程设计、施工起着很重要的指导作用，需要永久性保存。

二、水利工程档案管理现状

水利档案管理的优劣，直接影响了水利工程档案的实际应用情况。现阶段水利工程档案主要存在以下问题：

（一）对水利档案管理的重要性缺乏认识

档案管理工作中存在的问题很大程度上是缺乏监督与领导。为此，单位领导必须认识到档案工作的重要性，将其放在重要位置，并要求所有工作人员配合档案工作。

（二）缺少专职从事档案管理的人员及相关档案管理规范

档案管理工作范围广、任务重、工作难度大，对档案管理人员有较高的要求。现阶段水利档案人员主要存在这样的现状：档案管理人员缺少水利专业知识、水利专业人员缺少档案管理知识、档案管理人员和水利专业人员同时缺少电子信息化知识；水利工程档案没有归档规范可操作，如工程档案是按档案形成单位归档，还是按工程进行的时间顺序进行归档，没有可参照的规范，这一现状导致了水利档案不能更好地为水利工作服务。

（三）档案管理中缺乏创新意识

水利档案管理仍然延续传统的档案整理模式，在整理档案和查阅档案的同时耗费了大量的人力、物力、财力。随着电子信息化技术的不断成熟，利用档案管理软件进行档案整理势在必行。

（四）领导对档案工作不够重视，没有完善健全的档案管理制度

一些单位重视业务工作，忽视档案管理，对工程档案管理法规宣传、贯彻不够；档案资料流向制度不健全，使得工程建设中技术、施工人员调动、变更，出现人走档案走、人走档案没人管的现象，在制度建设、人员配备及装备投入上都有待于提高。

三、改进措施

（一）完善档案制度，强化业务管理

一是严格执行责任制，要树立全员档案意识，工程的管理、设计、技术人员和施工人员对工程项目的情况最了解，要集体参与，认真抓好档案的收集、保管、利用三个关键环节；二是实行档案人员走进现场，及时监督指导工程档案的收集整理归档工作，这样既改变了档案管理工作的附属地位，又提高了档案工作的效率。档案工作人员也可借此明确归档签名、印章，避免出现问题后责任不清的现象；三是健全组织，将档案管理工作纳入单位目标管理，由单位副职以上领导主管档案工作，实现领导全面负责，配备专兼职档案人员，使档案工作有领导、有组织，为良性运行环境提供一个坚实的后盾。

（二）注重运用现代技术进行档案管理

运用现代技术进行档案管理已成为当前档案管理的发展方向，通过计算机技术，加强对水利工程档案工作信息化、网络化建设，大力推行对缩微档案、磁介质档案、电子文件档案在工程档案中运用。

（三）注重档案工作人员的培养

档案人员必须提高素质，以业务素质的提高为抓手，学习档案专业知识，对现有的兼职和非专业档案人员，可以通过进修、培训，不断拓宽知识面，掌握管理项目档案所需要的相关知识和计算机管理档案的技能以及一定外语水平，同时要大力引进档案专业中高级人才，为水利工程项目建设服务。

（四）对工程档案形成单位实行档案管理目标合同制

建设单位对各项工程招标，要吸收档案专业人员参加，并在编制标书时对竣工资料做具体规定。开标后，这些规定以合同方式在甲乙双方之间加以明确。工程开工前，建设单位应向参建各单位及时下发符合该工程实际的档案管理办法，明确档案资料的归档范围和移交办法。在工程建设中，乙方必须以档案管理目标合同为中心开展工作，并服从由甲方委托的档案管理部门的管理、协调和监督；其次，档案分类编目体系合同制。即按工程项目建设合同进行分类组卷，建立各个合同的档案业务管理网络，分门别类管理。在新的建设体制下，采用合同制模式，对于促进水利工程档案的规范化管理具有十分重要的意义[①]。

---

① 徐和森．中国特色的移民之路—水库移民工作研究 [M]．南京：河海大学出版社，1995.

第十章 水利项目管理创新研究

第一节 水利工程项目业主风险管理

水利工程项目的社会效益与经济效益较高，特别是在农业中的作用非常显著。然而由于水利工程项目较为庞大与复杂，通常很容易遭受外界各类因素干扰与影响，比如政治、经济、社会以及自然等。如果一旦受到影响，整个水利工程项目就会承担非常大的损失，因此水利工程项目所面临的风险非常大。自 20 世纪 80 年代以来，我国引进较为先进的风险管理技术，这使水利工程项目业主风险能够在一定程度上得到控制和规避。

一、水利工程项目风险分析

（一）水利工程项目中的不确定性

1.项目建设中各种费用不确定性

因为水利工程项目在建设过程中各类投资费用具有不稳定性，如果不能正确预算开销费用，不仅整个项目经济效益会下降，还会对水利工程项目建设工期产生很大影响，使工程出现延误。同时因为受到当前预算技术水平影响，工程建设还无法实现对各类费用预算进行完全准确计算，实际投资消费总是会高出预算费用。

2.项目建设进程不确定性

无法按照预期完成工程项目建设原因非常多，主要包括：项目费用出现短缺，无法保证工程正常施工；设计方案存在漏洞以及疏忽，导致在施工过程中不得不进行更改或返工；没有妥善安置拆迁移民，无法顺利按工期开工。

3.项目建设工程质量不确定性

由于施工、监理、建设单位的管理与监督体系存在漏洞，管理和监督工作没有做到位，设计人员与施工人员责任意识较低，在工作过程中并没有严格认真做好自己相应工作任务，这一系列因素都使工程项目建设质量达不到标准要求。

4.外界自然条件不确定性

外界自然条件对水利工程建设造成影响因素主要包括地震与洪水两大灾害。因为目前技术水平还无法实现对这类自然灾害进行及时预测和预警，一旦发生，将会对工程建设带来毁灭性灾难。

（二）风险分类

1.立项时风险

立项时所要面对的风险主要包括：

（1）当地具体治安条件、水电等燃料供给、投资以及交通状况等方面的风险；

（2）因为政策管理与干预，以及环境污染所造成的宏观调控方面的风险；

（3）评估预测决策以及同行竞争所造成的投资风险；

（4）因为利率以及外资贷款发生变化所导致的金融风险等。

2.设计时的风险

设计过程中风险主要表现为：

（1）设计工作者素质、设计质量和设计技术掌控能力方面的设计风险；

（2）对项目所在地的地质勘测、水文调查与分析方面的水文地质勘测风险；

（3）因为设计方案变更带来的设计变更风险。

3.施工时的风险

施工过程中所要面临的风险主要包括：

（1）因为地震、洪水以及塌方等人力不可抗拒的自然风险；

（2）法规出现变更的社会政治风险；

（3）因为通货膨胀以及利率变动所带来的经济风险；

（4）因为设备故障所造成的技术风险；

（5）经营、违约以及市场等引发的其他类型风险。

4.运营时的风险

运营过程中面临的风险主要包括：经济效益风险、人员管理风险以及其他不可抗因素所造成的风险。

二、项目业主对风险的管理

（一）正确地辨识出项目中出现的风险

及时发现工程建设项目中存在的风险，能够有效保障工程顺利实施与开展，这是整个风险管理中最为重要的一个步骤。

（1）应当从风险原因入手，找出引起风险的不确定因素，同时找出这种不确定因素所存在的客观性；

（2）列出较为全面并且客观的风险清单；

（3）正确归类各类风险因素，如此便能为后期风险处理方案提供参考依据。

（二）对风险做出正确的评估

风险评估就是将已经识别出的风险依据相应划分条件，归类到某一风险等级当中，这样才能对风险进行统一管理。通过风险评估过程将所有风险依据因素权值进行划分与排序，如此就能标出风险具体轻重程度，然后再依据相关级别得出对应处理方案。通常情况下，风险等级都划分为3级：一级是指严重风险；二级是指一般风险；三级是指轻微风险。

（三）对风险进行分析

在评估与划分风险等级时，需要对风险进行分析，这样才能够更为深入与准确地了解风险根源所在。在分析风险过程中，要用各类不同分析风险方法，对引发风险的不确定因素进行定量与定性方面的分析。通常所用到的定性分析方法有：专家调查法、层次分析法以及暮景分析法；而定量分析方法主要有：概率分析法、模糊数学法、敏感性分析法、决策树分析法、影响图技术法以及CIM模型法等。值得注意的是，以上提及的各类分析方法并不具备全面性，每一种分析方法都有自己的独特性，在具体分析过程中，应当把不同分析方法结合运用，才能够得出较为合理的结果。

（四）正确控制风险的方法

1.风险回避法

风险回避法，是指主动放弃一项具有风险的项目，这样就能够将一些潜在风险避开。这种方法通常都是用在某一风险所带来的损失十分严重，并且这种风险发生概率非常高，或者是控制该风险所用的管理成本过大，以至于已经超过所带来的效益。值得一提的是，这种回避方法非常消极，只有在迫不得已的情况下才建议采用这一措施，通常都是风险越高利益也越大，如果频繁使用这一办法，会对业主盈利效果产生不利影响。

2.风险降低法

风险降低法，是指采取较为可行的相关解决办法来降低风险发生概率，或者是发生风险时，通过合理处置方法将风险带来的损失降到最小。这种方法在运用过程中，通常都是根据当时的风险采取较为可行的控制办法，这要求管理者应对风险的能力水平要较高。

3.风险抵消法

风险抵消法，是指如果发生某类风险，虽然会对某一项目造成损失，但是该风险可以使另一个项目受益，这两个项目综合之后，业主还能获得可观效益。

4. 风险分离法

风险分离法，是指将有可能造成风险的各个因素条件区分开来，以免各种风险之间造成连锁性反应。比如工程建设招标过程中，将一个项目划分成许多子标，如此一旦有一个单位违规，但因为负责项目不大，所造成的损失也就在可接受范围之内。

5. 风险分散法

风险分散法，是指增加风险承担者，这样一个大风险由多个单位一起承担，每个单位最后所承担的责任也就会较小，而业主损失也就会降低。

6. 风险转移法

风险转移法，是指提前和风险担保 签订相关协议，一旦出现风险，损失则由保险方来承担，如此实现风险转移。采取这种方法规避风险，业主只需要缴纳一部分保险金，就能够将风险责任转移给他人。但这种方法并不适用所有风险，因为风险担保方一定会对风险发生概率与风险损失进行综合考量，之后再做出是否要承担该风险的决策，如果无法从中获取利润，就不会签订风险担保协议。

7. 风险自留法

风险自留法，是指针对工程实际中不能转移和规避的风险，需要由项目业主自己来承担。这种方法本身就具有一定风险性，因此必须尽可能地化解风险，将这种风险降低和控制到最小范围内，对风险进行周密安排并制定有效预控措施，以免因自留风险无法化解而给水利工程项目建设造成损失。

通过上述简述和总结，可以较为清晰地了解水利工程建设项目中不确定因素所导致的风险种类，并且也能够根据不同风险做出对应解决方案。由于笔者经验与知识局限性，实际分析可能会有一定不足之处，但笔者相信，随着科学管理技术不断发展变化，业主风险管理方法也会得到进一步提升。

第二节　水利工程建筑项目日常管理

随着我国的不断发展进步，我国对于水利工程建筑项目非常重视。因此，为了充分发挥水利工程项目经济效益，水利工程项目必须加强对于日常的管理。水利工程项目投入的人力、物力、财力都比较大，而且项目管理都比较的复杂，使得水利工程项目的管理难度也随之加大，不过为了水利工程建筑项目能够持续稳定的发展，加强水利工程项目的日常管理成为当前最重要的事。同时水利工程建筑项目是一种具有双重特点的项目，它在日常的管理水利工程项目中涉及多方面的内容，这些内容不仅类型复杂多样，而且变化比较多，使得水利工程建筑项目各个时期的管理内容不同，进而加大管理难度。但是为了进一步的管理好水利工程的日常管理，日常的管理模式、制度以及施工质量管理非常关键。因此，为了使得水利工程更好的发展，日常管理工作成为重中之重。

一、水利工程建筑项目日常管理中存在的问题

在水利工程项目的日常管理中，虽然管理人员一直都尽心尽力，但是随着时代的快速发展，水利工程项目的日常管理还一直沿用过去传统的管理模式、制度、以及管理控制，使得日常管理不够完善，进而影响水利工程项目的进展。

（一）不合理的管理模式

在水利工程的日常管理中，比较突出的问题就是日常管理模式。在水利工程建筑项目管理过程中，由于管理模式还受传统经济管理体制的影响，所以我国的水利工程的管理过程中还存在比较明显的计划经济特征。这种特征的管理模式一般都是比较硬性的指令管理，如果遇到一些突发情况，一般都不能够及时地进行解决，从而影响到水利工程的施工质量。除此之外，新时期对于水利工程建筑项目也有了新要求，基于保证水利施工质量的基础上，保障施工人员施工时的安全并积极寻求和创新管理模式，所以必须得解决水利工程建筑项目中落后管理理念以及管理模式问题，进而保证水利工程的长远发展。

（二）不合理的管理组形式

在当前的水利工程的日常管理中，不仅仅是管理模式存在问题，而且管理组织形式也存在一定的问题。如：水利工程项目管理的过程中，一些比较简单、复杂程度低的建设工艺没有相对比较合适的组织形式，造成项目工程复杂化的结果，进而增加投入资源的消耗量。此外，我国的水利工程在新时期要求非常的严格，进而要求水利工程技术高，专业化强，同时也要求施工人员必须合理地安排，否则就会妨碍水利工程项目的施工进度。

（三）不到位的管理控制

在现在的水利工程建筑项目管理的过程中，管理控制做的得很不到位。首先，管理模式脱节问题。在水利工程中管理模式的脱节的主要原因：水利工程建筑项目单位对于项目的施工安全以及文明施工的重视程度不够，而且在安全管理方面的资金投入较少，使得施工使用时安全设备、用具配备不全，进而影响到水利工程的安全施工；其次，工程质量问题。在项目工程的施工过程中，施工单位对于项目工程中的配备设备不完善，资源分配不合理，工程质量检测方法落后，使得施工质量检验工作不到位；第三，项目工程施工成本控制问题。在水利工程的项目评估时，所采用的项目评估依据存在偏差，而且项目评估方法也不够严谨，使得项目评估工作基础薄弱，评估人员成本评估意识差。

二、加强水利工程建筑项目的日常管理

（一）管理模式的创新

在现在的水利工程的管理模式中，我们要与时俱进，不断地创新，使得水利工会层建筑项目可以安全、文明施工，进而促进水利工程建筑项目的可持续性发展。首先，创新管理模式的理念。随着社会的不断发展，为了使得水利工程企业在激烈的市场竞争中占据一席之地，水利工程建筑项目的日常管理模式的理念就要不断地创新，将传统管理中优势与新时期的管理新理念结合，才可以更好地促进水利工程的管理，同时管理观念要贯彻落实到水利工程的基层中，提高基层以及管理人员的创新管理意识；其次，水利工程建筑项目单位还要关注我国以及国际水利工程的发展趋势，及时的引用管理措施、理念以及技术，进而完善自身的管理发展，使得我国的水利工程进一步的发展。如：在水利工程建筑项目的招标投标时，科学合理的安排人员、设计规划相关的各方面内容，并且跟踪落实规划以及计划，避免走形式的问题。

（二）管理制度的完善

在水利工程项目的管理过程中，管理规章制度是保障日常管理的重要依据，应该不断地加强完善制度。首先，建立日常管理监督制度。以水利工程建筑项目的财务为例，水利工程中的每一笔钱都至关重要，所以严格地把控项目的投标、施工以及材料采购等控制，明确每一笔资金的具体去向，同时水利工程的财务管理人员应该实施多人管理，避免出现专人独大的问题，而且要严格监督财务人员票据管理工作，进而保证水利工程实现票据的统一管理；其次，对于水利工程中的日常管理制度也可以增加一些激励机制，如：现金奖励、礼物奖励等，有效地促进工作人员的积极性。

（三）质量管理的加强

在水利工程项目施工前，施工单位必须严格的工程相关的内容。首先，工程项目的质量想要提升就要保证工程材料的质量，在施工前，严格对施工材料进行检测，确保材料的质量达标、数量充足以及规格合规，从而保证工程施工质量；其次，引进质量检测的先进设备，在检测质量时减少误差，进而提高工程质量；第三，将水利工程的管理责任落实到管理人员，明确管理人员的具体管理内容及责任，并且使用明确的责任制度制约管理人员，进而提高管理水平，保证水利工程的质量。

水利工程建筑项目的日常管理工作不仅内容多，而且过程复杂，但是最关键的工作就是对于日常管理模式、制度以及质量的管理，只有做好这些工作，才可以保证水利工程建设项目的长远发展。

第三节 水利监理工程项目安全管理

水利工程的监理也就是项目法人利用法律途径将管理工作委托给专业的监理机构，具有相应的监理合同以及建设文件等文件作为法律依据。通过科学的管理，工程建设得到了具体的实施。通过监理工作对施工质量的控制、进度的控制以及安全的控制，能够有效地保障水利工程的质量。

一、水利工程监理的重要意义

在水利工程中，包含着防洪工程、灌溉工程、水电工程、排涝工程等各种工程，是民生建设的重要工程，也是地方政府衡量绩效最为重要的指标。水利工程安全管理工作是整个水利工程的生命，了解安全监理工作的主要内容是准确、及时做出风险分析的基础。

水利工程的监理工作对工程建设有着重要的意义，主要体现在工程的安全建设、工程建设效益以及提高施工效率三个方面。在工程的建设过程中，安全是十分重要的环节，也是工程的监理重点关注的方面；工程质量、进度和投资的监理与施工安全监理是密不可分的，都是监理工作不可分割的重要组成部分；工程质量和进度决定水利工程的顺利进行，而施工安全是水利工程顺利进行的最好保障，水利施工安全监理是保证工程建设顺利进行的重要手段。

加强对工程安全的管理，不仅是工程建设过程的实际要求，更是对施工人员和社会公民的安全保障。需要根据工程的特征，使用适当的监理措施，调动施工人员的积极性，让工程建设责任得到落实，从而高效地实现建设任务。

二、安全监理工作的内容

（一）准备阶段

阅读设计文件，在发现和工程强制性标准不相符的情况下，可能存在较大风险，需要及时提出来。对承包单位的资质以及许可证进行审核，对施工单位中安全生产体系进行考核。根据工程特征，要求施工单位在施工之前，对危险源进行确定，需要制定安全监控对策，在监理单位以及参与各方进行备案。

对于施工单位提出了施工档案、安全技术措施以及临时用电方案等文件进行审查，由相对应的专业监理人员负责审查工作，在总监理工程师审批合格之后，才能进行实施。对施工人员中特殊工种的专业人员展开审查，保证施工人员具备资格证书才能投入使用。对施工单位展开审查，了解施工单位是否对施工现场制定了高危作业的应急救援方案以及安全施工标准，要求各施工方编写安全应急救援方案，不定期进行安全应急现场演练。对施工单位使用的施工设备展开检查，对设备进行性能的检测，查验设备的许可证书以及有关的检测检定相对应的文件报告。

对施工单位生产前的安全教育展开检查，对各个阶段需要使用的安全技术开展交底工作。对施工现场中安全生产设施的实际情况展开检查，要保证设备设施有效验收，才能允许施工。最后还需要对施工现场的环境进行检测，保证现场安全施工条件满足要求才能投入使用。

（二）施工过程

在施工过程中，安全监理管理工作的主要内容包括：检查施工单位的安全人员在现场的到位情况以及监督工作的开展情况。需要督促总包单位，展开分包单位的安全检查，对总包单位展开的分包单位监理情况展开检查；还需要对施工单位进行监督，施工单位是否依照国家的规定和标准进行施工的设计、方案以及施工，要对施工单位的落实情况展开分析，严格禁止违规的施工作业。

对施工单位中现场指挥的人员、操作人员等进行检查，是否具备对应的资格证件；督促施工单位完善安全施工自我检查工作；对施工单位安全费用使用的情况展开调查，根据规定对施工单位进行督促，保证施工单位能够依照规定的情况投入使用安全施工费用；对施工现场落实施工方案的情况展开检查，查看是否满足相关的安全施工的实际要求。在雨、雪、寒、暑等特殊环境下，检查安全生产措施的真实落实情况；对施工现场使用三保的情况展开检查。在施工现场一些危险部位，需要对安全防护措施展开检查，还要检查施工现场周边环境警示标志的设置情况；对施工现场安全防护设置是否满足施工现场工作以及投标要求进行检查；对施工现场消防情况展开检查，检查是否满足消防部门的要求，了解消防设施是否得到合理布置；对施工现场中使用的大型施工设备以及安全设施需要展开验收工作，同时做好备案工作，了解设备运行情况，以及设备的使用情况。对于一些重大危险作业区域，需要加强巡视检查，一旦发现安全隐患必须要及时发布监理通知，对安全隐患展开监督检查。一旦遇到突发事故的时候，需要立刻到第一现场，立刻下发停工令；还需要督促施工单位向建设行政部门以及其他相关部门报告。对相关部门的工作进行配合，对应急救援工作要给予最大力度的支持，对施工现场展开保护工作。还要协助有关部门展开事故的调查，并向监理部门以及建设部门进行实时报告，让监理部门和建设部门能够及时了解阶段性情况。

（三）安全管理

水利工程监理安全管理工作中的法人实体和竞争实体，做好安全管理的风险分析工作就要注意区分安全生产的"程序性管理"、"技术性管理"。"程序性管理"是风险分析工作的基础，在做好"程序性管理"的基础上逐步熟悉掌握"技术性管理"，提高"技术性管理"的水平和管理深度，制定出明确的安全管理监理计划，充分利用现代信息技术，逐步完善工程监理过程中管理信息系统，促使安全监理管理工作的顺利开展是保证水利工程按时进行的管理手段。水利工程监理安全管理工作做好了，需要对总承包单位以及其他参建方，共同管理才能规范安全监理的实施。

三、安全监理实施

为了能够更好地执行安全监理工作，需要使用恰当的监理方法，如下：

编制项目安全监理的工作文件，以及监理细则方案，对监理工作进行详细划分，将监理责任落实到监理工作人员身上。在正式开工之前的工地会议上，让参与建设的各方展开安全监理技术交底会议，对安全监理的工作进行讲解，为日后监理工作的协调和配合做好准备。

巡查检查工作，首先需要对施工单位中安全措施的实际落实情况进行检查，对工程关键位置以及工艺的实施标准展开跟踪检查；其次需要对于一些容易出现事故的重点位置，展开巡视检查，一旦发现问题，还需要制作成书面文件对施工单位进行通报。最后需要在监理日记中对检查工作做好记录。

专项检查工作。根据国家以及有关部门制定的监理规章制度，展开施工现场的安全监理工作，对于容易产生安全事故的重点区域展开专项检查，同时在检查工作中做好记录，对监理工作进行及时通报。对于一些监理资料以及工程建设施工中的往来文件，需要进行及时处理。要求施工方按照安全施工的要求提供机械设备和配件，配备齐全有效的保险、限位等安全设施和装置，提供有关安全操作的说明，保证其提供的机械设备和配件等产品的质量和安全性能达到国家有关技术标准。

经济措施。对于没有依照安全施工措施而产生的费用，总监理工程师需要在工程阶段的时候予以扣除，同时向施工建设单位报告。对于一些违反强制性标准的施工、文件以及操作等，需要及时下发通知，要求施工单位立即整改。建立安全监理审查制度，监理工程师应该树立整体观和全局观，提高安全管理的整体认识。在很多关键部位以及相应的施工工序在正式施工之前，需要向监理机构提出安全施工方案的报审，采取安全技术的措施，执行安全施工计划。

完善监理例会。在例会中增加安全生产的内容，借助监理例会的作用提高各方的安全意识，让各方能够协调进行安全工作。需要及时了解施工单位的安全情况以及实施的情况，对施工现场中不安全的因素进行通报，也需要及时通报工程需要整改的相关内容。需要围绕解决问题开展会议，对于工程中的安全隐患，以及存在的安全问题，需要严格按照要求进行整改。

需要认真编写监理报告，暂停施工需要下达施工令。在总监理工程师不在施工现场的情况下，需要要求现场监理人员使用电话向总监理工程师汇报施工进展情况，再做出下达暂停令的决策。一旦遇到安全事故，总监理工程师及时上报项目法人及其他有关单位应当及时、如实地向负责安全生产监督管理的部门以及水行政主管部门或者流域管理机构报告，需要积极参与调查工作，积极处理安全事故的后续工作。水利工程建设生产安全事故的调查、对事故责任单位和责任人的处罚与处理，按照有关法律、法规的规定执行。

综上所述，基于水利工程监理的重要意义，本节提出了安全监理工作的内容，在准备阶段，需要重点监理设计文件、相关许可证、施工档案、安全技术措施、资格证书、应急救援体系以及安全教育开展情况；在施工过程，也需要从多个方面展开详细的监理。然后提出了安全监理策略，需要展开巡查检查工作、专项检查工作、经济控制、报审制度、完善监理例会以及监理报告。

第四节　水利工程项目资金使用与管理

水利工程项目资金使用与管理为项目侦察很重要的一部分，本节站在项目侦察角度，从会计基础工作、资金筹措与到位、资金使用与管理、竣工财务决算编制等四部分分析了水利工程项目资金使用与管理中存在的问题与整改措施。

一、水利工程项目资金使用与管理的主要内容

水利工程项目侦察是建设与管理的重要手段，在工程建设事业发展中发挥着其独特作用。建设资金使用与管理作为项目侦察很重要的一部分，主要内容又分为会计基础工作、资金筹措与到位、资金使用与管理、竣工财务决算编制等四部分。会计基础工作包括会计机构设置和会计人员配备、会计核算及内部控制制度制订与执行；资金筹措与到位包括资金筹集与资金的及时下拨；资金使用与管理包括资金在整个项目过程，从预付款项到工程结算的支付、到质保金的扣留与支付等全部资金的使用与管理；竣工财务决算编制指工程完工验收后，按照要求编制竣工财务决算。

二、水利工程项目资金使用与管理中存在的主要问题

（一）会计基础工作

1.未按照《基本建设财务规则》（财政部令第81号）建账

有些项目资金采取在区（县）财政局以报账形式进行核算，账务处理由区（县）财政

局进行，区（县）财政局又未按照《基本建设财务规定》建账，而是依据行政事业单位会计准则及制度进行会计核算；区（县）水务局在支付资金进行账务处理时，大部分也按照行政事业单位会计准则及制度进行。

2. 会计核算不及时、不准确

项目在进行会计核算时，工程进度与会计核算不相匹配，未能对已结算的工程价款全部进行核算，或未正确核算已结算支付的工程价款，不能及时提供真实完整的工程建设成本和往来款项等会计信息。

3. 会计基础工作不规范

日常工作中，会计基础工作不规范。如部分费用支出不规范，会议费未严格执行当地财政部门下发的会议类别及会议标准，原始凭证的抬头为项目法人的上级单位，还有的将项目法人的文印费、办公费等费用全部在项目上予以报销。

4. 建设资金存款利息核算不符合规定

项目法人将存款利息收入记入"其他收入"科目或是"基建收入"科目或是将存款利息收入直接冲减"建设单位管理费"。

（二）金筹措与到位

1. 地方配套资金不到位

部分项目计划下达时，资金筹集部分包括中央、省级、市级及区县的各部分资金，各级政府和有关部门要按照国家下达的项目投资计划筹措资金并及时足额到位，地方配套资金到位的进度按有关文件规定要与中央资金同步。

2. 群劳折资部分未建账计价核算

部分项目计划下达包括群劳折资部分，项目建设中投劳折资已全部完成，但账面却未反映，无监理计量签证的群众投劳完成工程量签证单，也未设立备查账或辅助账，导致群众投劳折资无载体，账务上并未反映群劳情况，也直接影响下一步的财务竣工决算。

3. 违规滞留建设资金

项目隶属的财政或主管部门未及时把到账的建设资金按工程进度拨付给建设单位，违规滞留建设资金。如：某区县项目，区县财政收到上级拨入中省建设资金，该项目已基本完工，但区县财政仅拨付项目三分之一的中省到账资金，将另三分之二资金滞后财政一年有余，影响了工程进度及工程价款的结算与支付。

（三）资金使用与管理

1. 预付款的支付不符合规定

项目预付款的支付未严格按照合同执行，在预付款的支付中存在的问题如：在条件尚未具备的情况下支付预付备料款；在合同未约定的情况下支付预付工程款或预付备料款等等。

2.工程价款结算与支付不规范

工程价款结算与支付存在的问题如：工程价款结算支付时未向承包单位索取正式发票；工程价款结算采用支付方式不符合规定，采用大额现金支付或将工程款转入个人账户。

3.超概支付工程费用

项目将未经批准的概算外工程项目的费用、项目擅自扩大规模或提高标准的超概算费用全部记入工程成本。

4.违规挤占项目建设成本

将不合理的收费和摊派等非本项目的支出计入项目工程成本，个别项目在建设过程中，项目法人支付给地方政府、派出所、村委会的协调费、辛苦费，甚至是项目法人到工地就餐购买的肉食蔬菜等全部计入项目工程成本。项目还存在着将超计划建设期的利息及各种罚款等列入建设成本的问题。

5.违规挪用、借出项目建设资金

项目法人将资金借给上级主管单位循环使用或超进度借给施工单位等，将工程建设资金用于弥补经费不足、发放工资、支付其他项目前期费、挪用到其他在建项目使用等。

6.违规套取建设资金

申请项目的建设单位利用不存在的项目，或采用高报低建的方式套取建设资金。建设单位通过虚报项目、投资规模、已完工工程量或以虚假的经济业务事项虚报投资完成额，虚报冒领、高估冒算，套取建设资金。

（四）竣工财务决算编制

1.竣工财务决算编制不及时

竣工财务决算不及时是很多项目存在的普遍问题。项目在建设过程中，只注重建设，完工后直接投入使用，迟迟不进行竣工财务决算编制。

2.竣工财务决算编制不规范

竣工财务决算编制时存在以下不规范的地方：一是竣工财务决算封面未按要求填制，采用自制决算封面，或在封面上加盖了主管单位及项目法人两个公章，或封面上的签章不规范，仅签名未加盖私章；二是决算目录仅是竣工财务决算说明书的目录，而不是整个竣工财务决算的目录；三是竣工财务决算编制时缺失竣工工程平面示意图及主体工程照片。

3.竣工财务决算计列的未完工程投资及预留费用，超出规定的比例

未完工程投资及预留费用在纳入竣工财务决算时，未按照"大中型工程应控制在总概算的3%以内，小型工程应控制在总概算的5%以内。非工程类项目不宜计列未完工程投资和预留费用"的要求进行计列。

三、对存在问题的整改措施

（一）会计基础工作

首先是严格按照《基本建设财务规则》建账核算；其次，严格按照《会计基础工作规范》和《基本建设财务管理规定》组织会计核算；再次，及时准确进行会计核算，真实反映工程建设成本及往来款项情况。另外，必须规范会计基础工作，还要按规定处理好建设资金存款利息核算。

（二）资金筹措与到位

对水利基本建设中的群众投劳（投物）的折资，列入概算的按概算编制定额及单价计算投资额，并应设立备查账进行核算；对未列入概算的应设立辅助账进行核算，并应与会计档案一同保存。项目隶属的财政或水行政主管部门应按照批准的年度计划、基本建设支出预算和工程进度，及时足额将建设资金拨付到建设单位。

（三）资金使用与管理

会计人员未严格按照《会计基础工作规范》和《基本建设财务管理规定》组织会计核算。会计人员在进行会计核算时，对于大中型项目未以单位工程和分部、分项工程为核算对象，小型项目未以单项工程为核算对象，将所有支出放在一个一级科目核算。

规范工程价款的结算与支付。工程价款结算程序和方法应符合相关规定与合同约定，按合同约定扣回预付工程款和预付备料款，扣留质保金。承包人提供全额的正式发票，按合同约定的账户支付。

严格对照项目概算支付工程费用。严格按照项目概算支付工程款项，严禁将未经批准的概算外工程项目的费用、项目擅自扩大规模或提高标准的超概算费用记入工程成本。

严禁挤占项目建设成本。项目建设单位应当严格控制项目建设成本的范围、标准，对于超过批准建设内容发生的支出、不符合合同协议的支出、非法收费和摊派以及无发票或者发票项目不全、无审批手续、无责任人员签字的支出或是因非建设单位的原因造成的工程报废等损失等不属于本项目应当负担的支出，应严格审核，禁止支出。

严禁挪用、借出项目建设资金。必须坚持专款专用，严禁挪用、借出项目建设资金，对于已经发生的挪用、借出项目建设资金，应及时追回，并追究相关人员责任。

（四）竣工财务决算编制

各项条件已经具备时，需及时编制竣工财务决算。严格按照国家有关法律法规等有关规定、经批准的设计文件、年度投资和资金安排文件、合同（协议）及会计核算及财务管理资料等资料，规范编制竣工财务决算。在此基础上，按规定计列未完工程投资及预留费用。

第五节　水利工程建设项目合同管理

合同管理对于水利工程建设项目非常重要，因此为了保障水利工程建设项目的顺利进行，本节阐述了水利工程建设项目合同管理的主要作用，对水利工程建设项目合同管理存在的主要问题及其措施进行了探讨分析。

一、水利工程建设项目合同管理的主要作用

水利工程建设项目合同管理的作用主要体现在：

（一）提供法律保障

水利工程建设规模通常都比较大，并且对国计民生具有较大影响，其不仅需要考虑群众的人身安全，而且能创造较大经济效益和社会效益，因此水利工程项目建设的顺利开展显得尤为重要。为了保证水利工程建设项目的顺利开展及最终成果质量，水利工程建设项目需要以政府部门进行推进，无论工程中的前期工作、施工实施、施工监督管理和工程验收都需要相关部门作为甲方对水利项目建设进行严格监督和管理，而通过合同则可以明确项目双方的权利与义务，且合同作为一项法律文件，具备一定的法律效力与强制性，因而有效保障合同双方的合法权益，促进水利工程在法律范围内有序进行。

（二）有效确保工程履约

合同管理对于水利项目建设的顺利开展具有不容忽视的作用，因为在水利工程项目实际的实施过程中，易受到人为因素或环境、气候等不可抗力的影响，因而其施工过程存在一定的不可预知性，导致履行合同的难度加大，从而导致矛盾而产生纠纷。因此通过有效的合同管理，在合同编制时双方需共同协商，确保合同的可行性，按规定设置履约保函和履约保证金，并且需要按规范进行合同的签订程序，保证合同条款既严谨又全面，使合同具备一定的权威性。

（三）有利于实现水利工程控制目标

水利工程建设项目无论采取何种管理方式都是为了实现施工质量、造价和工期的协调统一，由于合同条款是合同双方是就指标达成的基础上签订，因此加强合同管理可以督促合同签订者正确履行合同规定的义务，从而实现水利工程控制目标。

二、水利工程建设项目合同管理存在的主要问题分析

水利工程建设项目合同管理存在的问题主要体现在：

（一）合同规定漏洞问题

由于合同在前期拟定过程中，相关人员较为注意工程实施内容和工程进度，并没有意识到合同条款的重要性，导致合同条款相对简单，缺乏严谨性，存在大量漏洞，而这也大大弱化了合同的权威性，难以约束合同签订者的行为，不能有效保障签订者能严格按照合同履行义务。相当一部分合同的签订者缺乏法律意识，合同签订程序没有按照正常的法定程序进行，也没有正确使用合同范本，导致合同条款中存在疏漏，部分条款有失偏颇，从而使得一些问题难以得到合理的解决，从而引发纠纷，进而严重影响水利工程的顺利实施。

（二）违法转包分包问题

在实际水利工程实施过程中私自进行转包的现象比较多，这种转包、分包的行为违反了我国合同法中严禁工程承包人将所承包的全部建设工程转包给他人，或将其分解并借助分包的名义转包给他人的规定，这种违法行为使得相关人员不能顺利履行投标工程中签订的合同，且对施工质量有着不利影响。

（三）缺乏有效约束机制

水利工程实际建设过程中，尚未建立完善的约束机制，且工程招投规则也相对简单，对重点环节缺少足够的关注度，使得合同在签订和实施过程中暴露出大量问题。

三、加强水利工程建设项目合同管理的措施

（一）加强法律意识和合同管理意识

水利工程项目建设的参建各方在签订合同时，应先学习相关法律知识，如《合同法》、《水利工程建设项目管理条例》、《招标投标法》，掌握合同签订法定程序和特点，确保合同可行性、公平性、严密性。同时切实转变思想观念，正确认识合同管理在水利项目管理中的重要作用，对合同管理人员适时培训，普及法律知识和合同管理知识，加大专业技术培训力度，增强合同管理意识，提高管理能力和水平，为合同管理真正发挥作用提高保障。

（二）建立健全合同管理制度

为促进合同管理工作有序开展，应建立和完善合同管理制度，根据水利工程的特点合理设置合同管理部门，配备专业的高素质合同管理人才，充分考虑水利项目的特殊性和合

同的专业性，确定合同管理的具体工作，如合同签订、文件管理和分析、合同交底、合同变更、合同索赔等，并就合同签订流程和标准、合同管理岗位要求、责任归属、奖惩规定等加以明确规范，争取将合同管理切实融入招投标工作和建设管理中，形成全过程、全方位合同管理体系，以此规范合同管理程序，促进项目顺利实施。

（三）推广合同范本，加大合同审查力度

标准、规范的水利合同范本利于当事人进一步掌握相关规定，更深入了解合同的运行程序，进而使合同及签订流程符合相关规范，避免不公平条款，提高合同的规范性和严密性，保证其法律效力。因此当事人在签订水利项目合同时，应使用合同范本，并结合拟建项目的特点予以调整和完善，特别要在合同中明确工程的质量要求、工期、标底、计量方法、计量标准、工程款支付方式、违约责任等。争取涉及水利项目实施的各个层面，同时加大合同的审查力度，具体应包括合同条款是否符合法律要求、是否存在歧义和不合理之处、参建单位资质、材料设备、施工工艺、工序是否满足项目要求、合同是否存在漏项等，从而提高合同质量，减少不必要的纠纷，督促参建各方自觉履行合同义务。

（四）建立有效约束机制

由于水利工程项目是一项较为复杂的设计工作，且施工工期较长，具有较多的不确定因素，从而加大了工程变更概率，导致工期延长，成本提高，因此要进行合理的合同管理，加强参建各方的沟通与合作，及时分析与研究各项技术及经济指标，最大限度上降低工程成本，另外建立有效约束机制，能有效确保相关人员对工程的各个环节进行了解，从而保证工程质量。

综上所述，水利工程建设项目合同管理关系到整个水利工程建设项目的施工质量、工期及成本，并且水利工程建设项目是一项难度较高也较为复杂的工程，为顺利开展建设，最大限度地降低工程建设成本，必须加强水利工程建设项目合同管理。

第六节　农田水利维修养护项目管理

水利工程是国民经济和社会发展的重要基础设施，在抵御水旱灾害、保障人民生命财产安全和国民经济的发展、促进水资源的可持续利用和保护生态环境等方面发挥着重要作用，而农田水利工程是农业灌溉最直接的水利工程，关系到农民的切身利益。大多数的农田水利工程修好后不管不问，更不会加以维护和管理，由于人们缺乏相关的知识，对农田水利加以破坏，随便乱扔垃圾，污染水资源。目前很多地方的农田水利面临着很严重的问题，本节以河南省商丘市柘城县为例介绍农田水利的维护项目管理。

一、农田水利维修养护项目概况

（一）项目建设范围及原因

项目区位于柘城县，涉及起台镇、胡襄镇、远襄镇、马集乡、洪恩乡 5 个乡镇的 123 个行政村。由于维修机井较分散的特点，所以本次维修养护项目涉及乡镇和行政村较多且分散。项目区灌溉方式为引水补源，机井灌溉为主。现状机井报废严重，灌溉工程不配套，致使旱时不能及时灌溉，涝时不能及时排水。为了改善项目区水利工程老化失修严重、工程效益逐年衰减的现状，进一步推动农田水利设施产权制度改革，明确农田水利设施的所有权，落实管护责任主体，柘城县水利局投入专项资金，加强实施农田水利的维修养护工作。

（二）项目建设规模

维修养护项目建设规模 0.38 万 m^2，共涉及 2009 年抗旱应急项目、2009 年农开项目、2010 年千亿斤项目。

（三）项目建设内容

维修养护项目涉及起台镇李寨灌区大梁集沟的清淤整治，治理长度 1500 m，清淤土方为 9900m^3，维修机井 1134 眼。

二、农田水利维修养护项目的管理

（一）组织机构及建设管理

为确保柘城县财政统筹农田水利维修养护项目管理体制改革顺利推进，县委县政府高度重视。为加强工程建设的领导，柘城县政府已经成立以县长任组长的"柘城县小型农田水利建设项目领导小组"，全面负责本项目管理工作，严格按照水利水电工程建设管理办法的有关规定，实行工程建设"六制"。通过公开招投标择优选用工程施工单位和监理单位，签订工程施工合同及监理合同，加强合同管理，严格履行合同。同时工程实施乡镇也要成立相应的机构，明确分工，责任到人，形成一级抓一级，层层建立责任制，明确责任、分清责任、落实责任，配合做好项目实施的各项工作。

（二）维修养护管理机制

为确保柘城县农田水利维修养护项目的顺利开展，要制定具体的农田水利维修养护项目管理办法，要分层分段进行管理，要责任到人。还要定点定期检查汇报柘城县农田水利维修养护项目进展情况，并做好记录，出现问题及时沟通与解决，以保障农田水利工程维修养护的全面性和连续性。

（三）资金管理

县财政局、水利局作为成员单位负责项目资金申请、整合和按工程建设需要及时拨付工程款以及对资金使用的监督和审查，严格按照《中央财政统筹从土地出让收益中计提的农田水利建设资金使用管理办法》的规定管好用好资金，切实强化资金监管，确保资金使用安全。

资金管理是项目管理的重要内容，县财政部门要按照资金分配规范、使用范围明晰、管理监督严格、职责效能统一的要求，严格实行县级报账制和国库直接支付制，专户储存、专账管理。对项目资金设立专账，实行专人管理，避免截留挪用建设资金。按照工程建设进度由县财政部门直接对项目施工单位及时拨付项目资金，保证项目资金安全。通过加强资金管理，保证资金使用合理，保证专款专用，保证资金及时到位，及早发挥效益。

（四）施工和监理管理

在项目实施中，要落实项目法人责任制、招标投标制、工程监理制、合同管理制，严密组织施工，加强质量监督，杜绝"豆腐渣"工程。

监理、施工单位的负责人，对本单位的质量工作负领导责任；各单位委派的项目负责人对本单位在工程现场的质量工作负直接领导责任；各单位的工程技术负责人对质量工作负技术责任；具体工作人员为直接负责人。监理、施工、材料供应等单位要严格按照国家质量管理规定，建立健全质量管理体系，对本单位的工作质量所产生的工程质量承担责任。施工单位不得将其承接的项目主体工程进行转包。对工程分包，必须经项目法人认可。施工单位要对其分包工程的施工质量负责。推行全面质量管理，建立健全质量认证体系，制定和完善岗位质量规范、质量责任及考核办法，落实质量监督责任制。施工过程中认真执行初检、复检和终检的施工质量"三检制"，切实做好工程质量的全过程控制，自觉接受质量监督机构、建设单位等部门的监督检查。发生质量事故应及时报告，并接受调查和处理。

工程建设重在施工，施工单位要严格按照国家有关的技术标准和规范执行。施工方案满足施工组织的要求，符合现场实际施工需要，在确保工程质量标准的前提下，积极采用新技术、新工艺、新机具和新方法。注重环保，文明施工，精心策划，少占农田及耕地。保护流域及周围环境，不破坏植被。尽量利用原有或附近已有设施，减少各种临时工程；严把质量关，注重施工安全。

监理单位认真遵守国家和当地政府的法令法规，遵守监理工作规程及各项监理制度，遵守劳动纪律，本着公正科学廉洁敬业的原则，做好技术交底工作；监督并促使施工单位建立健全工程质量"三检制"，形成完善的质量管理系统；审批施工组织设计，审查签发施工图纸；对施工中所采用的材料、成品、半成品进行审查，突出重点；对施工项目进行"事前审批，事中监督，事后把关"；坚持施工单位质量"三检制"，监理抽检认证制，把好工程量认证关；做好信息管理，审核工程变更及金额，做好组织、协调、配合工作。

（五）项目实施期间管理

项目实施期间产生的固废主要是维修建筑物工程建设产生的弃渣，以及施工人员产生的生活垃圾。根据环境影响分析结果，对各种固废污染物提出如下污染防治措施：一是，河道弃土应就近堆放。堆放过程中要注意控制堆放高度，并采取建设挡栏等必要的防冲措施。二是，施工期产生的可回收利用的生产废料，如废铁、废钢筋等，需要有专人负责回收利用。三是，为了预防生活垃圾对土壤、水环境、景观和人群健康的危害，生活垃圾要实行袋装化。在施工基地设置垃圾储存点，并外运至工程区域附近城镇垃圾填埋场，进行处理。四是禁止将有毒、有害废弃物用作土方回填，以免污染地下水和周围生态环境。

施工生产废水：施工废水主要为混凝土浇筑和养护产生的废水，施工机械、车辆及设备含油冲洗废水等，主要污染物为泥沙、悬浮物、石油类，呈碱性，直接排入河道以后会使局部水域悬浮物超标，此外还有大量的基坑排水，主要污染物为泥沙。施工废水中的泥沙经沉淀后基本可以消除，根据有关资料显示，水利工程生产废水中悬浮物平均浓度为76.20 mg/L，平均 PH 为 8.56，符合污水综合排放二级标准。

（六）对维修养护人员的管理

为保障柘城县农田水利维修养护项目的质量，要加大对维修养护人员的培训，提高其专业素质，建立专业化的施工队伍，提高专业人员所占比例，在保证水利工程维修养护人员充足的基础上，提高人员的专业技术水平。

综上所述，水利工程的良好运行对国计民生有着重要的影响作用，做好水利工程的后期维修养护工作是完善水利工程实施，保障水利工程设施的安全性、可用性的最后一道保险。由于农田水利工程建设项目在各个时期建设，所以针对不同时期的水利项目要考虑不同的养护措施进行。因而柘城县要重视农田水利工程的维修养护和资金保证，加强管理，提高农田水利工程的使用寿命。

第十一章　水利项目优化管理

第一节　水利水电工程项目动态管理

水利水电工程是一项复杂的综合性较强的系统工程，由于施工条件复杂、工期长、规模大、牵涉范围广，其在建设过程中的可变因素也很多，工程的设计、决策和施工过程中的质量、投资、进度管理都是一项要求很高的工作。在水利水电工程项目中，需要进行系统、全面和现代化的动态管理，提高工程的决策水平和建设效率。

一、水利水电工程施工管理的特点

（一）综合性

在水利水电工程项目的施工过程中，不仅施工前期的投入资源众多，而且还在各个施工环节中不同领域的施工交错进行，这就致使在施工过程中的协调工作量极其多。作为水利工程施工人员，我们应站在整体的角度上，正确的处理人力安排、资金投入以及设备配置等工作环节，综合地看待施工管理中所存在的问题，从而确保工程建设的顺利进行。

（二）持续性

这是水利水电工程施工管理的一个明显特征。在水利水电工程的施工进程中，排除特殊现象发生导致的工程中止之外，工程必须在预期时间内完工。而且，在此工程中，混凝土是非常关键的一个原材料，它的运用关键在于其初次凝固之时将其振捣成型的环节。此时，一旦工程被迫中止，那混凝土就会发生崩裂，整个水利水电工程都将被迫中止，或者是影响工程的品质，最后，还需要另外耗费诸多的人力、财力给以补救。所以，持续关注水利水电工程施工质量对项目品质有决定性影响。

二、水利水电工程动态管理的主要内容

（一）水利水电工程项目建设施工进度管理

进度管理的主要目标就是保证工程项目建设施工周期消耗在合同规定范围内。水利水电工程项目建设施工难度性较大、专业性较强，项目实际建设施工中经常会出现很多突发情况，从而对项目建设施工进度造成不良影响。工程项目管理人员需要结合工程项目建设实际情况进行施工进度管理计划的编制，其中需要包含年计划、季度计划和月计划等等，需要将编制好的施工进度管理计划递交给相关部门进行审批，审批合格后才能进行实际落实。施工技术人员需要加强与施工现场管理人员的沟通和交流，根据施工进度管理计划对各项施工内容进行劳动力以及施工材料的配置，以此实现各项资源的优化配置。项目实际建设施工中需要定期的召开会议，由各分项管理人员汇报当前施工进度情况，并且与施工进度控制计划进行比对，如果发现二者存在较大差距需要由负责人员阐述原因，由大家共同商讨改善建议，对后续施工进度管理计划进行调整，保证项目建设可以在规定时间内完工。

（二）水利水电工程的造价控制管理

水利水电工程技术人员应当做好对于各个工程项目的再划分，对于再划分的各个块段，编制出各个块段具体的造价，对于项目中出现的每一个清单要进行全面的核查，全面地避免出现一些模糊的地方。同时，整个计算的过程中要对各个块段图纸进行详细的工程量的核对这对与整个工程造价的控制时非常有必要的。此外，对于一些专门的合同要进行详细核算，保证合同内容明确，双方的全责分明。对于工程量清单的发包方式而言，发包人和承包人各自均要承担风险，一般来说，大多数工程会采取工程量清单的发包方式；而对于成本价＋利润的发包方式而言，承包人会承担最小风险，其投标的报价也会相对较低①。

（三）水利水电工程中的质量管理

1.事前质量管理

事前质量管理要突出防范性和前瞻性，把质量隐患消灭在萌芽状态。一方面要建立预警机制，对重点部位和复杂部位，应进行施工预案，结合水利水电工程的特征，对重点复杂的部分和工序如混凝土施工、模板施工等制定相应的指导方法；另一方面要严格检查施工所需的各项原材料和机械设备，所有原材料都须有出厂证明和相关证明文献，在进入工地时也应进行抽样检查、严格把关，对于自行采购的如止水带和少量施工所用的钢材等材料，需要坚持"计划采购、合同采购、货比三家"的原则，保证施工材料不出现质量问题。要做好原材料的储存发放工作，对有使用期限的物资，应分类储存，注意防止其变质。

① 张桢浦.探讨水利工程施工安全管理[J].黑龙江水利科技，2014，42（2）：241-242.

2.事中的质量管理

施工过程中应从以下几方面进行统筹管理：一是必须增强质量意识，绝不能以降低工程质量标准来节省工程造价，应严格按设计要求及施工规范进行施工，控制各个施工工序的质量，看似要保证质量需花费投资，实则一个工程若能做到不返工则是最大的造价节省；二是施工单位优化施工方案，编制切实可行的施工组织设计。施工单位进驻施工现场后应依据工程实际情况，重新编制施工方案，优化工序安排，并以此方案指导安排施工，施工过程中根据各种变化情况及时进行进度控制，调整人工、材料、设备和机械的投入，尽可能地缩短工期，从而降低人工、材料、机械、设备及各种费用摊销，实现工程造价的最优控制。

3.事后的质量管理

要重视事后的质量管理。对质量管理的事后控制应当着重强调其借鉴性和规范性，要将各种监督和检查落到实处。可以通过建立相应的检查、分析以及考核制度对在该过程中出现的各种问题加以整改，并针对这些问题，提出相应的防范措施，在总结经验教训的基础上，进行施工质量管理。

总之，我国水利水电工程项目随着经济的增长建设力度逐渐增大，国家的投入资金也逐渐增多，这就要求水利水电工程项目建设单位需要明确自身责任，加强工程项目的质量管理。由于水利水电工程项目的特殊性，需要采用动态化管理措施，从造价、进度、质量管理三方面展开研究，通过先进管理技术，有效地提高水利水电工程项目的工作效率，提升水利水电工程项目的动态化管理水平。

第二节　农田水利工程项目财务管理

农业是我国国民经济的基础产业，农田水利工程是保障农业经济发展的基础工程，加强财务管理则是提高农田水利工程建设质量的基础。随着河北省农田水利工程建设规模的日益扩大，水利项目的财务管理中暴露出了诸多问题。本节就水利工程财务管理中存在的问题进行了分析，并提出相应的解决对策，以期促进河北省农田水利工程的可持续发展。

一、农田水利工程项目财务管理中存在的问题

结合工作经验来看，农田水利工程财务管理中存在的问题主要体现在以下几方面：一是工程结算审批流程不规范。由于农田水利建设部门属于国家行政事业单位，个别部门在工程价款结算时没有严格按照签订的合同和招投标文件进行结算，甚至部分工程建筑在缺少监理签字的情况下就进行了财政资金支付，不规范的审批流程使得财务管理工作比较混

乱。尤其是在农田水利工程项目配套资金的使用上存在盲目性，例如由于地方上项目配套资金无法及时到位，导致水利部门没有及时进行工程结算及验收，最终造成水利工程无法投入使用，影响农业生产；二是财务管理不科学。其中水利主管部门的财务风险意识淡薄是影响财务管理工作的重要因素，由于水利工程建设周期相对较长，存在的风险比较大，个别相关人员缺乏风险意识，例如违规出借资金、不能及时清理相关债务等，最终导致坏账、死账的产生；三是会计核算不规范。农田水利部门在预算管理上存在缺陷，挪用、截留建设资金等现象经常发生。会计科目使用不规范，未按照规范处理账务，比如没有对照批复的概算项目在相应的会计科目中列支，导致财务数据不能准确地反映工程具体分项的成本。

二、优化农田水利工程项目财务管理的对策

基于农田水利工程财务管理工作中所存在的问题，查阅相关文献资料并结合实践工作经验得出，优化农田水利工程项目财务管理工作需从以下几个方面入手：

（一）贯彻落实各项规章制度，强化基建资金管理

目前我省出台了诸多关于农田水利工程项目建设的财务管理办法，例如2011年出台的《土地出让收益计提农田水利建设资金管理办法》规定要从土地出让收益中按10%的比例计提农田水利建设资金，其中省级统筹15%，用于平衡地区农田水利基础建设支出。因此，农田水利部门要落实各项规章制度。首先，做好事前控制。按照相关规定对基建资金的拨付程序进行规范，对不符合拨付条件的项目坚决不予拨付。当然，对于民生重大工程或者属于紧急水利工程的项目，经有关部门同意之后，可以提前调剂拨付；其次，做好事中控制，强化基建资金的使用管理。加强项目建设过程中的资金管理，避免资金被挪为他用。水利部门在预付工程款时，需要严格按照规定，并且要经过监理、技术人员等多方确认之后才能进行拨款；最后，做好事后控制，加强对竣工决算的审核。

（二）加强审计，完善激励考核机制

加强对农田水利工程项目的财务审计是提高国有资产使用效率的重要手段。一方面农田水利管理部门要加强内部审计。要对建设资金的使用进行审计，在具体的财务审计中要改变事后审计的单一模式，将审计纳入资金管理的全过程，实行常态化审计与非常态审计相结合的模式；另一方面要加强外部审计监督力度。政府审计部门要加强对水利工程财务管理的审计，严格落实责任制。由于水利工程建设涉及多个部门，因此在审计过程中要让不同部门参与，以此提高审计质量。当然最为重要的还是完善激励考核机制，通过激励考核激发财务工作人员的积极性，提高财务管理工作的效率。

（三）增强成本核算的意识，完善成本核算制度

首先，根据水利工程规模的大小及施工的难易程度实行权责发生制为基础的会计核算原则，对会计核算工作的责任进行细分，明确相关工作人员的责任；其次，抓住成本管理的关键点，在工程建设管理中加强合同管理，做好各方协调工作，明确各部门的权利和责任，并对参建各方建立捆绑式的考核机制。另外，还要建立工程项目的"退出机制"，将履约保证金作为最重要的依据，对于不按要求履行责任的参建方及时进行清退；最后，不断完善成本核算制度，发现问题要及时采取有效措施进行解决。

（四）加强工程预算管理

工程预算对于水利项目的建设非常重要，因此水利部门要加强对工程预算的管理，做好预算编制、预算执行以及预算审核等方面的工作，杜绝出现预算挪为他用或者专项资金违规使用的现象。农田水利工程预算编制前必须要深入到施工现场了解施工实际情况，避免工程建设因建筑材料市场价格波动受到影响。

总之，财务管理是水利工程项目管理的重要内容，做好财务管理工作，有利于提高建设资金的使用效率，可以在保证工程建设质量符合要求的前提下节约建设的成本，将工程造价控制在合理范围之内，减少国有资产的浪费。在具体的实践中我们要严格按照相关规定规范自己的行为，提高水利工程项目的财务管理水平，提高财政资金的使用效益。

第三节 水利工程业主方的项目管理

水利工程是我国基础设施建设项目的重要组成，在社会经济快速发展的推动下，我国水利工程的建设速度在不断加快，呈现出繁荣的景象。在水利工程施工中，除了建设单位要强化施工管理外，业主方也应加强项目管理，通过业主方与施工方通力合作，确保水利工程建设质量。

一、业主方的项目概述

（一）业主方项目管理的含义

工程建设中，业主方的项目管理由业主本人或者委派代表业主方利益的人员，参与整个水利项目建设周期的策划、组织、控制及协调等工作均能够称作业主方项目管理。受水利工程项目施工建设复杂的影响，业主方项目管理水平高低直接与水利工程建设的安全性

挂钩。

（二）业主方项目管理目标及任务

业主方项目管理目标通常包括投资目标、进度目标以及质量目标 3 个方面的内容。其中投资目标指的是项目的总投资目标；而进度目标则指的是项目完成交付的时间目标；质量目标指项目建设质量满足实际使用标准。3 个目标具有对立统一的关系，即要快速完成项目进度目标就需要增加投资，要提高项目建设质量同样也要增加投资。而通过业主方项目管理目标的制定，则能够使 3 个基本目标均能顺利完成。

业主方进行项目管理的主要任务为项目建设个周期的安全管理、投资管理、进度控制等内容。

二、水利工程业主方项目管理

（一）水利工程项目内外部系统分析

水利工程项目的内部系统主要由单项工程、单位工程等组成。作为一项复杂的工程项目，在工程开始前，需要制定项目建设计划，包括施工图纸设计、人员分配、材料选购等多方面的内容；而项目外部系统则主要包括业主方、施工单位、监理单位等组成。

分析水利工程项目内外部系统的目的是从整体上对管理对象进行分析，以便为业主方参与项目管理提供有力依据。逐渐建立一个适应现代管理要求的观点。对现代水利工程项目进行分析，项目主要呈现出以下几方面的特点：①新颖性。项目的设计、实施以及后续运行过程中，往往会应用到新的知识以及设计方法，这是市场竞争下对企业的新要求；②复杂性。现代水利工程项目的规模大、投资大并且参与建设的单位较多，所涉及的专业知识也越来越多；③不确定性。水利工程项目的施工周期较长，并且项目建设过程或出现各种各样的问题，这使得现代水利工程项目存在较大的风险，这使得项目的建设成果具有很大的不确定性。

（二）水利工程业主方纵向项目管理

水利工程受地理环境的影响较大，项目建设过程中存在大量制约因素。根据水利工程项目建设特点的实际需求，要求业主方项目管理人员具备较高的水平，只有这样才能及时发现施工方在项目建设过程中存在的问题，保证水利工程的安全。

水利工程业主方纵向管理指的是业主参与整个项目建设周期的管理。水利工程项目建设周期指的是项目从筹划立项到竣工验收投产，回收投资到预期投资目标的过程。将水利工程基本建设程序作为业主方项目管理的纵向目标，具体的管理内容包括项目决策阶段的项目建议书以及可行性报告，项目实施阶段的设计、施工准备、建设施工及竣工验收，项目使用阶段的评估等。纵向项目管理需要借助动态控制原理进行分段控制，以完成项目的综合目标。通常而言，业主方项目管理主要对工程实施阶段进行管理，而实现纵向项目管理则将决策结算的项目建议书以及可行性研究报告纳入项目管理的范畴，这便于业主方对项目投资及质量控制。

工程项目目标动态控制是业主方项目管理最基本的方法，能够使业主方对项目建设各阶段投资、进度以及质量等目标进行控制。具体操作上，首先，应做好准备工作，将项目各个阶段的目标进行分解，以便确定目标控制计划；其次，应收集各个阶段目标的实际值，比如各阶段实际投资、实际进度以及实际建设质量等，定期对项目目标计划值与实际值进行比较，以便及时纠正偏差；最后，如果有必要，需要对各个阶段的目标进行调整或将目标调整至最初阶段。

（三）水利工程业主方横向项目管理

水利工程项目中，业主方的横向管理主要建立在纵向管理已经完善的基础上，横向项目管理的目的在于对纵向项目进行系统管理，管理的具体内容包括：①人力资源管理。主要是利用组织结构图以及责任分配图对人员的实际需求进行分析，建立激励机制，以调动工程建设人员参与积极性；②安全管理。坚持"预防为主，安全第一"的管理方针，确保项目建设过程中工程及人员安全；③投资管理。业主方项目管理过程中，投资管理建立在工程质量、工期以及合同要求的前提下，目的是计划、组织并协调项目各个阶段的施工，最终达到降低项目投资的目的；④质量管理。质量管理包括材料质量、设计质量、施工质量等，强化对各个阶段各个工序的质量控制，避免以质量不合格出现的返工情况；⑤进度管理。进度管理是指在项目建设过程中，协调好各个阶段的工作内容、工作程序以及个项目的衔接关系，纠正实际施工进度与计划进度之间的偏差，并控制好施工过程中影响进度的各种因素；⑥风险管理。受水利工程项目施工工期较长的影响，在施工过程中，受市场价格变化、施工人员个人因素、施工现场的环境因素等因素影响，使得水利工程项目施工风险比普通的建设项目要高，为此，要求业主方对施工过程存在的风险做出正确评估，并采取适当措施使风险进行转移或者规避，以降低项目管理风险。

水利工程建设中，要明确业主方项目管理对提高项目建设质量的重要性，通过不断的实践与创新，探索形成具有中国特色的现代水利工程业主方管理模式，以满足工程建设的实际需求，确保水利工程的建设高质量及高效益。

第四节　水利工程项目成本管理

虽然水利工程具备提高水资源等的好处，但它也具备对自然环境的破坏和影响市民的生活的坏处，所以在水利工程这个项目中所获得的效益是不确定的。

一、水利工程项目成本管理中存在的问题

（一）执行力度不到位，缺乏有效地监督

工程项目的各个环节都是相互依存紧密联系的。但是施工企业的相关部门监督力度不够，因此，很少甚至缺乏对工程项目实施过程中成本管理的监督。而且，在现实中，很多国内施工企业对外分包结算的方式都普遍存在。如果分包项目没有被施工企业进行严格的监督检查，可能会造成施工企业分包项目负责人与分包企业之间进行串通，施工企业的经济利益将会受到威胁。

（二）未能协调质量成本和工期成本之间的关系

在所定日期、工程造价以及保证项目质量内，工程日期的缩短，竣工的提前都是一项不容易且艰难的工作。许多的施工企业在技术、管理和经济等多面没有进行综合协同措施，虽然在短期内完成了工程项目，但是质量却没有达到要求，造成返工的结果，企业的经济损失较为严重。

（三）技术标准体系不健全

在水利工程设计的过程中，因为缺乏更多的专业人员对水利工程进行指导，也没有相关的专业资料进行参考，即使有相关资料也不健全，所以技术标准体系里面就会存在很多问题，但归根结底还是因为国家对水利工程设计方面还不够重视，设计师没有经验，在设计的过程中存在问题，这样对水利工程的发展是很不利的，根据这些有问题的设计做出的工程肯定也是存在一些问题的，这样做不仅对水利工程事业不负责，还会造成对资源和资金的浪费。

二、水利工程项目成本管理措施

（一）施工准备阶段的成本控制

工程双方所签署的合同保证了工作的正常进行，签署完合同还要逐一分析相关文件和一些条约，还要按合同里所说的工程成本对各个工作所需的费用进行粗算，还要研究当中的各项费用所使用的多少，从而加大自己对工作流程的了解，并可以在必要时对工作做出适当的调整。在了解了具体的施工方案、和工作流程后，就可以大概的估计出仪器设备所需要的本、水电使用、工作管理、税金等的成本费，可以对大体的成本使用有一个了解，从而对最终的成本费有一个比较精准的估算。

（二）加强供应商管理优化经营模式

原材料采购和工程项分包工程款这两项在企业成本中和进项抵扣额度有很大的联系。当前，我国很多建筑企业与没有增值税发票的中小型企业合作，这样就会给增值税抵扣带来困扰，但是这样就会减少很多采购成本。现在承包商主要以"自管、直管、委管、挂靠和联合体施工"这几种方式进行经营，最常见的是挂靠，它既能为企业的自行管理发票带来风险，还会增加增值税的管理难度。

所以，希望建筑施工企业在"营改增"这个节骨眼上，要想在建筑行业有自己的一席之地，就要对公司的制度和管理进行适当的调整，从而使这次政策的变化对其企业有一定的帮助，对企业以后的采购工作能提供更好地保障，也对其公司的形象有所提升，最终靠自己活下来，不靠任何外界力量。

（三）施工过程中要对每个阶段都进行实事监督

在施工的过程中，成本管理可能会涉及很多内容，所以要加强部门的管理，能最大化地节省成本。①如果能在投标时有效地进行成本管理控制。那对于施工企业就能很好地得到成本管理和控制，所以一方面要应根据相关的资料制定好投标决策，另一方面就要根据地铁建筑的施工现场进行制定；②应加强对施工准备时成本控制。施工准备阶段就是为了能够更加完善施工计划，能更加好的应用施工方案，根据具体情况具体分析制定成本目标；③应加强对施工时的成本控制。施工阶段是成本管理与控制尤为重要的阶段，所以必须要制定好计划分配好相应的工作，加强机械的成本与安全的控制。所以这就要求工作人员能合理地使用机械，严格生产，保证安全减少安全的发生；④应加强对竣工时的成本控制。在建设地铁完成时一定要清楚违纪人员，对现场机械进一步的检查。而且，当这一工作完成时，建筑企业要记录分析这次的施工不足之处和经验之谈，方便下次施工时更好地加以利用。

（四）正确处理质量与成市之间的相互关系

企业在施工过程中，要想降低成本得到最优的成绩，就必须把施工的质量重视起来，做到高质量高收益，尽量减少返工带来的损失或者尽量不返工。与此同时，为了使工程的质量得到相应的保障，在施工项目企业的管理实践中，要始终坚持"质量第一"和"预防为主"的政策，把质量放在首位，同时做好加强预防的准备，使得每道工序及每个环节都严格按照工序交接检验，做到真实检验，不缺位，不返工。

综上所述，为了水利工程可以有更大的发展前途，企业自身既要保留好的方面也要改善不足和其中的缺陷。深化企业改革，加强企的管理水平，借鉴和吸收内外优秀企业的长处，取其精华，弃其糟粕，批判地继承来促进企业的发展。

第五节　水利勘测设计项目管理

在我国近几年发展建设的过程中，人们越发重视项目管理在行业间的应用。企业的发展以及素质的主要评价标准也需要充分考虑到项目管理这一内容。之所以要加强项目管理，是因为项目管理主要是从整体方面出发，进而对整个工程进行综合性评价的一种管理方式，并且这种管理大多都是具有预见性的，能够从不同特征的角度对问题加以处理。尤其是在我国水利行业的发展过程中，进行勘测设计需要进一步完善项目管理的相关内容，这样才能够促进勘测效率以及质量的进一步提升，因此本节主要对项目管理的相关内容展开了论述，希望能够对今后的工作带来一定的帮助。

一、项目管理者在项目管理中的重要性

要想成功的实施水利勘测设计，就需要对项目管理的相关内容进行分析。一名合格的项目经理，必须要掌握对项目信息进行解读的能力、从整体上对项目资源进行整合的能力以及对项目进行构想，使其转化为项目成果的能力。只有具备上述三种能力，才可以称得上是一名合格的项目经理。要想实现项目的顺利实施，就需要项目经理肩负起应有的责任，判断一个项目管理是否成功，也需要从时间、费用等多方面进行综合性的分析，在通常情况下，项目管理中最为主要的三个要素就是时间、费用以及质量。其中任何一个要素如果发生了变化，都会相应引起另外两个要素的转变。这是在项目管理中应该注意的问题。如果在项目执行时出现了项目冲突的情形，那么就需要及时进行解决。这样才能够稳定企业的发展，让企业得以继续生存下去。需要注意的是，项目冲突通常在以下几个方面得以体现，例如进度方面的冲突、人力资源方面的冲突、费用以及管理方面的冲突、项目成员之间不同个性之间的冲突等，只有解决好了这些冲突问题，才能够使效果朝着理想的方向发展。项目管理模式的应用现如今已经得到了广泛的推广，尤其是在水利勘探行业中得到了进一步的应用。但是其中不乏存在一些问题，限制了水利勘探设计的发展。下面我们就来具体的谈一谈。

二、水利勘探设计项目管理存在的问题

在开展水利工程勘探设计项目管理之前，需要进行大量的准备工作。这些工作通常都是政府进行安排的。所以具有指令性的特征，对于工作经费的问题也许并不是十分的清楚，而在事后这一问题也没有得到有效的落实。而水利工程通常需要经过一个较长的周期，并且还需要经历政策方面的调整以及投资方面的改变，这就为项目管理带来了一定的难度，

无法准确地将项目费用、工期等加以确定，可以说可变性的因素是比较多的。同时在水利勘探设计与建设的过程中，具有较强的个性特点，需要经验丰富的专业技术人员进行设计。如果他们的通用性较差，并且在地域性的影响下就会对水利工程的个性带来一定的困扰，使得资料无法实现共享，相应的个性也不能得以进一步的突出。很多勘测人员并不只是在单一的领域进行工作，而是跨领域进行设计。这样的跨度往往为工作带来了较大的难度，相应的竞争也就逐渐凸显了出来。

不同的水利工程由于处于不同地区，功能不同、协调决策难度不同、前期工作基础不同，使得勘测设计工作量差别较大，各专业之间工作量比例差别亦较大，又无可遵循的标准，使得项目管理中很难协调好各个项目之间的费用分配比例关系。这些问题都需要我们在工作过程中不断探索和完善适合水利行业特点的项目管理模式，比如项目费用与合同金额脱钩，建立企业内部的项目投资体制以解决项目经费的不确定性；加强生产管理的积累，建立内部勘测设计生产定额以解决项目之间的分配矛盾等等。

三、我国水利勘探设计项目管理的现有模式分析

（一）管理模式里的代建制模式

这种代建制模式最主要被用于政府部门进行投资的而非商业用途的水利水电项目工程的建设，一般都聘用相关资质的管理公司来处理，最开始时都是在某一点进行试点运行，当总结了一定量的经验和信息后就扩展至整个部分的项目管理，代建制模式也是要政府进行统一的公开竞标，挑出符合需要的项目管理公司来承接这个项目的组织和建设管理工作，当这个工程交工后再交给政府部门的一种管理模式。

（二）管理模式里的工程建设监理模式

这种模式就是在国外长谈到的项目咨询，是从项目业主角度对水利水电建设项目实行全面综合管理以实现最终目标的模式，运用到中国后形成的主要形式有 PM 模式和 DB 模式等，工程建设建立模式是由投资人来委托监理公司的专业人员对该工程项目进行管理和监理，根据实际需要时间来确定管理的时间，根据工程的实际情况来确定管理范围，在我国的应用中主要是施工期间。

（三）管理模式里的平行发包模式

根据我国水利勘探设计项目管理的实际情况而形成了一种独有的管理模式，就成了平行发包模式，这是一种新衍生的管理模式，也是目前应用较多的一个管理模式，主要指投资业主将工程项目拆分。按照工程内容差异分别发包给相关单位，并与之签订合同、约定双方的责任与权利，实现工程建设目标的管理模式，这种模式的特点监督的部门一定要是

政府的相关部门，项目的投资人要将管理任务合理分配，要确定好各个合同的发包内容，根据实际内容选择适合的承包企业，监理单位要密切配合协助业主，对水利勘探设计的顺利施工提供监督保障，但其也包含了传统的细致管理方面的内容，也有 CM 模式下的快速轨道法，这是一种近年来发展很成熟的管理模式，能够让业主对工程有更加细微深入的掌控，也使得工期能够得到有效的缩减。

综上所述，在今后水利工程勘测设计的过程中，应该完善项目管理模式在这一工作中的应用。采取因地制宜的方式，选择合适的项目管理方法，这样才能够在整个工作中将项目管理模式的意识贯穿其中，在今后的社会发展中以及各个行业的竞争过程中，只有抓住项目意识才能够获得竞争的胜利。

第六节　城市水利建设项目及管理

水利是城市建设和城市发展的基本条件之一，水利是经济社会发展不可替代的基础支撑，是生态环境改善不可分割的保障系统。由于社会经济的发展，城市化水平的提高，水利部门参与城市化建设工作越来越多，需要面对和解决的新问题也日益增多，同时城市中与水有关的水资源、水环境、水生态、水安全问题也日益突出。如何创新城市水利建设，已成为水利工作者研究的重要课题之一。

一、城市水利项目的特点

城市水利建设项目的建设管理工作应主要按市政项目来对待，但水利工程本身可按水利部门的建设管理办法进行管理，这是城市水利项目的特点。

城市水利建设项目是市政项目的一部分，而且可能是一小部分。如城市河道的综合治理一般包括河堤、沿江公路、沿江生态景观带、城市污水管网及市政桥梁等建设，其中只有河堤建设是水利工程，其余的均为市政工程，综合治理项目中大部分是市政项目。如全部按水利工程建设管理办法管理，势必影响市政项目的建设、管理、验收工作。市政项目的污水管网、市政桥梁、沿江公路、园林景观等应使用市政类资质挑选施工单位和监理队伍，采用市政类工程规范设计、施工、验收，有关管理、表格和工作方式、方法应遵守市政类项目惯例和市政法规。水利工程作为市政项目的一部分，可以单独验收。单位工程完工后进行单位工程完工验收。完工验收及之前的资料按水利部门的规定做，但完工验收后的归档办法应按市政类的办法管理，否则无法统一管理、统一建档，也无法交由市政档案馆管理。项目的阶段验收和竣工验收应按市政项目的有关规定实施。如果将市政项目作为水利项目的附属工程来实施的话，项目的报批、建设管理及验收都很麻烦，而且水利项目管理人员对市政项目管理制度和规程规范并不熟悉。如果按水利部门的规程规范去管理桥梁、公路等市政项目，将对工程的质量、安全产生一定的影响，不利于工程安全。

二、征地、拆迁是城市水利项目建设中一个突出的难点

目前，我国政策是土地使用规划由规划部门负责，城市土地拆迁由房产部门负责，农村土地的征地、拆迁由国土部门负责。由于规划、征地、拆迁分属多个部门管理，有的政策互相冲突，与实际不符的情况也经常出现。各部门的政策和国家的法律法规也多有相抵触的地方。被拆迁户的实际要求也有和国家法律法规及相关部门的政策相违背的地方。国家的政策有的也落后于实际，政策赶不上形势的发展，在实际工作中以人为本、科学发展的思想不能得到全面的贯彻落实。由此也导致了征地手续复杂，国有土地划拨手续繁多，且办理时间长。农用地转国有地手续麻烦，中间环节多，涉及的人和条条框框多，征地规则复杂。用地单位要拿到国有土地使用证或办好国有地划拨手续，往往需要漫长的等待。

"拆迁是天下第一难事"，且经常出现暴力拆迁的情况。有时候因为难拆迁，往往要照顾被拆迁户的利益而修改规划，有时要违背政策法规照顾少数被拆迁户的利益，有时要动用行政手段强拆，有时要走司法强拆程序，更甚者是暴力拆迁、株连拆迁。这些问题都说明了征地拆迁的难度，这也直接造成了征地拆迁成本的大幅上升，从而导致项目投资的大幅提高，项目工期大幅延长。如果项目在城市人口贫困区、棚户区、城乡结合或下岗职工多的区域，这些问题更为突出。所以城市水利项目必须将征地拆迁放在优先的基础地位，认真对待，灵活掌握政策，以人为本，适度地分类处理，有些灵活操作，才能完成征地拆迁任务，保证项目的顺利实施。

三、城市水利建设项目必须把水环境、水生态、水安全放在非常重要的位置

水利项目往往和防汛抗旱、输水、蓄水联系在一起，有人便认为城市河堤就是城市水利项目，实际上这种想法过于简单，不适合现代城市化的要求；另一方面，出于城市土地利润最大化及最适用的原则，城市开发商及规划部门或当地政府往往总是不断地截弯取直，侵占河道，控制河道水流，肆意改变河流的自然形态。而且这些河堤许多出于城市防洪的需要，设计理念单一，过多考虑防洪防灾，而没有考虑河流的自然环境、自然生态，破坏了水对生态和城市的价值。

由于社会的发展及城市化进程的加快，目前城市河道水流污染严重，各种工业废水、生活污水未经处理直接排入河道，且河道两岸成了生活垃圾的堆放处，直接造成河流水质既脏又臭；水污合流，城市污水和降雨排水四处溢流，造成大面积区域和下游水质严重的水污染；城市建设常常侵占河滩地，造成河道萎缩，河流功能退化，水流不畅，水质的自清洁、自恢复能力大大减弱；城市建设大面积硬化、衬砌严重影响了城区的地下水环境，导致大量的雨水、污水未经土壤的过滤就直接排入河道，使河流的自清洁功能远远满足不

了要求。上述这些问题体现了城市水环境正日益遭到破坏。

由于水环境破坏，导致水生态严重恶化，大量水生生物减少、死亡，有些鱼类物种甚至绝种，水生生物的栖息地大面积减少，生存空间进一步缩减，水陆两栖动物的繁衍生息得不到保证。地表水污染严重，同时导致了地下水污染。

城市水环境、水生态、水污染及干旱缺水是许多城市水资源面临的主要问题，加上水资源时空分布不均，与人口分布不匹配。而且城市人口越来越多，工业越来越发展，生活质量要求越来越高，对水量、水质的要求也越来越高。反过来，城市水源建设、水环境、水生态问题、水资源能力及城市供水工程能力又满足不了这些要求，这也就导致城市用水安全问题，没有足够的水用，没有符合质量的水用。

因此城市水利建设必须重视水环境、水生态、水安全，而不是仅考虑防洪减灾，否则，将会影响子孙后代。

四、城市水利建设必须把排涝、截污、汇排污放在突出的位置

要改善水环境、水污染、水安全就必须把城市污水的截污、汇污、排污有机地结合起来。只有雨污分流，污水不直接排入河道，水环境才会得到改善，水污染才会得到有效防治。污水的截流，应通过纵横的沟、渠、管有机联系起来，截断污水直接排入河道的通路，同时，通过适当地布置沟、渠、管将污水分段、分片、分区域、分层次地汇聚在一起，排入污水干管，引入污水处理厂处理。有条件的区域可以汇聚区域内污水先行简单处理再汇入污水干管或设置蓄水区域。同时在城市建设中应尽量避免大面积、全区域硬化路面、坡面，以利地表污水进入地下，充分发挥土壤的清洁过滤作用和满足地下水的要求。

由于城市建设的需要，大量的洼地、河滩地、河道两岸地被开发利用，大规模地减少了滞涝面积、滞涝区域和滞涝容量，分区分片的排水规划不合理，地面排水水流不畅，地下排水设施不足、不符合要求，导致排水不畅、积滞严重。城市雨污水中的垃圾因清理不及时，堵塞排涝系统，也是排涝不畅的重要原因。同时，排涝标准低，排涝系统设计不合理，排涝设施老化，排涝系统管理不善，维护不够，城市地面硬化面积太大，也大大地加重了城市涝灾。

近些年来，许多城市一降雨就涝，有的大雨大涝，小雨小涝，甚至雨停了两天，积水还排不出，都充分体现了城市排涝排污的重要性。城市水利项目必须充分考虑这些因素，把排涝、截污、汇排污摆在突出位置。

第十二章 水利工程施工概述

第一节 水利工程施工技术

　　水利工程建设属于民生工程，关系到人民的生活质量，也与人民生活息息相关，所以水利工程施工技术必须要提高，也要重点进行相关方面的分析，这样才能保证有效的施工建设，为了进行相关方面的分析，笔者结合多年经验以及相关的资料参考，进行了几方面分析。在分析过程中也明确了水利工程技术的发展更应该与时俱进，以民为本，相关的工程单位，应该积极进行技术创新，结合新技术作用于社会，并且实现推动经济发展的目的，下面具体分析：

一、水利工程施工的特点

　　了解水利工程施工特点，是合理选择施工方式，科学组织水利施工的重要前提。总结发现，水利工程施工主要有以下几个特点：①每个区域内的水利系统工程十分复杂，大多是由许多单一的水利工程组合而成，这些单一的水利工程紧密相连，相辅相成。因此系统工程中的每一项水利工程都是十分重要的，在进行水利工程规划时必须把握全局，对整个水利系统工程进行综合的、系统的分析；②水利工程施工十分复杂，不仅要充分考虑交通运输、防洪、发电以及生产生活用水等各项使用功能的需求，还牵涉到我国的多个相关部门及单位；③水利工程的工期较长、投资需求也较多。因此在进行水利工程施工时，必须要协调到地方的各项发展规划，才能很好地带动地方经济发展；④水利工程建设大多在我国湖、河、江、海水域中，因此需要根据各地区水域自然特点，进行截流、导流及水下作业等。

二、水利工程施工技术及其发展

　　如今，科学的发展，推动了水利工程建设水平的提高，作为相关工作单位，更要积极地进行合理阐述，如今人民生活质量的提高，对于国家建设发展十分关注，在水利工程建设过程中，其技术得到了合理运用，这不仅提高了施工质量，也加快了水利工程建设速度，相对传统水利工程来说，水利工程发展过程中是相对复杂的工程之一，包括了控制爆破、基岩保护等等方面的问题，如今这些工程技术都得到了发展，并且可以积极地运用到各个水利工程施工现场，在保证施工安全性的同时，提高施工进度。此外一些工程领域，采用了大量先进的机械，这些机械的投入使用也大大促进了水利工程建设发展，例如，在实施爆破的时候，机械化设置使爆破技术有了创新，通过设备的支持，安全性得到了保证，不用手工进行钻探，这样就提高了放置点的准确性与便利性。提高了工作效率的同时，安全性得到解决，以工作效率的提高为主，节省了大量人力与精力的投入，这也是自动爆破技术发展的结果，符合水利工程技术发展。近些年，水利工程在新技术的促使下，不断发展，也得到了相关认可，为新形势下水利工程建设提供了保证，可以说技术的发展推动了水利工程建设效率。

三、相关的水利工程施工技术

（一）预应力锚固技术预应力锚固技术

在整个水利工程施工当中作用及其重要，该项技术具有潜在能力让水利工程获得巨大经济利益，适用范围广泛，涉及多方面领域；在水利工程施工过程中应用预应力锚固技术有效的加固原有建筑物的稳定性。显而易见，在当前的水利工程施工技术中，预应力锚固技术的存在具有现实意义，相关企业已经高度重视水利工程中的预应力锚固技术。该项技术统一了预应力岩锚和预应力拉锚技术，锚固技术是以预应力混凝土为前提，针对水利施工设计要求标准，在施工工程建筑物发生改变之前，展开主动预应力，对提高加固建筑物的稳定性有很大帮助。在众多水利工程施工技术中，预应力锚固技术表现出的最强优点是可以满足拉应力传输要求。通常，预应力锚固由锚孔和锚束共同组成，锚束的钻孔称为锚孔；锚束是预应力锚固中一个构成元素，主要包括锚束提、锚头和锚固三个元素；锚头的最外层是锚孔，用于支撑和锁定预应力；锚孔的最下面某个位置是锚固段，锚固段和锚头连接的部位是锚束自由段，来自预应力的全部重力都由锚束自由段担负。

（二）大体积碾压混凝土技术

如今，水利工程建设过程中涉及很多水利筑坝内容，在筑坝过程中往往都会用到碾压混凝土技术，那么大体积碾压混凝土技术的运用得到了认可，所以应该进一步分析其技术，具体操作过程中，主要是利用土石，填充到大型的运输设备里，继而结合运输设备，开始进行振动和碾压，在此工作过程中，碾压混凝土过程中，可以把混凝土体积变小，这样一来强度加强，就不会因大密度造成深水现象发生，该技术的使用看似较为普通，但作为筑坝工程来说，非常实用，尤其在碾压工作后，筑坝安全性得到了保证，质量也会不断提升，相互比较也可以看出来，碾压混凝土技术施工速度也十分快，这样一来在节省时间的同时，也会给相关的施工单位带来一定的施工空间，会降低成本投入，带来经济上的收益。

（三）GPS定位技术

GPS指的是，全球定位系统或称其为卫星测试测距导航系统。GPS系统是以卫星为前提的无线电导航定位系统，其主要运用在水利工程施工作业当中。随着近几年，GPS定位技术的逐渐渗入探究与完善，其为工程测量供应着较为先进的施工技术方法，同时促使测绘定位技术产生了一场技术性地全面革新。在水利工程施工当中被使用很多年的常规性地面地位技术目前开始逐渐被GPS定位技术所取代。GPS定位技术具备了"高速度、高效率、高精准度"的显著优势，与此同时，其定位的区域现已拓展到全世界。目前，GPS定位技术方法开始从静态向动态不断地拓展，其定位服务已经从导航、测绘空间逐渐拓展至国民经济建设当中。现在，GPS接收机开始逐渐变成一种广泛使用的定位仪器，大范围的运用在工程测量工作当中，以此促使工作效率地大幅度提升。

（四）数据库技术与GIS技术

如今社会进入数字化时代，在此过程中，测量技术也得到了发展，测量数据的采集更是向自动化与数字化发展，水利工程建设过程中涉及很多测量内容，所以，测量工程人员通过利用前期测量数据，能够准确地实施施工计划部署，那么在工程发展的今天，数据库技术与GIS技术为其提供了良好的技术支持。通过此技术，可以构建三维数字地形模型，提高测量数据使用效率，相关工作人员在进行水利工程地质分析的时候，可以通过三维图形，进行分析，节省了人力，也提高了考察效率，这对工程施工建设策划来说有着非常重要的作用。随着这些技术的采用，以直观的数字化信息为出发点，可以清晰了掌握水利工程进度，提高了建设能力。

综上所述，水利工程本身就是一项复杂工程，所以必须要通过技术来提高工程建设水平，本节针对这些内容进行了分析，作为相关工作人员，必须要积极总结，并且树立发展意识，应该通过技术投入，不断保证水利工程建设水平的提高，也为国家发展奠定良好基础。

第二节　水利工程施工现场质量管理

水利工程施工是将工程设计人员的工程设计图纸转换为实体建筑的过程，是整个水利工程的核心工作。水利工程施工以施工现场为对象，充分利用财力、人力、材料和设备等等资源，实现进度控制，质量控制以及资金控制的目的。本节在分析水利工程施工管理的现状和特点的基础上，进行成因分析，并提出对应的解决措施。

一、水利工程的施工特点

（一）工程所在地偏远

水利工程所在地一般为偏远山区，这是由水利工程的性质所决定的。水利工程的工程所在地为交通不便的偏远山区，远离施工材料、生活物资的生产地，所以工程所需要的机械设备的进场、建筑材料的采购运输、人员的到位情况、生活物资的运送均受到严峻的考验，这对施工现场的管理造成了很大的影响，严重影响施工成本。

（二）受自然环境影响大

水利水电工程的项目所在地一般在山谷地区，易受自然环境的影响，如水文、地质和气象等等自然条件，并且影响一般较大。但是通过围堰填筑、引流导流排水等方式可以控制水利水电工程的施工进度，减少自然环境的影响。

（三）施工的工程量大

水利水电工程的施工工程量巨大、施工强度高，使用的机械设备较多，对工程所处的水文地质条件要求高，容易受到环境的干扰，从而影响施工的工程质量。所以在水利水电工程前期，需要对比和选择施工方案，在最优化原则下，选出最佳施工方案，保证水利水电工程的施工质量。

（四）施工周期较长

一般情况下水利水电工程的工程量大，地处偏远，很多为偏远山区，所以物资调配时间长，又容易受环境影响拖延工期，所以整个工程的工期比较长。

（五）资金投入较大

水利水电工程的工程量大，施工周期长，从而导致水利水电工程的资金投入量大。

（六）对环境影响大

水利工程不仅对所在地区的社会和经济产生影响，同时也对湖泊，河海以及附近区域的生态环境，自然风貌，自然景观，区域气候都将产生不同程度的影响。水利工程的修建所产生的影响有利又有弊，所以在进行工程规划的时候必须对充分估计这些影响，最大限度的发挥水利工程的积极作用，同时消除其消极作用。

二、水利工程施工现场的质量管理

（一）施工材料的管理

水利水电工程的施工材料的选择应该在制定的具体可行的施工材料的采购计划基础之上，根据设计人员提供的设计图纸和施工图纸以及中标的施工合同进行。水利水电工程的工程材料的选择会影响工程项目的质量和使用寿命。在工程材料供应中，应该选择大型材料供应商，可以抵抗大型风险，规模大以及信誉高的供应商为佳。在采购的过程中，需要签订采购合同，确定施工材料的价格、数量和规格，以正式合同的形式确定施工方和材料供应方的责任和义务以及惩罚等细则，以规避风险。在施工材料采购完成后，施工材料进场前，均应该对施工材料进行检查，检查出不符合施工质量要求的劣质材料，应采取适当措施并进行记录。对重要的施工材料要建立质量跟踪制度，并做好质量检查报告。若施工材料的不合格检出率过高，需与材料供应商进行及时反馈，做好沟通，找出原因，必要时应更换材料供应商，以保证工程项目的施工质量和工程项目的使用寿命。

（二）施工设备和施工机械的管理

水利水电工程的工程施工量较大，所以使用的设备和机械也比较多。施工设备和施工机械的使用对工程项目的施工质量影响重大，机械设备的不良使用将造成施工质量低下。应当建立水利水电工程项目的施工设备和施工机械的有效使用管理体系，使得相应的机械设备保持良好的使用状态和使用效率。在水利水电工程的施工过程中，应该建立完整的机械设备的保养制度，建立施工机械设备使用和保养的记录，设置档案管理，建立施工机械设备的定期保养管理。随着科学技术的发展，水利水电工程的施工机械设备种类也越来越丰富，所以在水利水电工程的施工过程中根据工程的不同施工工序的工艺特点应该配备不同的机械设备，已达到最优配置。建立可靠安全的机械设备运转模式，形成人机固定的使用模式，以达到降低能量消耗，延长机械设备使用年限的目的。通过对施工设备和施工机械的管理，来保证工程的施工质量。

（三）施工人员的管理

施工人员是指在工程项目上进行组织规划并且实际进行操作的人员。水利水电工程的施工人员素质的高低在很大程度上决定着水利水电工程项目的施工质量的高低，所以有必要对工程施工人员进行有效的管理。水利水电工程项目开工前，应选定合格有证书并且有丰富经验的项目经理，并根据具体工程的特点建立工程施工现场的项目经理部，全面管理工程项目。项目经理是工程项目施工中的核心一员，对工程项目的集中控制和整体把控起到关键性作用，应当实行项目经理责任制，控制工程施工质量。应当建立健全工程施工项目的安全管理和质量保证体系，建立健全水利水电工程施工项目规范的现场质量管理，来推进水利水电工程的顺利进行。根据相应的工程项目的施工图纸，编制最优化施工顺序，实现最佳施工设计和施工组织的技术方案，通过整体工程的施工设计和施工组织方案实现整体项目的施工方案的编制。通过各部门的配合和控制协调来达到对整体工程项目的宏观控制和整体管理。

（四）施工技术的管理

水利水电工程的技术水平实力是衡量企业实力的一把标尺。先进的工程施工技术可以有效提高项目的施工质量，提高项目的施工进度，降低项目的施工成本。所以水利水电工程的施工技术和施工工艺的研究具有极其重要的意义。严格执行施工技术标准，严格审查施工图纸，以保证施工质量。在项目前期，应对项目的施工人员进行技术交底，以保证工程的施工质量。通过对施工人员进行技术培训，实现工程项目施工的创新设计[①]。

一般，根据施工过程中技术管理工作，应当建立以下几种技术管理制度：①图纸会审制度；②施工记录和施工日记制度；③材料验收制度；④设计和技术交底制度；⑤设计变更技术核定制度；⑥工程验收制度。在水利水电工程开工前，要根据实际情况，建立以技术负责人为首，自上而下的技术人员管理制度。根据实际的需要设立各级职能管理机构和各级技术人员，明确各级责任范围，建立分级责任制度。此外，应该建立健全各项管理制度，只有建立严格的技术管理制度，才能科学地组织整个企业的技术管理工作。这样无论在外业还是内业工作，才能有具体的工作内容和明确的施工目标，保证施工技术管理工作的正常运行。

第三节　水利工程施工中的技术措施

随着我国经济的快速发展，水利工程建设越来越受到重视，同时，水利建设中的技术问题也亟待解决。这些问题包括前期勘探准备不足、施工组织设计存在漏洞、施工仪器设备老化等一系列困扰我国水利工程建设发展的问题。解决这些问题，将有助于改善我国水利建设。

水利工程是加快现代化基础设施网络建设的重要领域，是推动和促进经济稳定增长的重要支柱，也是战胜贫困的重要基础。本节对水利建设中关键技术措施存在的问题进行了初步探讨，以便准确把握解决办法，对加快水利建设，努力推进水利建设具有积极意义。

---

① 王智军，荀雪霞．水利工程施工安全管理存在的问题及对策分析 [J]．山西科技，2015，30（2）：142-143.

一、水利工程建设关键技术的瓶颈问题

（一）缺乏完善的勘查技术准备

以往的水利勘探在许多领域都面临着共同的挑战，包括勘探区域的地质和水文情况，有时还有气象因素。除了这些要考虑的物理和地理问题外，在勘探过程中遇到的一些不同条件也会导致勘探工作不能顺利完成。例如，准备不充分、资金分配不明确、人员不配合造成的管理体制漏洞等都会影响最终的调查结果。早期勘探工作是整个水利工程建设的基础，如果上述问题能够得到有效解决，勘探成果将在今后的水利工程建设中发挥良好的作用。

（二）水利工程施工组织和技术设施存在漏洞

水利施工组织及技术措施包括工程质量、施工进度、安全防护、文明施工和环境污染保护等措施。目前，在一些水利工程中，工程质量达不到标准，施工进度缓慢，相应的安全防护设施做得不好，不能实现文明施工，缺乏及时的环境污染保护。而且，在施工队伍中往往会出现责任不明确、惩罚和激励制度模糊等问题，造成施工人员在施工中的被动怠工现象。如果不能及时处理和解决上述问题，我国的水利工程就难以得到国际认可。

（三）水利施工设备老化及设备维护不足

水力施工是野外作业，施工周期紧、强度大、环境条件恶劣，造成设备使用量大、维护量小，造成设备机械性能低、使用寿命缩短。不注意仪器的维护，特别是设备的综合性能恢复性维修的程序被简化和忽视，处理差异的简单措施经常发生。同时，还有非专业人员对设备进行维护和维修，维修技术落后导致设备维护质量得不到保证。这些问题在不同程度上影响着水利建设的发展。只有解决这些问题，才能促进我国水利工程建设项目的进展。

二、完善水利建设关键技术设施

（一）加强早期勘探技术措施

在新的时代，勘探技术也在不断升级。在水利工程水文勘测中引入 GPS 定位技术，不仅减轻了勘测人员的工作量和难度，而且保证了勘测数据的准确性。遥感技术在大规模测绘工作中也得到了应用，在一定程度上提高了测绘效率和测绘质量，减少了工作量、工作的压力。新的测量技术的应用降低了测量结果的误差，钻井技术在材料质量方面也得到了提高。金刚石钻头越来越多地被勘探者使用，它能有效地提高旋转扭矩和转速，保证钻头具有相对稳定的性能。同时运用先进技术，做好前期勘探工作的准备工作，需要准备其他技术措施，包括水文、地质、气象等施工现场条件，并及时掌握施工之间的协调。小组有利于顺利完成勘探工作和整个项目的巩固，我们应该为水利工程打下坚实的基础。

（二）水利工程建设组织科技设施完美

发生质量问题的水利工程，建设单位完美的质量控制体系，提高质量管理水平和监测能力的企业，发生质量问题。建筑材料是最基本的元素构建水利工程，建筑材料是保证，质量可以保证。因此，施工进度，我们应该采取合理的施工计划。建设项目团队应该编译成本，分析影响建设期相应的规划工作，拟定建设周期。环境污染的技术措施保护必须符合是无污染的溶液工程管理团队也将帮助建设质量、进度和文明施工。良好的团队需要良好的系统水利建设，努力消除负松弛的现象，表现优秀的团队建设和团队成员。

（三）更新和引进新设备，加强仪器维护

先进的设备可以帮助水利工程建设更好更快地完成，及时更新和引进新的高科技设备是促进水利事业发展的根本。引进新设备和新技术，提高队伍整体建设技术水平。跟上现代水利工程技术发展的步伐，可以直接提高水利工程施工质量，加快施工进度，为施工队伍争取良好的社会形象，所以水利施工单位要重视施工。施工新设备的引进和管理，使水利工程施工队伍在规定的工期内完成工程任务，以免开工。施工期延误了，不仅要及时更新和引进新设备，还要在水利工程设备维护中培养和教育技术人员，使设备能够更好地维护和运行，更好地维护水利工程设备和仪器的建设，可以加快水利工程设备的运行速度。该项目的进展情况。新水利工程设备的使用和维护需要更多的员工使用新技术。解决这一问题的办法是国家要积极推进水利工程的企业、科研机构之间的联系，为水利工程设备、人才、专业知识的创新创造条件。

（四）优化投资预算水利工程管理

水利工程投资预算的编制包括水利工程专项资金的详细情况，是水利工程设计的重要组成部分。这就要求有关人员在编制工程附件内容时必须依据水利工程标准文件和国家有关规章制度，明确说明工程预算的要求，重要内容应进一步探讨。对于工程单价，应结合实际情况和市场发展的经济情况，适当调整工程材料价格，并进行实际计算，注意每一个细节，以达到资金充足而不浪费。

第四节 水利工程施工的安全隐患与解决方案

古人云"吃水不忘挖井人"。水利工程承担了挡水、蓄水和排水的任务，工程施工的季节性较强，常常在地质条件较差的环境下进行，因此工程建设具有很强的系统性和综合性，而且具有一定的危险性和意外性，容易造成巨大的财产损失和人员伤亡。长期以来，安全管理成为水利施工的难点和薄弱点，如何构建有效的安全生产管理体系，是水利工程建设的关键。

一、水利工程施工安全管理的意义

安全管理是水利工程施工的核心，树立"安全第一"的理念有助于督促施工企业完善安全生产规章制度，不断提升企业管理水平，构建核心竞争力，这是企业生产和发展的根本，也是造福一方土地，保障民众安全饮水，推动农业稳定发展的关键。水利工程施工安全管理充分体现"以人为本"的核心价值，有利于创建安全的作业环境，减少安全生产隐患，让安全理念成为一种企业文化，从而激发工作人员的积极性，为企业创造更好的经济效益和社会效益。施工企业建立安全管理制度体系，才能适应建筑产业现代化的要求，推动建筑业健康发展，这是全球经济一体化的必然要求，也是建筑业参与全球化竞争的必然路径。

二、水利工程施工存在的安全隐患

据住建部统计，2016 年我国共发生各类事故 6 万起、死亡 4.1 万人，"五大伤害"是造成建筑施工伤亡事故的罪魁祸首。仔细分析以上事故的致因，在于以下几方面：

（一）缺乏安全管理体系

水利施工安全管理制度体系是保障作业安全的基础，可是很多施工企业对安全问题不够重视，企业把经济利益放在首位，安全生产只是一句口号，因此安全生产管理体系和责任体系不完善，安全管理制度往往成为摆设，无法从根本上保障水利工程施工的安全。

（二）施工人员素质较低

建筑业是农民工集中的行业，建筑业农民工占全国农民工总数的 20% 左右。由于安全责任人和资金出处不明确，没有落实主体责任，建筑业农民工的职业培训缺失、安全生产培训不到位，造成水利施工作业人员欠缺安全意识，自我保护的意识淡薄，没有严格执行安全生产规范。

（三）安全施工技术不足

近年来，新技术、新材料、新设备、新工艺被广泛应用于水利施工中，特别是各种新型机械设备逐步代替了传统人力劳动，大幅度提高了施工效率。由于管理人员没有认真对作业人员进行安全技术交底，工人未能熟练掌握要领，因此安全事故频发，很多工程安全事故就是机械设备性能不足或者养护不及时引起的。

（四）欠缺安全防范意识

施工中没有认真落实日常安全管理制度，存在麻痹大意心理，不注意防护现场人员安全，作业现场的材料堆放、设备操作不够规范，重点防火区域无专人监管，对危险源未制定相应的防控措施，对安全隐患和事故苗头没有引起足够的重视，安全事故处理不彻底，造成安全事故一再发生。

（五）安全隐患排查缺失

施工单位对安全生产隐患排查不到位，没有落实安全监管责任，安全监督队伍建设不足，监理单位没有建立完善的检查机制，监管手段落后，监管力度有限；施工人员安全意识不强，没有采用有效的安全防护设施，违规违章的现象普遍存在。

三、水利工程施工的安全解决方案

（一）树立安全管理观念，建立安全生产管理体系

安全是一切生产的保障，"没有安全就没效益"，水利工程施工企业必须坚持"安全第一，预防为主"的方针，让各个部门和全体人员时刻绷紧安全这根弦，并拨出不少于工程造价2%的安全生产专项资金，投入到安全生产、防护用具、环境保护等方面。企业必须建立自身的安全生产管理体系，具体包括建立安全生产管理制度，确立安全控制目标，从而为每一道工序构筑安全屏障。其中安全生产管理制度包括安全措施计划制度、安全例会制度、专项施工方案专家论证制度、安全生产责任制度、安全技术交底制度、安全检查制度等，确保制度化良性循环，形成"有人决策、有人协调、有人督查、有人落实"的工作机制，实现安全生产动态监管，确保施工过程制度化、规范化、标准化。

（二）加强安全教育培训，提高队伍安全操作水平

当前我国建筑业安全事故频现，与施工人员素质低下关联至深。据估计，在建筑业接受过两周以上正规培训的农民工不到2%。要想真正提高安全施工水平，水利施工企业就必须严格执行新《安全生产法》的各项规定，建立人员安全培训体系，实施三级安全教育，对管理人员、施工人员进行全面的安全知识教育和培训，提升他们的安全操作能力。特别

要对施工人员进行危险源防范培训，提高警觉性和应急操作能力，使他们正确能够面对各种危险状况。建立应急救援体系，加强对施工现场的检验评估，对施工人员开展应急演练，完善施工现场的应急救援制度。当前新设备、新技术不断涌现，企业要加强培训和学习，使工人能够正确掌握使用方法，提高操作人员的安全防范水平。

（三）规范施工现场管理，做好机械设备管理工作

水利施工现场非常复杂，各种工序、作业、设备交叉，而且随时处于运动的状态。施工企业必须规范现场管理，施工前详细勘察场地的地形、地物、地貌等，做好安全技术交底，根据项目特点、人员安排、工艺难度等确定安全技术交底的层次，使作业人员明确施工方法、操作规程、施工要求等，特别需要清楚安全隐患、危险源、紧急救援措施等，确保安全生产、文明施工"双标化"。水利施工机械设备较多且复杂，项目部要定期维护保养机械设备，每次使用结束都要检查，避免带病作业或过度使用。并且加强风险预警和监控，重点关注现浇混凝土、基坑支护、土方开挖、降水工程、起重吊装等安全隐患点，并进行定性评估和定量评估，然后制定专项工程施工方案和事故预案应急措施。

（四）增强安全防范意识，开展项目安全日常管理

项目部必须落实安全检查制度和安全生产责任制度，对人机料环法加强控制。班组长要加强班中检查，及时辨别和正确处理危险源，纠正不规范的操作程序，假如自身无法解决，就应立即报告施工工长，而不能久拖不决或放任不理；安全检查小组应加强巡检，一旦发现违章现象和事故隐患问题，就要立即开出"隐患问题通知单"，责令班组定时、定人、定措施解决。高处坠落、坍塌、物体打击等事故较为常见，现场管理人员需要引起高度重视。例如，塔吊与架空输电线路必须保持安全距离，吊物间距不得小于 2m；每台电焊机应设置单独的开关箱，注意防火与防爆；深基坑四周应设防护栏杆，作业人员不能在危险岩石或构筑物下面作业等。

（五）明确企业主体责任，加强安全问题监督检查

水利施工企业必须加强安全问题监督检查，特别是针对危险系数较大的施工项目，应建立专业监督管理队伍，同时有效发挥监理的作用，将安全管理工作落到实处，对于违反安全生产的行为要严加惩处，这样才可以有效减少安全隐患。建筑业频频发生安全事故的深层次原因是施工企业存在层层分包、转包甚至资质挂靠等违法行为，导致总包、分包、监理乃至包工头都对安全生产责任心不强，施工过程麻痹大意。要想有效防范水利施工安全事故，首先需要取消包工制度，改由施工单位直接招用工人，促使企业主动加强培训；其次，安全员或施工队长必须随同工人作业，加强对施工现场的管理，及时发现安全隐患；最后，安监部门要强化打非治违，严格追究企业的主体责任，对项目经理实行终身追责制度。

百年大计，安全先行，安全管理是水利施工管理的重点和难点，水利企业必须建立安

全生产管理制度体系，把安全理念灌输到全体工作人员，把安全管理工作贯穿于项目全过程，为水利工程建设提供安全保障。

第五节　水利工程施工与环境保护的影响

我国的水利资源丰富，这些资源得到良好的开发和高效的运用，能够很好地解决水资源分布不均导致的用水困难的问题，还可以促进各地的经济建设发展，但是在水利工程的施工过程中，不注重对周围环境的调查研究，对于周围生态的平衡没有形成足够的保护意识，相关的负责人也没有肩负起生态破坏的责任。生态文明建设是我国的重要发展战略之一，任何企业和个人都不能以破坏环境为手段来发展经济，这种经济利益是不能够长远的，这同样适用于水利工程，因此水利工程的建设要与保护环境和谐发展。

一、水利工程施工对环境的影响

（一）水利工程施工对周围地质环境的影响

水利工程的建设通常选择在大江大河之上，对河流两岸的地质条件要求比较严格，而且在施工中要开挖、建设隧洞和各种工程推进设施，对两岸的地质土层造成巨大的改动甚至破坏，由于工程的施工用料数量巨大，比如石料等建设中必需要用到的，一般的做法是就地取材，在当地寻找合适的石料进行开采，应用于工程建设中，在开采的过程，有可能就对当地的山体造成结构性破坏，很多的石山被掏空，一遇暴雨等极端天气造成山体垮塌和泥石流等灾害的爆发。

（二）水利工程施工对周边生活环境的影响

水利工程一般的耗时都很长，很多的施工队伍为了缩短工期，加大工程的推进速度，很多施工中需要注意的保护环境的措施都没有得到很好的落实，在开山取料的过程中，过度使用炸药，当量已经超过了规定的标准，对周围的居民造成不良的影响，甚至爆炸的威力足以震塌房屋，给居民的人身财产安全造成损失，对山体的自然生长和环境的改变也很大，这种不顾生态环境，不加节制的做法对居民以及环境的恶劣影响是显而易见的。

在施工中不注重卫生以及垃圾回收，导致施工废料不加处理就随意丢弃，有很多在建水利工程的工地就像是一个垃圾场，对周边的环境不但造成了破坏，工程竣工后也会形成污染，只顾及建成投产后的经济利益，对周边环境造成的影响不管不问。

（三）水利工程施工占地对交通的影响

水利工程规模巨大，有时不得不占据交通要道，因为要满足施工的需求，交通中止，等到完成施工才能通车继续运行，但是在一些工程建设中，很多的废料废渣直接倾泻在道路上，尽管施工已经结束，但是还要清理这些废弃的工程材料，延缓了交通的正常运行。

（四）水利工程施工对农业的影响

一般水力资源丰富的地方都会存在老百姓的农田，要满足建设的要求，就要占据农田来进行工程建设，当地人的生计以及耕地的减少也是需要考虑的问题。

（五）水利工程施工产生的有毒气体污染

工程爆破，化学材料的使用都可能造成有毒气体的排放，如果不及时的进行处置，会对周围的大气环境造成空气污染，有的建筑材料还会对土壤造成破坏，改变土壤的成分，总之，要严格制止毒性材料的使用和善后处理，不能随之丢弃，造成严重的环境污染。

（六）水利工程施工对野生动物的影响

在水电站施工中，除因开挖爆破和机器响声使野生动物逃离外，职工和当地群众也有捕猎的现象。

（七）水利工程施工对气候的影响

施工现场的气候主要受大气候的控制，但在山区，我们常常可以看到一种现象，当秋冬交替时节，山坡的一侧已是草木干枯，而在山坡的另一侧却是郁郁葱葱，究其原因，往往是由于该处阳光充足，不受风的影响，为局部地区小气候条件所带来的结果。此外，施工烟尘、植被破坏等都会给当地气候带来影响；其次，有些水电工地采用冰楼制冷，如果使用氟利昂作为制冷剂，而这种物质就可能进入大气层参与对全球环境的影响作用，对臭氧层产生破坏。

二、水利工程对环境影响的解决措施

在大力建设水利工程的同时，我们应该认识到水利工程建设对于环境所造成的影响，因此，要本着和谐发展的理念，正确处理水利工程建设与环境二者之间的关系，促使二者和谐发展，解决措施如下：

（一）建立环境影响评价制度

环境影响评价制度是指在某地区进行可能影响环境的工程建设，在规划或其他活动之前，对其活动可能造成的周围地区环境影响进行调查、预测和评价，并提出防治环境污染和破坏的对策，以及制定相应方案。在进行水利工程建设时，实行环境影响评价制度，是实现经济建设、水利建设和环境建设同步发展的主要手段，水利工程建设项目不但要进行经济评价，而且要进行环境影响评价，科学地分析开发建设活动可能产生的环境问题，并提出防治措施。在进行水利工程建设前，首先要进行环境状况调查，对当地的气候环境、水文、水质、土壤、人口等进行调查；其次就是根据调查的结果进行环境影响预测，对拟建水利工程对当地环境能造成影响的进行预测，并预测造成影响的程度；最后对拟建水利工程建设进行综合评价，为比较选择方案提供依据。

（二）把生态环境保护融入水利建设工程的各个环节之中

在水利工程的设计阶段，我们应本着和谐发展的理念，为植物生长和动物栖息创造条件，同时为鱼类产卵提供条件以及为鸟类和水禽提供栖息地和避难所。在工程的建设阶段，应优先考虑采用环保的技术措施，在水利工程建设时，要采用有利于植物生长、动物成长的环保材料。

（三）尽快建立和实施生态补偿机制

为防止和缓解水利工程建设对该区域的经济及生态平衡破坏，应建立和实施生态补偿机制。由于水利工程的建设对该区域的经济造成很大的影响，尤其是对当地的生态环境造成很大的破坏，而且依靠当地自身的能力很难使生态得到平衡、经济得到发展。因此，在水利工程建设方面，应实行生态补偿机制，坚持"谁损害，谁补偿"的原则，明确生态补偿主体及补偿范围。在进行水利工程建设时，应在水利工程建设资金中提留一部分资金，用于对当地的生态进行补偿，来改善当地生态环境，促进当地生态平衡。构建生态补偿机制，还原生态以价值，不仅是缓解水利工程在建设过程中对环境的破坏，而且也有利于促进当地经济发展，构建和谐社会。

加大生态环境保护的宣传教育，充分认识到水利工程建设对环境与生态可能产生的影响，牢固树立环保理念，提高生态与环境保护的意识，养成自觉维护生态环境的良好习惯，在工程的规划、设计、施工、运行及管理的各个环节中都要注意保护生态环境。

水利工程是利国利民的保障性工程，但是在施工中不注意对环境的保护，即使投入运行后获得了巨大的经济效益，也是饮鸩止渴，生态恶化带来的后果极其严重，会威胁人类的生存发展。

第六节　水利工程施工中的技术难点和对策

水利工程对农业的发展、生产都很重要，所以国家对水利方面的工程投入了更多的资金和技术支持，使得很多的水利工程都在建设当中。水利工程的建设对农业生产的进行起到了很大的促进作用。虽然说我们国家建造了很多的水利工程，但是我们现在还存在一些技术难点，尤其是在一些中小型建筑公司中突显得更为明显。因为这些中小型的水利工程建设公司存在资金上的问题，所以说对一些方面的技术难点没有进行学习或者是相关设备的购买，这样就使得他们在水利施工的过程中经常出现问题，这样对水利工程的建设来说是很不利的。

一、水利施工的技术难点分析

水利工程施工的过程中会发现存在很多的技术难点问题，这些问题的存在严重影响了水利施工的正常进行，对我们国家水利工程施工的质量影响是很大的，下面我们就来具体分析一下这些方面的技术难点：

（一）对预应少力锚固技术的分析

在水利工程的施工过程中我们有时候需要将岩体进行固定，这样我们就需要在坡体的深部利用锚索将力向混凝土的框架进行加固，这种方法就是我们讲到的预应少力锚固技术。这种方法的原理就是利用预应力将坡体上面的岩体进行挤压，然后实现对岩体的固定的作用，这样施工单位在进行水利工程的建设的时候就可以避免这方面问题的威胁，对水利施工的进行是很有利的。但是现阶段，我们国家的很多的水利工程建设单位在使用该项技术的时候经常出现一些问题，就是施工人员的技术能力不够或者是专业知识不足，设计出来的图纸或者是在使用该项技术的时候就不能将岩体进行有力的加固，这样在水利工程的施工过程中就很容易出现一些危险，对施工的正常进行是很不利的。一旦在水利施工的过程中出现危险，就会对施工人员的生命安全造成很大的威胁，对水利施工的正常进行也会产生很大的影响，所以说我们需要在该项技术上进行深入研究，保证该项技术的合理使用。

（二）对斗渠和农渠的垫层施工分析

我们国家很多的水利工程都是农田水利工程，所以说农田水利工程在水利工程中还是占有很重要的地位的。斗渠和农渠的垫层施工就出现在农田的水利工程施工当中，该项技术是农田水利工程施工很重要的一步，对农田的灌溉方面起着很重要的作用，该项工程的合理进行对后续的作的进行也是很重要的。虽然说该项技术对农田和农业的发展很重要，但是在该项技术的施工过程中还是存在问题，很多的施工人员的专业技术不能达到我们的要求，所以就使得该项工程变成了技术难点。比如说，我们在进行 U 形槽开挖的时候需要对两侧回填土，但是在施工的过程中很多时候会遇到没有相应的依托物的情况，出现这样的情况就会对垫层产生很大的影响，垫层就会经常无法形成。一旦出现这样的情况就会影响水利工程的质量，还会影响后续施工的进行，对水利工程的施工是很不利的。

（三）对沟槽的机械开挖技术的分析

随着我们国家科学技术的不断发展，很多工程的施工都是用机械进行，水利工程的施工也是如此。但是在水利工程施工的过程中不是所有的沟槽的开挖都是可以使用机械设备的，也不是所有的沟槽的开挖都是机械可以进行的，所以说在进行沟槽的开挖的时候一般都是先进行设计，这样我们才能对沟槽开挖的部分进行合理的规划，哪些是可以利用机械设备的，哪些是不可以用机械设备的。但是在现阶段的水利工程的建设过程中很少有人会注意到这方面的问题，这样就会使得沟槽的开挖有很多不符合我们的设计要求，水利工程的建设过程中就有很多的方面受到影响，这样对水利工程的建设的质量是很不利的。

（四）对混凝土坝施工技术的分析

现阶段的混凝土坝的施工已经逐渐实现了机械化和半机械化，但是在进行混凝土坝的施工过程中经常出现一些问题，这些问题的存在对施工质量产生了很大的影响。混凝土坝的质量最基本的就是混凝土的配置和材料的质量，但是我们国家现在很多的施工单位在进行材料的选购或者是混凝土的配置的时候由于施工人员自身方面的原因经常出现一些失误，或者是由于自身的利益而故意购买或使用不符合规定的材料，这样对施工的质量就会产生很大的影响。混凝土的配置不符合规定，在水利工程的使用过程中就会出现裂缝等情况，这对水利工程的正常使用是很不利的，在施工的过程中需要杜绝。

（五）对混凝土灌注技术的分析

在水利工程的施工过程中混凝土的灌注技术是很关键的，灌注质量的好坏将直接决定着水利工程的质量。灌注技术在实行的时候程序复杂而且影响因素多样，这样在进行的过程中就很容易出现由于时间控制不好、灌注速度、高度等方面的影响而产生的问题。这样的问题的产生是很难避免的，再加上施工人员在施工过程中的失误或者是不负责任，就很容易在该项技术的使用过程中出现问题。

二、解决水利工程技术难点的对策

（一）解决预应少力锚固技术的对策

为了稳定岩体，我们就需要在水利工程的进行过程中使用预应少力锚固技术。但是我们使用该项技术之前要先进行过良好的设计，施工的人员的素质和专业的知识要达到足够的高度，这样我们才能在施工的过程中保证施工的质量。在该项技术的施工过程中，我们要对施工人员进行严格的管理，这样才能保证施工人员的有效工作。

（二）解决斗渠和农渠的垫层施工的对策

在进行农田水利工程的时候我们要请专业的人员进行设计和监督，一旦遇到问题就要进行改善，这样我们才能保证施工过程的合理性。如果在出现在回填土的过程中没有依托物的情况，可以将模板放在回填土和垫层之间，然后再进行土的回填，在回填达到一定高度的时候再将模板抽出，这些方法也是可行的。

（三）结局沟槽的机械开挖的对策

在沟槽机械开挖之前，施工单位要进行合理的设计，先对水利工程的施工情况进行了解，然后根据实际情况进行相应的调整，决定哪些地方可以用机械开挖，哪些地方不能用机械开挖，这样在进行机械开挖的沟槽才是符合要求的，不能用机械开挖的沟槽就要利用人工进行。

（四）解决混凝土坝施工技术的对策

在混凝土坝施工的时候，施工单位要进行严格的管理和控制，在购买原材料和进行混凝土的配置的时候需要进行严格的监督，保证这两方面的质量。这样我们才能从最根本上解决这方面的问题，保证水利工程施工的质量。

（五）解决混凝土灌注的对策

在混凝土灌注的时候我们需要注意很多方面的问题，这些方面的问题就决定着灌注的质量。所以在进行灌注的时候我们需要对灌注的高度、速度、密度进行良好的把握，这样才能保证灌注的质量。

三、新时期水利工程施工技术的建议

（一）农田水利工程中路基施工的建议

水利工程路基施工之前，相关的工作人员应该做好施工前的相关准备，在施工之前，相关的工作人员应该做好施工前的勘察工作、材料准备工作以及技术和设备的完善和检查，确保正常工作的时候，不会由于设备和材料的原因，影响工期和施工的质量。在路基的修理过程中，要重视与原有路基的结合处的处理，进行无缝衔接，保证新建路基的质量。在施工中要严格地按照图纸进行施工，在经过严密的分析之后才能确定路基坡脚的位置，在建筑过程中，可以合理地利用水平分层的技术来进行施工。路基在压实工作时修建路基的最后一步，在工作中不要不重视这一过程，在压实之后要密切的观察路面，及时的修理不合理的地方。

（二）水利工程中总工程施工建议

为了保证水利工程施工的质量，我们要在施工之前进行良好的规划和设计，这样我们在施工的过程中才能顺利进行，在水利工程施工的过程中施工单位需要按照相关的规定进行，这样才能保证施工的质量。

水利工程施工中的技术难点大多都是由于人为的原因造成的，所以施工单位在进行水利工程的时候要对施工进行严格的监督和管理，保证施工过程的合理性和科学性。

第十三章 水利工程施工理论研究

第一节 盾构水利工程施工技术

针对城市内部修建的盾构水利工程，由于环境敏感、地质条件复杂、穿越特定区域等因素，近几年各施工和设计单位均对盾构工程施工技术进行了深入的研究。本节通过对盾构水利工程中的施工技术难点进行分析，提出了切实可行的施工方案，以保证盾构施工的安全和质量，希望能够为同类项目提供参考。

一、研究背景

随着国家的改革开放和国内大中城市的不断发展和扩大，城市的空间利用已经非常充分，能够用于开发的地下资源越来越少，但是城市水利工程同样需要大力发展，不断优化水利设施，从而满足工业和生活用水的需要。在城市水利工程建设过程中，根据不同的设计要求应当采取相应的施工方案。小流量水利工程采用普通管道就可以，但是当遇到大流量输水工程或者需要穿越特定区域时，就需要采用盾构施工技术。盾构技术已经在很多领域都有深入研究和实际应用，例如：铁路穿越山脉、城市建设铁路、跨江跨海隧道等工程。因此，针对城市空间小、条件复杂的情况，开展对盾构水利工程施工技术的讨论和研究是非常必要的，它能够在工程建设中更好地节约资源、保护周围环境，保证施工顺利和施工安全。

二、盾构水利工程施工难点

盾构施工是一个复杂的工程，存在一定技术难点，主要难点包括：①地质复杂：盾构工程可能穿越不同的地质土层，包括软土、黏土、坚土、坚石等等；②坡度大：在环境特殊的地方，施工坡度可能达到5%，施工技术难度大；③建筑物下面穿越：盾构顶端必须与地表的建筑物保持一定的安全距离，以避免影响上层建筑物安全，可能造成建筑物的沉降；④采用薄壁管片的盾构施工，由于管壁较薄，周围土体对管片的压力比较大时可能造成管片裂缝等问题；⑤穿越湖泊、水系等区域：对盾构的防水性要求比较高，必须严格控制接口位置，避免水渗漏到隧洞内部。

三、施工技术措施

（一）地质复杂盾构

①灰色淤泥质黏土的含水率比较高，孔隙比也非常大，比较容易产生流变；②砂质粉土是承压含水层，盾构一般能够进行正常施工，但也要注意以下工作：一定要同步注浆，控制好浆液初凝的时间，做好泥水控制，要不断调整泥水的各种参数；③黄色黏土的强度比较高，施工过程中可能出现一定的旋转现象，应该加强对施工全过程的监测管理，同时还要注意控制施工的速度，并且要注意泥水流量、搅拌机电流等工作。

（二）大坡度盾构

在盾构施工过程中，可能遇到大坡度盾构施工，这种情况下可以采用加大盾构纵坡的方式来施工。①水平运输：当盾构的纵坡在5%左右时，就可能会给施工带来了许多难度。因此在盾构的施工中必须采用14t以上电机车作为牵引动力，才可能达到足够的牵引力，而且能够保证足够的安全可靠性；②盾构施工：每环盾构施工完成后，一定要拧紧管片的各个螺栓而且在进行下一个管片安装时复紧，施工完成时，要把施工范围内的现场清理干净，而且要确保管片的位置是居中的，不能有偏移，并且确保管片表面的平整。

（三）穿越建筑物

盾构水利施工可能会穿越建筑物或其他重要的城市基础设施的下面，在此施工过程中施工单位一定要给予足够的重视，并制定一系列专项施工方案。

1. 施工前准备

①对施工区域不同的建筑物位置布设沉降监测点，如果有必要，可以预留跟踪注浆管；②在盾构施工前，需要对相关设备进行必要的查验，确保工程能够顺利进行，一次性完成原定施工计划；③要对盾构使用的泥水检测仪检查，确保检测仪器采集的数据准确无误。

2. 施工过程

①切口水压：切口水压力稳定性如果变化太大时，会造成土体存在一定的移动，进而导致土体的丢失。应当根据监测的数据，对切口水压进行及时的调整；②注浆控制：为了防止地层沉降，可以采用同步注浆的方式。同步注浆时注降量的建筑空隙不应小于180%；③泥水质量：为了提高周围的支持强度，可以采取重浆的方式进行施工。还可以在盾构施工中，加强对泥浆的测验频度，而且要不断调整水泥质量，从而确保盾构的施工

能够正常进行；④沉降控制：根据沉降监测数据，要不断改变各项参数，也可以采取后补压浆等措施，尽量减少对周围建筑设施的影响。在施工过程中，还可以根据沉降的实际情况，对压浆量、压浆位置和注浆压力等参数进行适当改变；⑤通讯联络：在施工过程中，相关负责人还要不间断地实施沉降测量，时刻了解周围建筑设施是否存在影响。还可以使用多种方式，及时进行数据收集，让施工现场相关负责人能够调整相关施工数据。

（四）管片拼装

1. 管片准备

盾构出洞时一定要确保基准环环面的平整性，从而使得管片在外力影响下不发生损坏。在对管片进行防水处理的时候，一定要对相关重点部位进行清洁处理，再进行防水橡胶条的处理。

2. 管片拼装

①必须对环后的管片之间的缝间隙加强控制；②施工时，要注重现场管理，加强对垃圾的处理，避免对现场环境的影响，而且在确定拼装位置时保证一定的准确性；③施工时，接缝位置必须确保质量，严格把关，确保密封性；④要保证管片之间接口的平整性，要进行质量控制；⑤拼接过程中必须保证环面与轴线的垂直度，确保与设计值保持一致，满足施工规范的要求。

（五）穿越湖泊水系

1. 监测措施

盾构水利工程在进行水底作业前，应当对湖泊水深进行一次摸底，准确了解覆土层厚度。在盾构施工到水底中段后应当及时进行水深监测，利用水深监测的结果指导施工。

2. 防冒措施

①必须注意施工时的切口水压，操作人员应该在必要时对参数进行修正，确保切口水压控制在 ±50kPa 范围内；②施工时要制定科学的施工计划，确保施工能够稳定进行，速度应该逐渐提高或减小，而不能一蹴而就；③加强对盾构出土量的管理，确保土体的密实性，避免湖泊水渗入施工区域，造成安全隐患。

3. 防塌措施

①在盾构施工过程中，必须按照设计院提供的设计值确定切口水压，同时按照外部的水位情况不断调整切口的水压；②加强湖泊土体的沉降观测，时刻监测沉降情况。盾构施工过程中，还要及时跟踪土体的含砂量、干砂量等数据；③如果水底的沉降值超过一定范围时，就必须调整注浆量。

4. 防浮措施

①盾构施工过程中，应该严格控制盾构轴线，保证整个盾构管线能够沿着原定轴线

施工，减少误差；②加强注浆施工的管理，尽量减少初凝时间，而且浆液要能够在管壁内比较均匀分布；③如果盾构隧道有较大的上浮时，必须及时对管壁进行补浆操作；④施工时，为了能够安全施工，必须对湖泊中间位置进行密切关注和准确测量，并了解土体的沉降情况。

5. 防堵措施

①整个掘进过程应同时开通多个搅拌机，这样可以减少堵塞的风险；②如果遇到切口不畅时，应立即改变施工策略，将施工方向转向其他旁路，并找到施工不畅的原因。

6. 防漏措施

如果在施工中发生盾尾漏浆的严重情况，将可能发生盾构设备受淹的事故。所以，盾构过程中一定要实施以下措施：①提高同步注浆质量：盾构过程中要对同步注浆浆液进行小样试验，必须缩短初凝时间，在同步注浆施工过程中，尽量控制好注浆压力，将注浆量、注浆流量与盾构参数统一考虑；②保持切口水压稳定：确保不会发生因设备故障和人为操作失误而引起的切口水压波动；③垫防止水海绵及钢丝球：为了避免盾尾漏浆事故的发生，在盾构施工过程中，要根据现场施工的实际情况，在管片外侧垫防止水海绵，对管片与盾构间存在的间隙进行密封。还可以将钢丝球填在管片和盾壳间的空隙之间，从而加强盾尾钢刷的防水效果；④增加备用泵及堵漏材料：为了避免盾尾漏浆施工后大量泥水积蓄，可能存在盾构设备被淹的风险，可以增加一套备用泵，加大对泥水的排放力度；⑤盾尾油脂压注：盾尾油脂应定期、定量、定位压注，每环的压注量初定为500kg，满足设计标准的要求。如果出现盾尾有漏浆的情况，应对漏浆部位及时进行补压盾尾油脂；⑥拼装管片：管片一定要做到居中拼装，从而防止盾构与管片之间空隙过大，甚至降低盾尾密封效果，增加事故风险的可能性；⑦漏浆对策：对于泄漏部分，应当集中压注盾尾油脂，可以配制初凝时间较短的双液浆进行壁后注浆，还可以采用其他堵漏材料对漏浆的位置进行密封操作，假如以上的施工方案都不能封堵，还可以采用聚氨酯进行封堵。

本节主要是针对盾构水利工程中可能存在的难点，分析并介绍了施工措施和方法，希望能够对同类盾构水利工程提供一定的经验。对于复杂的盾构施工还应注意以下问题：①施工单位在进行盾构水利工程施工时，可能会遇到需要同时施工多个沉井的情况，可能造成土体对盾构隧道产生一定压力，这样会对下沉系数产生一定影响，施工单位一定要注意他们对工程的影响；②在盾构施工前，必须认真了解设计图纸，加强对现场施工和设计的统一管理，加强沉降数据的及时采集，必要时及时采取应对措施，从而保证施工能够顺利进行；③加强对盾构施工管理人员和操作人员的安全教育，重点组织对施工过程中的技术难点进行工前学习和宣贯，明确施工过程中的风险点，防范重特大事故的发生，保证施工安全。

第二节　水利工程施工中混凝土裂缝的防治

混凝土作为一种由骨料（砂、石）、水泥、水、外加剂以及各种掺合料组成的脆性材料，在其强度增长的硬化过程中，内部已经形成了无数细小裂隙，避免这些细小裂隙发展成有危害的裂缝是混凝土使用的前提。裂缝的存在将导致混凝土的抗渗、抗冻能力降低，甚至可能危及建筑物的安全。因此，本节将对水利工程施工中混凝土裂缝的防治进行探讨。

一、水工混凝土产生裂缝的原因分析

（一）由收缩产生的裂缝

根据裂缝发生的时间和成因，可分为塑性收缩裂缝、自收缩裂缝以及干缩裂缝。①塑性收缩裂缝的形成始于浇筑后的初期，并贯穿于整个凝结过程。一方面是由于混凝土内部砂石骨料较重的部分有下沉趋势，当受到钢筋、预埋件、模板的纵向约束以及地基不均沉降时，内部产生不同步下沉，形成高度差，导致沉降裂缝产生。另一方面则是由于混凝土浇筑后水分不断蒸发，其内部毛细孔隙水减少，在骨料、水泥颗粒间产生拉应力，拉应力过大将产生收缩裂缝；②自收缩裂缝不同于塑性收缩裂缝，其主要发生于混凝土硬化后，自收缩裂缝产生的原因在于混凝土内部未发生化学反应的水泥在其硬化后继续水化，造成体积收缩，收缩程度过大将导致自身开裂形成自收缩裂缝；③干缩裂缝一般是混凝土在干燥环境下产生的，由于水分蒸发增强，表面拉应力集中造成开裂。综上可知，收缩是造成混凝土裂缝的重要原因，一旦收缩产生的拉应力大于混凝土对应时段的抗拉强度，就会造成混凝土开裂。

（二）由温度变化产生的裂缝

混凝土散热不畅造成内部温度过高，或者环境温度大幅变化均会诱发混凝土裂缝。混凝土凝结的开始阶段，水泥水化释放热量，沿混凝土径向由内致外形成不均匀温度分布（温度分布表现为内部高、外部低），这是由混凝土的低导热性所造成的，尤其是对于大方量的混凝土构件，表面散热速度大于内部散热速度，内外形成较为明显的温度差，若温差超过25摄氏度以上，温度应力将导致构件开裂。混凝土浇筑后，环境温度升高或下降都会使混凝土收缩，前者由于加快表面蒸发，易形成表面裂缝；后者不仅会因收缩形成表面裂缝还有可能因混凝土结冰造成深层裂缝，因此加强施工期温度控制是预防混凝土裂缝的重要手段。

二、水工混凝土裂缝的预防措施

（一）提高混凝土的抗裂能力

水泥采用低水化热类型，改善骨料级配，增大骨料粒径，提高最大粒径比例，控制骨料杂质含量，同时保证选用的骨料随温度变化的膨胀率较小（如花岗岩、石灰岩），控制砂率在 40% 左右，从而进一步减少水泥用量；掺加掺合料（如矿渣、粉煤灰、火山灰质）代替一部分水泥，改善和易性，减小水灰比，同时粉煤灰的使用还能减少混凝土的自生收缩变形。不建议采用 CaCl2 作为速凝剂，因为其会显著增加混凝土早期的收缩量，优选高效减水剂，采用具有早期微膨胀且不降低后期强度的膨胀剂，以弥补高效减水剂造成的早期收缩。从减少水化热释放和混凝土收缩变形两个方面考虑，进行优化配合比试验，严格控制水灰比、用水量。

（二）优化施工工艺及施工顺序

合理的分缝分块形式可以有效地防止大体积混凝土施工中温度裂缝的产生，常用的分块形式主要有横缝形式、竖缝分块、斜缝分块。块体的体积取决于混凝土的制备和浇筑能力；强化混凝土浇筑间隔的时间管理，分层浇筑时应保证下层混凝土的散热；控制浇筑层厚，优先采用斜层浇筑法。对于较长的河道衬砌，合理分块间隔浇筑，并设置伸缩缝，待先浇块凝固一段时间后，采用微膨胀特性的混凝土浇筑后浇带。软土地基应夯实或者加固。冻土基础上施工时，应合理安排浇筑时间，防止地基变形。

（三）温控措施

根据大体积构筑物力学分布特征，高应力区采用高等级混凝土，反之采用低等级混凝土。采用中低热水泥；改善和易性，减小水灰比可添加引气剂、减水剂、高效减水剂（如 JG3、木质素）可减少早期混凝土 1/3 左右的发热量；浇筑时间应根据气温变化进行动态调整，高温时段不浇，低温时段多浇，施工方案中应明确重要部位浇筑的气温标准；降低入仓温度，骨料在高温季节应遮阴堆放，必要时可采用风冷或水冷，搅拌过程可加冰或冷水拌和；缩短混凝土拌制到入仓的时间间隔，强日照时工作面设置遮阴篷；采用薄层浇筑，必要时可进行喷雾降低浇筑面周围温度，温控要求高的部位可埋水管，通水冷却；厚块浇筑适用于已采取预冷措施的混凝土浇筑；高、低温时期混凝土浇筑的降温、保温措施应在施工组织设计予以明确。

（四）养护和表面保护

养护和表面保护有利于混凝土强度增长和预防裂缝，养护时间应根据其强度增长和要求来确定，一般 ≥ 28 d 并可酌情延长。低塑性混凝土要立即保湿，尽早洒水，塑性混凝土的洒水养护不得晚于浇筑后 6~18 h。洒水养护可根据现场情况采用机具洒水、人工洒水、自流等方式进行。高温季节和大风条件下，应当设置凉棚等遮阴设施，避免混凝土表面温度过高和因蒸发过快产生而裂缝。构筑物顶部和长期停浇部位应当采用粒状（如锯末）或片状材料进行覆盖养护，这两类材料兼具隔热、保湿和保温功能。拆模时间的选择，应根据混凝土的强度和其内外温差合理确定，低温季节应保证混凝土拆模后降温不超过 6 ~ 9℃，否则拆模后必须采取保温措施。

加强裂缝控制可以从提升混凝土抗裂能力、优化施工工艺及施工顺序、采取温控措施以及合理进行养护和表面保护等方面入手，提高对裂缝类型的判断能力，并采取有效措施预防，在工程建设中逐渐积累裂缝预防的实践经验。科研、设计、施工、监理和业主单位应当分工合作共同解决混凝土裂缝问题。

第三节　水利工程施工中的滑模技术

目前，很多地区的水利施工都通过滑膜技术取得了较高的水准，并实现了功能的进步。本节主要围绕滑模技术概述，重点分析了水利工程施工中滑膜技术的应用，希望能够给今后的水利施工提供技术参考。

一、滑模技术的概念

在对水利水电工程中的滑模技术进行研究的过程中发现，这一技术手段的工作原理主要是利用普通工具模板和高科技器材等对水利水电工程进行施工，并在设个过程使用合理的液压千斤顶带动模板在混凝土表面的滑动，有效减少水利水电工程施工中出现的问题。目前在进行这项技术手段的时候，还应该保证施工中出现的数据和其他方面都符合相应规定，这样对于保证施工顺利进行，减少其中出现的质量问题起到非常重要的作用。一般来说在整个过程中进行的滑动工作的一项连续工作，因此在施工之前还应该对整个工程项目中使用的机械设备进行全面研究，避免在施工中出现机械设备故障，保证施工的连续性。

水利水电工程施工复杂，涉及专业和行业广泛，同时对施工技术的精度要求很高。这对施工人员自身专业素质提出了很高的要求。水利水电工程施工中，滑模技术是一种应用较为广泛的施工技术，其具有诸多优点，例如：施工便捷、操作空间小、机械应用范围广、安全性高、抗震性能优异等等，同时，在减少工程施工成本上也具有非常好的优势。这也是滑模技术在水利水电工程施工中应用较为广泛的一个重要因素。

二、水利工程中滑模施工控制要点

（一）混凝土质量控制

混凝土的质量决定着水利工程的稳定性和安全性，因此施工单位要从源头把关，严格控制原材料的质量，同时切实做好混凝土的配比设计工作，配合比的合适与否影响着混凝土质量优劣，是保障滑模工艺施工顺利实施的有效措施；混凝土的和易性则是影响滑模施工的另一个重要因素；混凝土的入模坍落度也需要施工单位加以重视，它影响着混凝土的输送、保温和初凝时间。在进行混凝土浇筑时，需要保障施工的均匀性，确保有利滑升，同时还要分区分层进行浇筑振捣，不允许在钢筋上浇筑混凝土，注意在浇筑后的清理工作。

（二）滑模的控制

滑模控制中，滑模水平的控制是极为重要的环节，它分为水准仪测量检查和千斤顶同步器控制两种方法。前者对滑模水平的检查是通过水准仪测量来进行的，后者对滑模水平的控制是通过千斤顶的同步器来实现的。控制好滑模中线，主要是避免偏移现象出现在滑模结构中心，在测量出线竖井时，要通过激光照准仪配合吊线进行使用。在滑模的控制过程中，模板变形现象可能会出现，而想要使竖井结构的大小尺寸得到最大限度保证，需要通过上下面全部测量的方式实现。在进口位置固定好激光照准仪，激光点在施工平台穿过，重合于竖井底板基准点。对于该部位的测量，需要施工三台激光照准仪进行，在竖井圆弧段与直线段的交界处分别布置两台，在圆弧段的中心地区布置一台，这样能够有效提升竖井测量的准确度。在大部分时候，由于激光点受到阻隔，施工单位都是通过传统的吊线方式校验滑模，使精准度达到设计要求，竖井测量精准度还受其他各种因素的影响。为了使测量准确性得到提升，使误差减少，可以使用弹性较小的钢丝作为吊线。施工单位在选择吊线锤时，需要提前考虑钢丝能够承受的最大重量，较大重量的吊线锤能够使吊线左右摆动的幅度大幅减少。

（三）模板滑升控制

一是制作安装钢筋，在安装钢筋时，其具有较大的工作量，而且具有较多的交叉作业，在安排劳动力时需要配合其他工种，从而使工程整体质量得到保障，使工程施工进度得到提升；二是初滑阶段，需要保证滑升行程较少，从而确保带负荷对整个滑模装置进行检验，同时需要将模的强度检查出来，明确模的滑升整体速度和时间；三是在正常滑升阶段，需要确保每层有大于二十厘米且小于三十厘米的浇筑高度，在这个高度范围内保证滑升行程有九个至十二个，同时每个三十分钟左右完成一个至两个的形成滑升，与此同时要保证其速度和出模强度的协调性。

（四）滑模施工的纠偏要点

滑模施工中，一些小的偏差和错误很容易出现，所以需要通过不同的方法对不同的工程情况进行纠偏：一是千斤顶垫铁纠偏法，在进行测量时，通过钢垫板的方式，垫高千斤顶的底座偏移方向一侧，使千斤顶和支承杆向偏移的方向进行偏离，从而使整个平台及模板系统被带动，滑升至一定的方向，起到纠正偏差和扭曲的作用；二是顶轮纠偏法，整个平台的支点可以选择为混凝土墙体，这些墙体已经出模且具有一定的强度，纠偏装置的安装位置在得到改变后，会有一个外力产生，从而使偏差得到纠正；三是改变模板坡度平台，当模板滑升的高度符合设计要求时，可以向纠偏的一方调校模板坡度，随后浇筑混凝土，在接下来的模板滑升时，可以通过新浇混凝土导向作用的方式，能够使平台及模板系统滑升至纠正偏差的方向。

（五）滑模调试安装

在滑模实施过程中，需要控制好以下三方面工作：一是对有预埋筋地闸墩底部进行凿毛清基；二是在通过专业设备对模板控制点进行测量，在闸墩混凝土保护层的外侧地面中放置木质的垫板，其主要目前是在起吊滑模的墩头、中间段和墩尾时起到垫护作用，同时连接各个部位；三是为使模板能够准确对齐各个控制点，需要在对滑模进行合理调节时使用特殊起重机，从而连接螺栓；四是在液压千斤顶中间合理安置空心钢管，将一台千斤顶顶至闸墩毛面，不过施工单位需要将千斤顶在施工前进行清理；五是将整个滑模设备提升二十五厘米，确保滑模准确对其各控制点，及时调整可能出现的偏差问题。

（六）滑模拆除施工

一是可以将相关的辅助设备现行拆除，从而使起吊的负荷大幅降低，给滑模拆卸提供便利；二是在完成水利工程施工以后，需要及时处理闸墩顶部多余的钢筋和钢管，从而使工程钢管套着的滑模起吊作业在较低提升的高度下完成；三是通过氧焊切除滑模底部吊笼，同时切除滑模的墩头、墩尾相连接的螺栓；四是在进行滑模的墩尾提升时使用专业的起吊设备，起吊的高度符合设计要求，随后拆除墩头及中间部位。

综上所述，随着水利工程施工技术的不断成熟，滑模技术在水利工程中得到广泛应用，使施工效率得到提高，施工成本进一步减少，而且具有良好的外观。施工单位需要加强对施工现场的管理，不断提高施工队伍技术水平，严格控制混凝土的原料配比和质量，完善滑模技术，为水利工程提供技术支持，使滑模技术拓展到多个领域，进一步推动我国水利事业的可持续发展。

第四节 水利施工技术及灌浆施工

随着我国经济的发展，我国的水利工程建设也取得了相当大的成就，灌浆施工技术会直接影响着建筑工程的质量，通过灌浆可以提高被灌地层或建筑物的抗渗性和整体性，改善地基条件，保证水工建筑物安全运行[①]。

一、灌浆施工技术在水利工程中的重要性

灌浆技术是指采用压送的方法把具有凝胶时间的浆液注入松散的泥土中或者含水的裂缝中，等到浆液凝结之后对裂缝可以起到填充作用从而改善土层或者岩层的力学性质和水理性质，使得整体得到优化。灌浆是为防止混凝土坝与基岩斜坡面脱离而进行的灌浆。具有加强坝体与基岩接触面的结合能力，提高坝体抗滑稳定性和坝基防渗性能等作用。随着我国科学技术的不断发展，我国在水利工程建设方面已经有着巨大的科技突破。但是，部分施工单位在建设水利工程时仍然面临着一些技术问题。而地基问题，便是现代水利工程施工中最为常见的问题之一。针对地基问题，大部分的水利施工单位会采用具有良好适应性的灌浆技术作为主要施工方式。通过灌浆施工，水利施工单位可以有效提升水利工程的防渗能力，从而有效提升水利工程的施工质量，更好地发挥水利工程在社会发展中的重要地位，为我国国民经济发展提供坚实的基础。

二、水利施工技术及灌浆施工应用要点

（一）选择优质的灌浆材料

施工人员在对水利地基的施工工作之前，要根据水利工程的地基建设需要选出合适的灌浆材料，材料必须要具有相对较好的可灌性，施工人员可以应用压力灌注技术，将灌浆材料灌注到地基的孔洞以及裂隙之中，同时要强化灌浆填充效果，避免出现灌注不充分的施工情况。当浆液已经完全固结硬化之后，灌浆材料仍旧需要保持极高的强度以防渗效果，如果灌浆材料的流动性被降低，灌浆材料的基本扩散范围也会受到限制。

（二）灌浆施工技术应用在严重漏水的情况

水利工程中的工程难点之一就是渗水现象，这在很多水利工程中都有先例，形成的原因多种多样。如果采用比较常规的手段，不仅会造成成本的大量消耗，而且收益较小。为

---

① 陈求稳.生态水力学及其在水利工程生态环境效应模拟调控中的应用[J].水利学报,2016,47(03):413-423.

了解决这一难题，防渗加固的施工技术水平就必须得到提高，从而来满足水利工程对工程质量的要求。接下来就介绍几种在严重漏水的情况下比较适合的灌浆施工技术：

1.采用模袋灌浆进行处理

所谓模袋灌浆就是通过将水泥灌浆注入模袋中，在模袋与水泥的相互作用及挤压之下，水分会快速的流失掉，此时只剩下水泥和水土，这样可以很大程度的提高砂浆的凝固速度减少含浆量。这项施工技术具有很强的耐磨性，并且由于模袋的作用使沙土稳定不会流失，促使渗水降到最低。

2.采用填充配料进行处理

所谓的填充级配料，采用的一般是水泥、沙砾、瓦砾、卵石等。但是对于填充材料的选择是有相对的规范的，如果在使用填充配料的情形下仍然没有达到预期的效果，就可以将黏稠程度上比较高的水泥（其中包括砾石及砾石与沙土的混合物、卵石等）当作水泥冲灌级配料，通过这种方式可以形成反过滤层，达到将通道完全堵死，从而防渗。

3.土坝坝体劈裂灌浆技术

土坝坝体劈裂灌浆技术在水利工程的防渗中也发挥了出色的作用，其原理是通过施工过程中对坝体施加一定的压力，使坝体顺着轴线位置劈裂，然后在发生劈裂的位置进行灌浆的操作，通过互相作用力及挤压，迫使其形成连续的、笔直的防渗护墙，提升水利工程的防渗能力，减少裂缝，抑制切断，堵塞孔洞。

（三）在岩溶区实施基础灌浆施工技术的方法

在不同的水利工程施工环境，施工人员针对水利地基实施的灌注浆技术是不同的，因为在不同的建设区域，施工人员需要面对的灌浆问题不同。岩溶区域是当前的大部分施工人员都要面临的水利建设环境。施工人员可以选用高压灌浆施工技术，尽量确保填充物保持更高的密实程度，需要灌注的主要材料是高压不冲洗型的水泥，这种施工方法可以使地基保持更好的防渗效果，水泥在地基之中渗透的时候，其呈现出的形状一般为条状，在进一步渗透到土壤之中时，水泥会逐渐呈现出网状结构，这种高压灌注施工方法可以将水利工程的基础部位地靠外部土层影响，具有更强的抗劈裂能力。这种岩溶区域之中，施工人员需要选好灌注装备，同时选出合适的机械钻机设备，确保可以深入到地下更深的位置，施工人员可以在钻机的顶端部位安装具有专用功能的喷嘴，使水泥泵可以在高压泵的带动之下，使水泥浆可以直接从专用喷嘴之中被喷射出来。在应用这种灌浆装置的时候，施工人员要注意的一个问题就是钻机对地基所在的土层产生的破坏效果。对于周边的土层要积极保护，在灌浆施工环节，施工人员需要同时开展两种作业活动，即高速旋转钻头与向上提出钻头，还需要将土层之中被破坏的部分与水泥泥浆材料充分地被搅拌在一起，当水泥浆液呈现出固结的状态时，水泥浆液会形成具有极强坚固性的柱体形状，这种固化的水泥浆液会使地基具有一定的加固效果。

三、灌浆在水利施工中应当注意的问题

由于灌浆施工具有较多施工环节，在施工前要检查灌浆的设备和材料，确保符合灌浆施工技术的要求，并做好暴雨等应急措施；施工期间要定期抽样检查地下水，以防地下水被污染；在正式灌浆施工时做好钻孔工作，对钻孔的大小进行合理控制，确保钻孔实现良好的注浆效果；要严格按照注浆工艺流程进行灌注，密封注浆管道，以免孔口出现跑浆，注浆工作要遵循"循序渐进"的原则，为保证管道的通畅性最初还要采用小流量进行灌注，累积增加流量，直到符合相关规定要求；如若第一次灌浆失败，还可以进行二次注浆，在进行第二次灌浆时要从一侧灌浆，另外一侧溢出，切忌同时灌浆。除此之外，要做好灌浆工程的质量检测工作，灌浆施工具有较强的隐蔽性，要从多方面入手来加强灌浆施工质量。

施工技术在水利工程中发挥着核心的作用，其是保证水利工程高质量完工的重要保障。建设企业必须不断加强对水利施工技术的应用探讨，此外还必须强化灌浆施工的研究力度，做好施工技术的应用与管理工作，不断提高技术应用效率，以建设出更高质量的水利工程。

第五节 截流技术在水利施工技术应用

水利工程的施工建设直接影响着一个地区的经济、民生与人们的生活。随着人们生活质量的不断提高，我国也加强了对水利工程建设的重视程度与各项投入。本节主要针对水利工程施工过程中截流技术的使用进行详细的分析，通过截流技术的设计、使用方法与改善的措施实现水利工程施工技术的不断完善与创新，为我国的水利工程建设奠定坚实的基础，也为以后的水利工程建设提供重要的参考。

一、截流施工中流量的设计

（一）截流时间的确定

对于截流时间的控制需要从以下几个方面进行考虑：①是否具备应有的泄流条件，进行导流泄水的建筑工程质量是否符合泄流的标准要求。在进行截流之前，要对泄水通道中的杂物与障碍物进行有效的清理；②完成截流之后，保证有充足的时间在防汛期之前完成必要的处理工作任务；③对于截流时间的选择需要根据实际通行的要求进行判断，要保证截流这段时间不会对通航产生影响；④如果遇到北方冰冻的时间进行截流，就需要对截流的时间进行选择，不可以在结冰期间进行施工作业；⑤对于截流时间的选择非常重要，所以在选择时间的时候，需要根据工程的施工进度与以往该地区的水文记载进行结合分析，

同时可以借助专业技术人员的专业判断，根据天气的变化选择合适的截流时间，减少不必要的影响。

（二）截流流量的设计

对于截流流量的设计需要根据现场的环境与气候等特点进行综合的考虑。通常情况下，可以使用水文气象预报修正法对截流流量的设计进行考虑，也可以根据工程的重要程度、截流期20年一遇或10年一遇的月或旬的平均流量作为标准进行判断。如果有特殊情况，也可以根据工程的实际情况选用适当的方法。对于截流流量的设计要根据该地区的频率进行判断，还要结合截流的时间，编辑出适当的流量设计。与此同时，对截流流量的参考还可以根据实际的测量资料进行判断。

（三）龙口位置、宽度的确定

对于龙口位置的选择需要在确定截流戗堤的前提下进行。根据当地的地形一般会选择位置比较宽阔的地方作为龙口的具体位置，并保留一定的空间，保持防止材料的位置与之较近，这样可以便于原材料的储存与堆放，从而保证运输的方便。从地质的条件来看，龙口的选择需要在覆盖层比较薄的地点和一些天然的保护设备处实现龙口的布置，这样的目的就是为了减小水流的产生造成的冲击，增加施工的效率，保证工程的质量与安全；根据水流的条件考虑，应该将龙口的位置设置在正对主流的地点，这样可以在发生洪灾的时候实现洪水的泄流，增加水利工程的安全性与使用效率。而对于龙口宽度的确定需要结合河流通航的要求、戗堤束窄河床后产生的水利条件与截流对于通航的具体要求。综合考虑决定龙口的宽度，龙口宽的选择要保证水利的流通、符合航行的最小宽度要求。

（四）抛石材料的选择

如果施工的地点水文条件比较差，就会造成水利工程建设过程中的截流施工质量得不到保障，这个时候就需要相关的专业技术人员使用钢筋混凝土构造面、六面体等技术的使用为截流施工提供重要的支持。而施工过程中施工材料直接影响着施工质量的好坏，所以在进行正式截流之前一定要选择使用合适的建筑材料。在我国目前的水利工程中使用最多的就是抛石材料。工作人员在进行施工的时候要对抛石材料进行正确的选择，并对其进行相应的检验，检验其使用是否达到技术标准的要求。具体的检验包含以下几方面的内容：①需要抛石材料具有一定的能力，在材料施工的过程中需要注意使用简单的其中设备或者运输工具能否实现材料的运输与使用；②在对抛石材料种类进行选择的时候，需要对该地区的运输环境与抛物的材质进行掌握，对施工现场的地质条件、水文特点也要做到相应的了解，选择使用的抛石材料之后，还要对备用的抛石材料进行选择，确保工程施工的安全与正常。

二、截流方法

（一）立堵法

如果选择使用立堵法进行施工就需要注意以下几方面：①需要在河床的旁边位置向河床中进行截流戗堤的修建，这样可以将河床变小，达到工程施工的标准。将河床修建到一定宽度的时候，要停止施工，对河床与龙口戗堤端部实施加固的处理；②要对龙口封堵的时间进行严格的控制，保证戗堤能够实现正常的合拢。同时还需要进行防渗设施的建立，从而防止戗堤出现渗水的情况发生。整个截流的过程完成之后，需要对戗堤进行加固的处理，也就是围堰的修建。所以，这种方法的使用可以不进行栈桥与浮桥的建设，使截流准备工作更加的简单，减少工程的工期，从而降低了工程的施工成本，在我国的很多水利工程中被广泛地使用。

（二）平堵法

所谓的截流就是在龙口的位置，根据其宽度进行抛投料的全面投射，然后经过抛投料的不断堆积之后就会慢慢地越出水面，所以，在实现合龙施工之前需要在龙口建设浮桥。对于抛投料的使用要求就是根据龙口的宽度进行均匀的抛射，所以其流速就会慢慢得较少，这样就会大大地减少单个抛射材料的重量，增加抛投的强度，工程的施工速度比较快，缺陷就是会对通航的正常带来严重的影响。所以，在选择截流方法的时候，需要根据施工现场的实际情况进行判断，也可以将两种方法进行结合使用，具体的使用方式就是先用立堵法进行填筑，龙口变窄之后再使用平堵法；或者是先用平堵法进行填筑，在使用立堵法进行有效的截流。

三、降低截流施工难度的有效措施

（一）加大分流，改善分流条件

在进行截流施工的过程中应先对导流结构大小、高度、断面的性质等问题进行了解。同时还要注意水利工程的下游安全问题，这都是对截流施工质量造成影响的重要因素，在施工的过程中对工程各行的关键环节进行严格的质量控制，具有重要的作用，可以全面的改善分流的具体环境。

（二）转变龙口水利条件

在进行截流工作的时候要对水文之间的差距进行严格的管理。通常情况下，水文落差应该小于三米，这是一个安全的范围。一旦超过了四米，就需要使用单戗堤的截流方法进行施工。如果该工程的水流量很大，就需要使用双戗堤及三戗堤或者宽戗堤等截流方式，有效地减小水文落差的范围值，实现工程的截流工作正常进行，保证工程的质量与安全。

（三）增大物料抛投的稳定性，降低物料流失

在对物料进行抛投的过程中可以使用葡萄串石、大型架构和异型人式投抛体等方法进行施工，同时还可以选择使用钢构架与大块矿石进行抛投。使用的这些原材料可以保证截流施工中骨料的安全与稳定，对工程的施工具有重要的作用。除此之外，还可以选择在龙口的下游设置拦石坎，这样可以确保物料在抛投的过程中稳定性比较好，减少截流工作中对于原材料的浪费，这也是确保截流施工正常运行的重要保证。如果工程的施工环境与水利条件存在不利的影响，就需要使用四面体或者钢筋砼构造等人工原料进行施工处理。这样可以有效的改善施工现场的施工环境与水利条件，从而实现截流的有效处理，保证工程正常的进行。

（四）截流材料

截流工序使用的原材料主要是填筑料、大块的石块等等，而戗堤填筑料需要使用的是临时的堆存大坝开挖出的原料。对大坝进行开挖过程中产生的填筑料需要在大坝的下游进行储存，还需要对上料的强度进行有效的增强，从而实现戗堤填筑工程的所需。这样可以保证工程成本的节约与工期的精简，对整个工程具有至关重要的作用。

（五）选好截流时间

对截流工序进行施工的过程中最重要的就是控制好截流的时间，一定要对泄流的条件进行熟练地掌握，对于工程中进行导流泄水的时候是否具备了泄流的标准要求，还应该在截流之前，确保泄水通道中的杂物与障碍物及时的清理。进行截流之后，要具有充足的时间，在洪涝灾害来临之前，需要对截流设施进行加固处理，保证工程的质量可以承受洪涝带来的伤害。对于截流时间的选择需要根据当地实际的通航情况进行判断，尽量避免影响正常的航运工作。同时还要参考该地区以前的水文环境、地质条件、气候变化与气候的特点进行综合的考虑。对截流的时间进行科学的判断与定位具有重要的意义，有利于工程的顺利进行与人们通航的正常运行，在整个水利工程中具有至关重要的作用。

四、截流技术的应用创新

（一）对截流施工技术加以创新

随着我国整体经济的不断发展，加强对水利工程的施工技术与施工工艺的创新具有重要的意义，只有不断地创新才能满足人员不断发展的需求。技术是一个国家发展的重要力量，所以需要加强水利工程的施工工艺的创新，才能保证水利工程规模的不断扩大与完善。

在水利工程中加强截流技术的创新对整个工程来说也是至关重要的，我们要借鉴国外的先进技术并结合本国的国情，制定出适合我国水利工程发展的截流技术。

（二）积极培养优秀的水利专业人才

在水利工程的设计与施工中，设计人员与施工人员是至关重要的影响因素，只有提高这些人员的专业技术水平与综合素质才能从根本上提高我国水利工程的建设质量。与此同时，还需要不同部门的相互支持，为研究人员提供足够的发展资金与空间，并发挥自己的创新能力，从而促进我国水利工程的不断完善与进步。

（三）完善管理体系

对于企业来说最重要的就是管理制度的建立，水利工程企业也不例外。只有将企业中的各部门进行有效的管理，才能保证工程施工的顺利与质量安全。在水利工程中截流技术是其中重要的一部分，加强截流技术的创新对整个工程具有重要的作用，而管理制度就是为了完善截流技术的管理，为其健康的实施提供重要的基础条件。目前我国的施工单位在这一方面的管理制度并不健全，这会对工程造成一定的影响。所以施工单位需要加强对管理体系的完善，提高工程的施工质量，增强企业的综合竞争力，保证工程使用的安全与稳定，为国家的全面经济发展提供重要的支持。

在水利工程中截流技术是其中重要的一部分，截流技术的使用直接关系到施工质量与给施工的效果。对整个水利工程的施工工期来说也具有重要的影响作用，还会对后期的工程施工带来重要的影响。如果截流技术使用的不恰当就会为后续工作带来严重的质量问题，并暗藏着重大的安全隐患，加强这一技术的研究与创新，在水利工程中是很重要的。对国家的整体经济发展也提供重要的基础，为我国的进步起到重要的支持。

第十四章　水利工程施工管理概述

第一节　浅谈水利工程施工管理

水利工程建设属基础建设，关乎国家社会经济发展，是我国国民经济的命脉。水利工程作为我国社会发展的重要组成部分，占据着战略性指导位置。随着我国水利工程事业的迅猛发展，水利工程施工管理状况不容乐观，正在接受着管理水平低、管理方式落后等严峻考验。

加强水利工程施工管理，积极采用科学合理的处理方案，提高工程质量，减小因施工质量问题造成的灾难性后果，现已成为亟待解决的问题。

一、加强水利工程施工管理的重要性

由于水利工程建设的基础性、战略性地位需求，注定水利工程施工管理工作的性质具有长期性和复杂性。采取行之有效的具体施工管理措施，进一步提高各项水利工程的施工质量，是确保各类水利工程竣工使用长足发展，充分发挥实际工况下综合利用价值与经济价值重要环节。

在具体工程项目施工管理过程中，应不断更新管理理念，寻求科学有效的管理方式，特别是对大中型水利工程采取全方位、立体化、大面积、实时监测控制的管理模式，将施工管理贯穿于项目建设与使用全寿命期，对实现水利工程建设的最终目标具有不可替代的促进作用。

另外，加强水利工程施工管理工作，可以使工程项目时刻处于全面控制状态，做到及时发现问题，及时解决问题。因此，我们需要在水利工程施工中，研究并采取适合具体工况的施工管理措施，加强对水利工程施工管理的重视程度，以保证水利事业从根本上朝着健康稳定的方向发展。

二、水利工程施工管理情况及问题

（一）水利工程施工管理情况

1. 施工前的预备管理

在水利工程开工之前，项目施工意向者会编制投标文件进行公开竞争，经过各项内容考核中标后与业主签订项目承包合同。同时，需要预测项目施工成本并进行成本控制，还需要对照水利工程施工合同拟定施工管理方案等一系列内容，这些都属于施工前预备管理的范畴。为了让后续的施工工作持续稳步推进，须建立水利工程施工管理组织，由监理工程师作为管理组织的队长，对承建单位、项目法人之间的关系进行科学合理的调解。合同管理是施工前预备管理工作的重要组成部分，一定要对合同中的各项条款进行充分的了解，明确施工方与建设方各自的权利和义务，这样才能避免相互扯皮，提高施工效率。

2. 施工过程中的管理

在水利工程正式进入施工阶段，需要加强对水利工程施工过程中各个环节的管理，主要包括施工期成本目标的确定、施工图纸的会审、施工质量控制、施工进度控制、施工机械与人员调配等。为了确保工程施工质量达标，工期不拖延，承包人需对施工组织设计进行调整优化，控制好材料成本、机械成本、人力成本、运输成本以及管理成本等，以保证施工过程顺利推进。

3. 施工后的管理

水利工程竣工后，施工管理人员应协助相关单位进行竣工验收，并对工程的质量进行全面检查。与此同时，也需要做好竣工以后的财务结算，对应收账款进行管理，理清债权债务。还需要对水利工程的大量施工资料进行收集和分门别类整理，形成完善的施工档案，为后续水利工程的建设打好基础，提供参考借鉴。

（二）水利工程施工管理存在问题

1. 施工管理的理念与模式落后

随着我国社会经济的高速发展，水利事业各部门及相关单位也逐步采用了系统且全面的管理机制，这对于提高水利工程施工管理质量具有关键性促进作用。但是，仍然存在着水利工程施工管理人员思想观念陈旧、管理模式落后等不利因素，这样就直接导致了水利工程管理的效率低下，增大了管理成本。其主要原因：一是在人们心目中始终存在着无偿用水的旧观念，要让这种观念得到改变需要一个漫长的过程；二是因为我国是农业大国，政府相关部门对农业发展比较重视，用水价格低廉，而对商业用水的价格则进行严格限制。

2. 水利工程施工管理中问题较多

就已建和在建的水利工程具体案例分析，当前我国水利工程在施工建设阶段所存在的问题较多，最为突出的问题是尚未健全水利工程施工管理系统，管理层面与施工层面存在脱轨现象。管理层面应构建的监督检查机制尚未建立，导致水利工程在施工过程中缺少监督模块，甚至部分工程在施工过程中"暗箱操作"或"内定"现象屡禁不止。现有的施工监理人员非科班出身，专业化水平与综合素质相对较低，监理队伍中时常出现"无证上岗"或"挂靠证件"现象。基于此，对于因施工过程中的操作不规范而导致出现严重工程质量问题的现象屡见不鲜。由于缺乏施工管理方面的专业性人才，在发现问题后，并未及时对相关人员进行责任追究，也没有进行及时的解决与处理，致使水利工程施工管理工作无法达到其预期效果，工程质量无法达到国家或行业标准要求。

3.水利工程施工管理的体制不健全

从现阶段来看，我国水利工程在施工管理方面的重视程度相对薄弱，存在管理模式落后、管理机制不够完善的现象。就我国当前的法律、政策看，尚未有明确规定水利工程在施工管理过程中的具体标准。加之大部分水利工程建设工地，地处经济发展落后、文化教育水平低下的山区，部分施工管理人员未接受良好的教育，不具备较高的专业化水平与能力，时常在管理过程中出现"开后门"现象，不按规章制度办事。很多具备管理知识的年轻人才，因为施工管理工作量大、强度较高、报酬却很低等原因，经常出现管理人员调动离职的现象，致使人才流失。基于这些情况，不仅不能对水利建设的施工管理产生推动作用，反而因人员频繁变动工作交接而产生消极影响。还有一些水利工程，在建设的过程当中并没有聘请专门的管理人员，从而造成管理缺位，导致施工进度缓慢，工程建设质量不高。

三、加强水利工程施工管理的对策

（一）改变施工管理的理念

要摒弃传统管理理念，创新施工管理理念、方式，以与新时期水利事业发展的大趋势相适应，尤其是在水利管理部门内部，应起表率带头作用，对于水利工程施工的各个阶段，采取不同的措施以加强管理。要组织好水利部门管理人员培训，提高水利工程施工管理者的专业化水平与综合素质；要利用现代信息化系统的优势，创新管理新的途径，加大水利工程施工管理信息化平台建设投入，使水利工程施工管理现代化、信息化、制度化、规范化。结合工程实际，以发展为主线，对水利工程施工管理进行全面规划，立体设计；对水利工程施工建设中的各项可利用资源进行优化配置，使管理效率最大化。

（二）不断提高工程质量的管理水平

提升水利工程质量管理的水平，主要体现在以下三点：

1.建立健全水利工程施工质量管理机制

在进行水利工程施工过程中，要始终秉持投标招标机制、项目法人机制以及工程质量终身负责制。在水利工程招投标阶段，坚决杜绝业主、招标公司及建设单位相互串通而内定结果，采取公平竞争的招标投标机制；水利工程的承建单位，必须依据承包合同认真履行职责，并按照项目法人单位的要求，构建内部检查质量控制系统；对于水利工程的建设单位、设计单位、承建单位、监理单位，明确责任权限，实行终身负责制。

2.对施工过程中所采用的各种材料及设备进行严格的管理与检查

加强水利工程施工过程中的材料检测与设备安全性检查，不仅可以保证工程项目顺利开展，而且也是提高工程建设质量的关键环节之一。要严格规范施工材料进场管理，该抽检则抽检，该试验则试验，不合格材料绝对不准进入；要对施工机械设备进行安全性能监测，不达标、不合格的废旧设备，坚决不用。通过严格的施工材料与设备管理，保证工程质量高标准。

3.建立施工质量管理体系

水利工程施工质量管理体系，主要是以现场施工建设管理组织机构为主，结合施工企业质量管理机制而建立的。根据施工管理的范围，施工质量管理体系包括：质量管理控制体系、质量管理组织体系、现场施工质量管理目标体系等。在建立健全水利工程施工质量管理体系中，首先要坚持以预防为主的原则，在项目进行施工之前，对施工管理流程及规划进行科学有据的制定与调整，并要明确施工建设的程序和方法，从而采取与技术、组织、经济等相关的一体化管理措施体系，以指导水利工程施工建设。

水利工程属民生工程、社会惠普工程，要以"百年大计、质量第一"为基本理念，不断探索工程质量管理新理念、新机制、新方法，积极采取措施，建立完善制度，加强工程施工前、中、后期管理，不断提升建设水平，以一流的管理创一流的质量、一流的进度，为水利工程建设事业做出新贡献。

第二节 水利工程施工管理的质量控制

建设水利工程的主要目的在于除害兴利，主要作用在于与对自然水资源进行合理的控制以及调配。水是人类生存过程中不可缺少的资源，但当前事前水资源难以充分满足人类的需求。因此，为使水资源能够得到合理的利用，建设水利工程至关重要。

一、施工内容及特点

水利工程建设具备较强的综合性，建设内容包含以下几方面：①水土大坝工程；②水利堤防工程；③水利水电枢纽建设。水利工程施工场地大多在于偏远地区，对工程造成影响的因素较多，而且许多工程不仅量大，且地质条件也具有较强的复杂性，施工强度相对较高。水利工程建设施工具有以下几种特点：①投资规模大；②工程技术复杂；③建设周期较长。除此之外，由于大多数工程施工位于偏远地区，交通条件相对较差，当处于沿海地区时，还需进行相关水下作业，例如疏导节流，为工程施工增添了许多的难度。水利工程建设的任务在于以下三点：①挡水；②蓄水；③泄水。在施工过程中有着许多较为特殊的要求，为保证工程质量，施工人员必须严格按照相关技术规范进行施工。另外，水利工程对地基的要求极为严格，若施工场地处于特殊的地理位置，一旦出现安全隐患，则难以进行及时的补救，因此在施工过程中，还需对施工地区的地基进行特殊的处理。

二、当前质量控制存在的问题

（一）施工过程中质检效果差

很多企业追求工程完成的速度，不重视工程质量。在现场监管时缺少系统的组织，缺乏科学的指导，不能自觉的按照规范进行，甚至为了应付上级要求而做很多表面性工作，在对待施工过程中的质量检查时态度随意，达不到实际效果；还有的企业为了节约成本，缺少必要的物质准备以面对出现的质量问题。而我国在现代水利建设能力方面有待加强，各项规章制度不够完善，投机取巧的状况时有发生。在迅速发展的行业形势下，这样的现状难以满足市场需求，更难以满足质量需求。

（二）责任问题

水利工程建设资金大多由政府部门投放，但政府部门对工程施工管理较为陌生，对工程建设过程中的责任问题难以进行协调，这对施工管理的质量造成严重的影响；而其他各参建单位并未明确自身的责任，导致问题出现时，无法意识到责任的分配，为工程施工的责任控制造成了负担，并且质量管理的疏忽对工程项目的施工周期也造成极大的影响。

（三）安全问题

水利工程施工现场具有较强的复杂性，存在较多的安全隐患，对施工安全质量造成一定的制约，主要表现在以下几方面：①施工人员自身的安全意识较弱，在施工过程中，对自身的行为难以进行约束，自主能力普遍较低，尤其是面临突发状况时，其对于安全控制的意识较为匮乏；②工程施工现场缺少相关安全标志，为工程质量控制造成一定的安全隐患；③缺乏安全管理资金，导致安全管理相关配置难以齐全，在施工管理过程中难以起到警示的作用。

三、优化措施

（一）管理人员对各项的严格控制

首先是对技术的严格管理。管理人员要从繁多的技术中挑选适合合适的施工技术和方案，以保障工程的质量；其次管理人员需要加强对施工工期的控制。加强施工工期目的在于更好把握工程进度，防止出现质量问题。管理人员需要整体把握工程特点，在此基础上进行编制以编制出合理的施工工期方案，根据实际情况进行修整，并加强监管，确确保落实；再次，管理人员要加强工程的安全控制，工程施工前要针对方案、措施、质量保证体系进行审核。施工时要对工程用到的各种设备和原材料进行质量控制。工程结束后进行严格质检，一旦发现出现质量问题马上进行补救措施。当然，事先控制是水利工程施工管理中质量控制的关键部分，在大的问题出现前将问题解决，既避免了质量隐患，也为公司赢得更好声誉；最后，管理人员要严把质量关，在执行设计文件的时候结合专业知识和施工经验进行优化处理，使工程进度和工程质量达到最优，以此求得最大投资效益。

（二）建立完善的质检体系

要加强质量控制，就要完善质量检验体系。要严格检查施工原材料，施工的质量受到施工原材料的直接影响，因此在检验工程原材料时必须严格，科学采购，严格按照选购标准进行采购切忌贪图便宜、节约成本而偷工减料，对每种建材进行严格检验，杜绝劣质材料进入工程施工。

（三）完善工程监理制度

完善工程监理制度是对工程进质量控制最直接的措施，为此，建设单位应将监理制度做到严格规范，要求施工人员以及监理人员必须持证上岗，并对监理人员进行专业的培训，全面提升工程监理能力。此外，在施工过程中，需保证工程施工能够严格按照设计标准进行规范化施工，尽量避免工程施工出现质量问题。

（四）加强施工现场管理

水利工程的施工环节既有关联也有着一定的制约，每个环节的施工质量对工程的质量都造成直接的影响，因此，必须通过加强施工现场管理来对施工质量进行有效的控制。首先，工程施工过程中应严格按照相关规定进行施工，针对工程中较为重要的隐蔽工程，必须进行更加严格的质量控制；其次，施工管理人员应定期组织开展质量管理会议，定期将工程质量问题进行汇报，并且将施工过程中各项责任承担者进行合理的设置；最后，在施工如此一来，才能够对水利工程建设进行有效的质量控制。

水利工程关乎广大人民的切身利益，既是公共利益的重要体现，更是我国社会主义建设的基础工程。在市场经济的驱动下竞争更强烈，专业要求性更强，施工单位要严把质量关，加强工程施工人员的素质培养，做好水利工程施工管理的质量控制，不仅谋得企业更好发展，更是为我国的基础建设提供良好保障①。

第三节　水利工程施工管理的优化策略

水利工程施工属于大型工程，因此必须保证工程的顺利进行，不断加强水利工程管理。提高工程质量，是相关工作人员的主要责任。水利工程管理的目的就是提高水利工程的质量以及安全性，让工程利益最大化，用较少的资金对工程施工管理不断进行优化。

一、水利工程施工管理的关键作用

水利施工管理工作贯穿了整个工程，无论工程处于什么阶段都不能缺少施工管理，施工管理是保证工程顺利进行的条件之一。施工管理要严格对图纸进行审查，保证水利工程建设与施工图纸一致，不仅可以控制施工成本，还可以保证工程的施工质量，同时监督工程进度，保证水利工程建设得到完善，避免出现豆腐渣工程。水利建设是国家建设的关键工程，水利工程管理是水利建设中的重要部分，主要为了对水资源进行合理分配，为人们更好地服务。良好的施工管理非常必要，可以让企业得到更好的综合效益；良好的水利工程施工管理可以提高工程质量，节约大部分时间，提高企业效率。

二、水利工程施工管理的主要内容

水利工程施工管理主要内容，施工前管理、施工过程中的管理以及施工后的管理。施工前管理：水利工程在正式开始之前要进行大量的准备工作，例如创立建设项目业主、整体管理能力、施工质量目标以及综合竞争力等；施工过程中管理：水利工程正式开始后，管理内容主要有施工图纸、质量目标成本、签证、优化组织、材料成本管理等；施工后管理：结束施工工作之后，要进行的管理工作是管理过程中最关键的部分，要对档案信息工程进行整理存档，财务结算清晰，将项目进行转让。要将水利工程中的施工资料妥善收集管理，保证水利工程的运行。

① 刘新春.浅谈水利工程中的生态影响及生态水利工程的建设 [J].黑龙江科技信息，2015，29（17）：257-258.

三、水利工程施工管理优化措施

（一）完善施工管理体制

若要对施工管理工作进行优化，首先要创建完善的施工管理体制，在施工过程的各个阶段，都要设计具有实践性以及针对性的管理方案，管理流程要保证合理、科学，优化施工技术与经济一体化之间的管理，施工顺序要安排合理，保证每个任务都清晰。同时要保证现场检查工作的实施，对于影响施工进度的因素要认真对待，及时做出处理，让工程进度得以保证，协调各方面的施工工作，在施工过程中不断发现问题、消除问题。

（二）优化施工管理人员素质

为保证施工管理技术可以顺利进行，首先要加强施工人员的整体素质，提高施工人员的责任心，不断提升综合能力以及专业水平，提高人员素质是提高水利工程质量的重要手段。提高施工人员的思想素质，让施工人员明白施工管理的重要性，提高其责任心，时刻谨记施工质量控制最为重要，对自己要求更加严格，以便更科学、有计划地开展工作。施工单位严格遵守施工流程，在进行施工任务安排时要保证有计划、有组织，避免施工人员或队伍工作量太大，导致施工质量不过关。为了保证施工人员的工作热情以及积极性，应定期对施工人员进行考核，对于工作表现较好的员工给予奖励，而对于责任心较差、有影响施工质量行为的员工要进行惩罚，可将工资与员工表现联系在一起，提高施工人员对于施工质量的责任心。

（三）创新管理技术

水利工程施工需要较高的技术水平，管理单位应该做好施工人员的教育以及培训工作，提高施工人员的技术以及管理能力，尽量避免出现施工技术较差以及不熟悉操作造成的安全事故，从而影响工程质量的事件发生。工程不仅要保证经济性以及可行性，还应尝试先进的技术以及设备，应针对实际情况引进新技术，并且培养员工熟悉规范操作，完全掌握新设备的维护工作，培养技术型人才。

（四）增强安全管理

优化工程安全管理应完善安全管理制度，不断对施工内容进行完善、优化，例如设计安全方案以及与安全施工相关的文件。同时为了避免造成安全事故，在施工之前，应尽量对施工过程中可能出现的安全事故进行评估，并且做出相应的解决方案，保证在发生意外时可以冷静应对。在管理过程中要投入足够的资金，配备足够的安全装置，在工作过程中施工人员应佩戴安全装备，不可有疏漏，施工现场也要布置足够的安全标识，增加安全管理的监督工作，创建水利工程建设工作的良好环境。

　　水利工程的主要作用是为了抗旱、防汛、发电以及供水，建设范围非常广泛，具有各式各样的类型的建筑以及工程，应对水利工程管理各方面工作进行调节。为了保证水利工程的施工质量不断对施工管理工作进行优化，提高水利工程施工管理的水平，促进我国水利工程的不断发展，树立施工单位的良好形象。

第十五章　水利工程施工管理理论研究

第一节　小型农田水利工程施工管理要点

小型农田水利工程建设是为了服务农民的生产生活，水利工程建设质量是农民最为关心的话题。为了避免小型农田水利工程施工质量出现问题，在施工中强化管理就显得更加重要。小型水利工程在施工过程中，涉及很多问题，比如技术、材料等问题。

一、影响小型农田水利工程施工因素分析

（一）施工机械设备

小型水利工程施工，需要借助大量的机械设备，这些设备的型号、规格、配套问题会直接影响施工质量。

（二）施工材料

施工材料质量是影响水利工程施工的重要因素。用于小型水利工程建设材料，必须符合国家标准以及工程要求，如果施工材料质量不达标，那么势必会影响工程施工质量。主要工程施工材料包括泥、碎石、砂以及钢筋等，在用于施工之前，必须要经过严格的质量监测，符合标准后方可进入施工场地。

（三）施工工艺

施工工艺在小型农田水利工程建设施工中的作用不可忽视。精湛的工艺，无疑会提高水利工程建设施工的效率和质量，若施工工艺存在问题，就会延误施工进度，增加施工成本。

（四）施工作业环境

小型农田水利工程施工建设都处于自然环境之中，因此难免会受到周围条件以及自然环境的影响。施工作业环境属于施工建设的客观因素，除自然环境外，还包括交通运输、

工程材料供应等，这些因素都会在不同程度上对施工质量造成影响。

二、小型农田水利工程施工管理要点

（一）工艺管理

施工工艺直接影响工程施工质量，因此在小型农田水利工程建设施工管理过程中，一定要将施工工艺管理工作落实到位，具体分析如下：

1. 渠道工程施工基础处理工艺这部分施工属于工程基础施工，是整个工程的根基，施工质量控制非常重要。承载力必须要满足施工标准，一般会采取换基夯实工艺进行处理；

2. 沟槽的开挖沟槽开挖属于施工前作业，因此施工技术人员必须要全面掌握沟槽槽底高度与宽度要求，在开挖的过程中，减少由于超挖、欠挖而造成的工程质量问题；

3. 沟渠渠身的安置在完成沟渠槽底回填以及沟底混凝土浇筑之后，应该进行渠身的安置。渠身通常采用型预支渠身。对于渠身中心以及高程的控制，通常采用坡高板来进行控制，在实际施工作业过程中，应该确保坡高板设置的牢固性；

4. 砌体工程施工在砌体工程施工过程中，为了提高砌体工程施工质量，应该做好砌块排列以及错缝搭接，对于转角墙以及纵墙交接处的砌筑施工，应该注意砌块分皮留搓，交错搭砌。对于小型农田水利工程浆砌工程应该采取分层砌筑的方式，将每层砌筑的厚度控制在要求以内，完成砌筑后应该对浆砌体进行及时勾缝，并做好防渗处理；

5. 钢筋工程及混凝土工程施工这部分工程施工管理内容比较复杂，要对施工钢筋材料进行质量监测，保障材料符合施工标准，同时，钢筋工程要进行人工绑扎，或者焊接接头处理。管理的目的是保障钢筋保护层厚度、型号、焊接与施工要求、国家标准相符。混凝土工程是工程的关键，施工管理重点对混凝土工程模板的强度、刚度、稳定性和表面平整度进行检查，确保立模质量满足规范以及设计要求。混凝土的浇筑施工作业应该采取水平分层、一次整体浇筑、插入式振捣器振捣密实的方式进行浇筑作业，在混凝土浇筑完成并初凝后应立即进行养护，养护期间应保持湿润，避免由于雨淋日晒或者是冰冻等不良条件降低混凝土工程结构的强度。

（二）设备管理

施工机械设备是小型农田水利工程中不可缺少的一部分，在施工管理中，要强化施工机械设备管控，从设备购买、设备检验以及设备施工等全面进行管控，确保设备质量符合工程要求，保证设备标准化操作，做好设备维护与保养。现代化机械设备技术性强、种类多，因此需要科学管理，才能保障设备的充分利用，满足施工要求。

（三）材料管理

小型农田水利工程项目领导要重视材料管理，建立完整、科学的材料采购规范和计划，从材料采购、财务、记账等各方面进行管理。引入现代化信息管理技术，对材料运用的各个环节进行监控，确保材料质量的同时，提高材料利用率，同时减少浪费。

（四）施工环境管理

施工环境属于客观因素，在施工过程中，要通过人为努力进行改造。一是自然环境，做好环境监测，保障施工区域环境与项目工程施工契合；二是针对主要的环境问题，要做好环境保护工作；三是强化环境保护意识。在材料供应方面，要与材料供应商紧密联系，确保材料正常供给。交通运输环境，要做好场内交通的合理规划，避免施工运输冲突，调整和协调交通线路，最大限度保障交通运输畅通，减少场内运输时间。

（五）安全管理

安全管理是施工管理不可缺少的内容。强化全体人员的安全防范意识，制定安全防范管理机制，做好设备检测与安装，避免机械突发安全事故。现场作业安全管理进一步强化，确保施工操作的规范性，减少施工安全隐患。

第二节　农田水利工程施工组织设计总平面布置

农田水利工程施工建设内容多为渠沟整治、桥涵口闸建设、农田道路铺设、土地平整、防风林种植等，工程施工最大的特点是线长、面广、点多。进行农田水利施工场地平面布置时要根据工程区域的地形特点、地貌特征和地质条件，利用现有的施工场地条件，合理布局，统筹安排，确保各时段内的施工均能正常有序进行。

一、施工平面布置原则

1. 在满足施工需要前提下，尽量减少施工用地，不占或少占农田，施工现场布置要紧凑合理；

2. 合理布置起重机械和各项施工设施，科学规划施工道路，尽量降低运输费用；

3. 科学确定施工区域和场地面积，尽量减少专业工种之间交叉作业；

4. 尽量利用永久性建筑物、构筑物或现有设施为施工服务，降低施工设施建造费用，尽量采用装配式施工设施，提高其安装速度；

5.各项施工设施布置都要满足：有利生产、方便生活、安全防火和环境保护要求。

二、布置说明

施工总平面布置内容包括办公及生活设施布置、临时性生产设施布置、施工交通布置、风、水、电供应等内容，分为主要工程施工区、施工临时生活区、施工辅助企业区和仓储区。结合农田水利工程施工点分散的特点，主体工程施工区、临时生活区采用分散布置的形式；施工辅助企业区主要布置在施工管理临时生活区附近，仓储区中除综合仓库采用集中布置，水泥库等宜分散布置。

三、施工平面布置

（一）生活及福利设施

根据施工总进度计划及总工日数与拟采取的管理模式、施工方法、工程施工高峰期总人数，计算需建临时生活及福利设施的面积。临时房屋一般以活动板房为主，个别建筑采用砖木结构，在条件允许的地方可租用民房。临建设施布置原则上力求合理、紧凑、厉行节约、经济实用，方便确保施工期间各项工程能合理有序，安全高效地施工。

（二）交通运输

工程施工一般以当地高速公路、国道、省道作为对外交通的主干道。项目区内一般利用各乡镇间不同级别的公路和田间的机耕路和农田路作为施工道路，同时可根据施工现场条件及施工需要，在现场修建临时道路。

（三）生产和生活用水

根据施工现场条件，施工用水可取用当地地下水，在施工现场设蓄水池，生活用水可从附近村组拉运。

（四）施工临时供电

农田水利工程项目区一般都在当地村庄附近，项目区内大多有输电线路通过，农用电网密布，施工用电十分方便，在必要的地方可架设输电线路为施工之用。考虑到农田施工比较分散的特点，还需配置与施工用电相适应的发电机组。

（五）施工通讯

一般情况下，中国移动和中国联通网络可覆盖农田项目区，且两个网络运营商资费低廉，在施工现场配备手机作为对外联系和施工区内生产调度联络，从而满足施工通讯联系。

局部网络信号覆盖不到的地方可配置手提式对讲机加强生产调度联络。

（六）砂石、砼生产系统

1. 砂石加工系统

根据施工现场条件，在能满足工程施工要求的前提下，尽量少占场地面积及环保等原则，工程所需砂石料均从当地料场直接购买。为满足工程施工需要，需配备自卸汽车运输，并在施工现场设砂石料堆放场，分开堆放各种骨料。

2. 砼拌和系统

小型农田水利工程的工程砼工程点多线长面广，而且每块混凝土的浇筑量均小，强度均不大。结合建筑物结构特点与布局形式，一般采用小型搅拌机即可满足混凝土生产要求。砼拌和系统主要配置：成品料堆、袋装水泥库、空压机房、试验室等。

3. 砼运输系统

砼水平运输：搅拌机拌和站一般使用小型机动翻斗车运砼直接入仓或搭马道人工手推车转运入仓上料；垂直运输：采用搭设脚手架或利用溜槽入仓。

（七）综合加工厂

为了便于管理及施工方便，设置综合加工厂，主要有钢筋加工厂、木工加工厂。

（八）综合修配厂和机械停放场

综合修配厂主要承担工程机械、运输车辆的二级保养，小型机械的修理、简单零配件加工及施工设备停放、金结设备堆放拼装等。场内设修理间、仓库值班室，采用封闭式砖木结构。修配车间建筑面积和总占地面积根据工程规模和工作内容具体确定。

修理厂附近设置机械设备停放场一处，主要为设备修理及故障排除；运输车辆停放于生活区停车场。

（九）仓储设施

工程所需金结、金结埋件物资材料，可放置在工地仓库；砂石、水泥储存于砼拌和系统成品骨料的堆放场和水泥库；钢筋、木材储于加工厂。水泥储备半个月的用量，钢筋、木材亦储备一个月用量。

1. 工地综合仓库

综合仓库为工程施工、工具、五金器材、化工、劳保和配件等储存用，并承担定型钢模板、钢管、电缆等露天堆放的材料储备任务。

2. 水泥仓库

工程水泥仓库分散布置在各拌和场所。

（十）弃渣场布置

工程垃圾根据有关规定及环保要求，按规定运至指定地点填埋或回收利用。弃渣场按施工场地实际情况合理堆存，汽车运渣至料场后，用推土机适当推平，尤其是渣堆边缘部位，稍做碾压，防止滑坡。

（十一）消防设施

根据消防规定，在辅助企业区、生活区配备足够的消防器材及辅助工具。

总之，农田水利工程施工设计总平面布置要因地制宜、利于施工、方便管理，技术经济合理、生产安全可靠、利于环境保护。

第三节　水利工程投标中施工组织设计的编制

近年来，我国的水利工程施工建设发展得非常快，同时，也给我国的经济带来了巨大财富。因为水资源是人们生活以及工作不可缺少的资源，只有修建水利工程，才能控制水流、防止洪灾、满足人们生活和生产对水资源的多元化需求。作为水利工程设计中最重要的部分—施工组织设计，是作为水利工程投资评估、预算评估、制定招标文件的参考。施工组织设计是用来指导施工项目全过程各种活动的项目、经济、组织的综合性文件。水利工程是用于控制和调配自然界的地表水和地下水，以除害兴利为目标的一项工程。

随着水利工程的发展，有关水利工程投标中施工组织设计的编制就成为施工单位研究的重点工作。这也是施工单位的招标文件的内容之一，在水利工程建设中十分重要。在进行施工组织设计工作时，要对工程进行高度的熟悉，才能更好地进行工作。投标文件中应该包括水利工程的总规划等文件，这是最重要的部分，做好施工组织设计的编制工作是非常重要的。下面将阐述水利工程投标中施工组织设计编制的整个过程。

一、编制前的准备工作

水利工程投标中施工组织设计编制最重要的部分就是在编制前的准备工作，在每项工程建设过程中，如果没有充分的准备工作，就不能真正的了解到项目的真正情况。水利工程进行投标时，关键的部分是标底与报价，标底与报价的依据是竞标施工企业施工实力、资金的运转情况、资源配置的合理性等情况，这些部分来进行投标，施工组织设计可以提供大量的资料以及数据，供工作人员来参考；另一方面，了解了企业施工组织设计能够对工程施工有一个很好的认知，能够从根本上了解到工程施工的进度，还可以了解到企业工程建设的认知。进行水利工程的投标，相关的投标单位会安排专业人员到水利工程的所在地，进行全方面地勘察，在这时，工作人员可以获取与收集投标时所需要的资料与数据，这样才能为下面的工作做出准备。

二、施工组织设计的内容

施工组织设计的过程分为四个方面：

1.这一过程需要相关专家的配合来进行，是投标过程中最基本的部分，需要相关的专家对收集来的资料与数据进行分析与研究，排查一些准确性不高的数据，保留一些准确性高的数据，保证编制施工组织设计信息的准确性；

2.下一个阶段，就是投标前的评标，简单来说，就是对上交的数据进行评选，看看哪些数据是可以采用的，哪些是不符合条件的，进行筛选。这一过程，时间比较短，施工组织设计作为评选的标准，要具有全面性、清晰性等特点，能够使专家在短时间内对资料有大致的了解；

3.能够使专家更快的阅读与筛选资料，水利工程的组织施工设计除了采用文字表达，还可以采用图表、流程图的形式表达出来，这样，施工组织设计的内容更加清晰，更加容易理解；

4.选择合适的施工方式也是非常重要的部分，要结合水利工程的地理位置，进而选择合适的施工方式，这一过程，可以体现出施工单位的优势，专家也就会很少的提出疑问，更加减少了时间。

三、相关的注意事项

1.任何一项工作都是需要准备工作的，要不然不能充分的发挥到其中的优势。编写施工组织设计之前，需要对招标的相关文件进行解读，了解到招标文件中的重点，招标的形式、招标的信息等方面。另一方面，要取得业主的施工设计图纸与招标文件，得到之后，还要邀请相关的专家进行研究，参考勘察专家提供的资料，进行进一步的分析论证，整合出一份对招标有重要作用的招标文件；

2.除了专业性的知识，还需要市场上的情况，这一过程，进一步地说就是除了专业人员对水利工程的实地勘察，还需要安排一些人对市场进行调查，要了解到其他地方水利工程的建设，取长补短，汲取对方的优势。比如水利工程的地区建筑材料、施工的情况等方面，另外，要对提出的问题进行解答与探讨；及时的以书面的形式反馈给大家；

3.任何一项工程与设计，都是需要很多次的改进，要求工作人员对水利工程相关文件熟悉之后，并且把相关的资料都收集之后，组织相关人员开会，进行探讨，研究出一份最专业的设计，这样可以减少频繁修改方案的次数，很大强度上提高工作效率。

四、编写标书

（一）最大化使用市场考察材料

要充分时使用收集来的资料，因为招标的内容不一定能够达到全面，需要根据实地情况进行使用，在中标之后，还要对水利工程的所在地进行勘察，根据实际情况进行施工。

（二）根据标书要求编标

水利工程的招标文件有很多的要求，比如格式、相关工程技术要求、施工质量等方面的要求，必须按照相关的规定进行编写标书。

（三）具体编写

施工组织设计要具有一定的质量标准，如果达不到标准，会影响到工程的质量、施工进程、经济效益、企业的信誉、施工管理等方面，施工组织设计的招标文件有具体的要求，包括工程的大致情况、施工人员的调配、施工设备的管理、采购材料的情况、防护措施等。施工方法要依据合理合法的原则进行施工，尽量要选择先进的技术，尽量地缩短工作周期，另一方面，还应该考虑企业的收益，当然，还要将环保作为最重要的部分。面对特殊要求的工程，要综合施工企业的资质，来进行施工，尽可能地满足领导的要求。

水利工程关系到社会公共利益、公共安全的项目，很多国家都对这项工程进行投资，属于《中华人民共和国招标投标法》进行招标的内容，施工组织设计是对工程建设项目整个项目中过程中的设想构思和具体安排，可以加快工程速度，并且具有质量好、效益高的特点，还可以带来可观的经济效益，使整个工程得到更好的效益。

第四节　水利水电工程的施工总承包管理

随着近几年我国社会经济的快速发展，水利水电行业也得到了飞速发展，进而使得人们对水利水电施工质量提出了更高要求。基于此，本节首先对水利水电工程的施工总承包管理内涵做了简要分析，进而详细介绍了水利水电工程的施工总承包管理内容及模式，最后对水利水电工程中施工总承包管理的制度和资质进行了详细说明，以便能够使人们对施工总承包管理有着更为深刻认识和了解，进而确保施工总承包管理在水利水电工程中充分发挥出应用的作用和价值，不断提高水利水电工程质量。

施工总承包管理模式具体指的是由业主方对多个或一个施工单位进行委托，要求其组成施工联合体。施工联合体是水利水电工程施工中的具体管理单位，其他分包单位则由业主委托其他的施工单位进行施工。

一、水利水电工程的施工总承包管理内涵

（一）施工总承包管理概述

在工程总承包方面，西方国家已经有了一定的发展历史，积累了一定的成功经验，逐渐形成了相对成熟的工程项目总承包管理体制。而我国的水利水电工程长期以来采用的是设计、施工互相分离的承发包模式，此种模式存在诸多问题：工程责任不清、效率较低且内部消耗相对严重。为了有效地解决以上问题，保证水利水电工程发挥其经济效益，学习国外先进经验形成水利水电工程的总承包管理是行业的发展需要。在水利水电工程的施工过程中，进行科学的施工总承包管理能够实现行业的组织结构优化，对分包管理进行控制指导，有效地降低工程的施工成本，帮助企业获得更好的经济、社会效益。作为水利水电施工企业，需要充分调动、优化各方面的资源，保证总承包管理的优势得以发挥。但是总体而言施工总承包在我国发展历史较短，因此在管理方面还需进一步完善加强。

（二）施工总承包管理在水利水电工程中应用的原则

在水利水电工程的施工中，进行总承包管理的过程中需要以科学、统一、公正、控制、协调为基本原则，保证管理工作有效地进行。所谓公正原则，指的是以业主的利益以及工程的效益为出发点，选择合格的施工、材料、管理分包商，从而保证工程的施工承包合理公平；所谓科学原则，指的是水利水电工程施工的总承包管理，需要涉及多方面的内容，管理环节较多，因此需要抱着科学严谨的态度，采取先进可行的管理理念，加强技术手段的应用，以做好水利水电工程的管理；所谓统一原则，指的是工程承包商对于工程的分包商需进行全面的管理，可保证承包管理的组织、目标、方法、流程以及制度的全面统一；所谓控制原则，指的是在总承包管理的过程中，采取合理的反馈控制手段，做好分包商的监督控制工作，从而保证获得良好的工程控制效果；所谓协调原则，这是水利水电上程施工总承包管理的水平体现，做好与各分包商的沟通协调工作，控制施工中存在的风险，以保证水利水电工程能够顺利地完成。

（三）水利水电工程的施工总承包管理流程

在水利水电工程的施工中，总承包管理的流程需要以工程合同为核心，慎重做好规划工作，严格落实管理要求，保证管理的效果。总承包管理的流程具体如下：第一步，需要熟悉总包合同的内容，继而确定管理的目标；第二步，确保分包的专业以及施工的内容，提前构建施工的承包管理制度以及相关措施，保证工程的招投标规范有序地进行；第三步，

分包进行专业招标编制，科学的评价企业的资质与实力，避免"扯皮"单位以及"皮包公司"等介入工程的承包中，重点考虑资质高、信誉好且合作多的分包单位；第四步，编制专项和协调方案，健全分包工程的约束机理机制，形成"互利共赢、风险共担"的分包合作管理，构建长效管理机制；第五步，编制施工组织方案总设计，制定工程的总进度计划，并在业主的审查同意和监理监督下进行过程控制；第六步，进行工程的施工管理，确保工程交付时工程的质量、工期及安全目标均得以实现。

二、水利水电工程的施工总承包管理内容及模式

（一）水利水电工程中施工总承包管理的具体内容

在水利水电工程中，其施工总承包管理涉及的内容众多，和工程管理的内容相似，具体包括以下内容：①工程质量管理。对工程的质量进行总负责，以保证分包商对分包工程的质量负责，构建完善的质量管理体系，制定有效的质量控制计划，并采取相应的质量控制措施；②工程进度管理。在水利水电工程施工的过程中，做好施工进度的实施动态跟踪管理、做好水利水电施工图纸的设计工作后，业主需要进行施工总承包的招标，从而保证具备充足的设计和施工时间；③工程成本管理。由工程施工的总承包方构建项目的成本管理体系，对工程施工中的各方面消耗成本进行控制，避免出现工程索赔或者额外费用的问题；④安全管理。作为工程施工的总承包方，需要以"预防为主、安全第一"为原则，构建健全的安全管理体系与生产责任制，以保证施工安全目标得以实现；⑤现场管理。在施工的过程中，总承包方需对工程施工现场进行统一的设计、布置及管理，对环境、地质、水文、消防以及卫生进行管理；⑥合同管理。按照工程的施工合同的要求，履行施工管理；⑦要素管理。对工程施工中涉及的人力资源、机械、材料、资金以及技术等生产要素进行管理，做好优化配置，以减少管理的成本。

（二）水利水电工程中施工总承包管理模式

对于水利水电工程施工而言，总承包管理的方式多样，且各管理方式之间能够互相渗进，从而提高管理的效果，具体有以下几种方式：

①目标管理。目标管理是一种主动管理的模式，施工总承包方需向分包方提出总目标和阶段性目标，从而实现对各分包商的管理；②跟踪管理。为了保证工程各项目标得以实现并符合相关要求，及时发现工程中存在的问题并予以及时的解决，防止工程出现延迟导致承包商的经济损失；③平衡管理。对工程施工中的关键环节进行控制，保证工程施工有条不紊，并对工程施工中的隐患进行预测并做好预防措施；④计算机辅助管理。在工程施工过程中，采取计算机与网络技术能够提高信息管理的效率，保证总承包企业管理和决策水平得以提高。

三、水利水电工程中施工总承包管理的制度和资质

（一）水利工程施工中总承包管理的制度

在水利水电工程的施工过程中，总承包管理的制度主要包括工程计划、绩效、责任以及核算等方面的内容。具体来说，主要表现为以下几个方面：①计划制度，指的是促进各方面形成合力，为工程项目的施工总目标服务，其贯穿工程施工的全过程，按照施工单位和合同制度进行相应的年度、季度以及月份计划的制定，并及时向监理公司上报；②责任制度，明确工程的责任主体及追究办法，由项目经理人全权负责责任管理制度，保证工程责任明确至个人；③绩效制度，为了严格落实工程计划与责任制度，需要采用积极的工程监督激励方式，对工程的绩效评价标准及评价方式予以明确，健全并完善工程绩效监督及奖惩制度；④核算制度，对工程进行核算实施制度的前提和基础，其能够对各项制度的执行情况和取得成果进行监督，采取合理的控制手段实施效果控制，并使得核算工作得以在最小控制单位严格落实。

（二）水利水电工程施工中总承包管理的资质

构建完善的水利工程施工总承包管理资质体系，将我国的施工总承包企业的资质自高向低划分，划分为四级，分别是特级、一级、二级以及三级资质。总承包企业特级资质标准，主要是对企业的资信能力、主要管理人员以及专业技术人员的专业水平、科学技术的应用、工程业绩等方面进行评价，规定企业的注册资本金需超过 3 亿元，净资产超过 3.6亿元，企业 3 年内的工程结算收入平均超过 15 亿元。对于一级、二级以及三级资质的标准，要从企业的工程质量、资信能力、管理人员以及专业技术人员的能力水平进行评定，对企业已建的水电站、大坝、排水泵、拦河闸以及隧洞工程以及其相关设备进行考察，研究企业的经理、工程师、会计等管理经历、人数以及职称，研究企业的注册资金，分析其 3 年内的最高工程结算。

综上所述，在水利水电行业飞速发展的今天，要想提高水利水电工程质量监督与管理工作的效率，实现水利水电工程建设程序的规范化。管理者在创新监督管理方法的同时，还要提高各水利水电工人的素质，充分发挥水利水电工程工人的主观能动性，使其在各种政府政策和法律的作用下，共同监督建筑工程，促进水利水电工程的实施。

第十六章 水利工程施工管理创新研究

第一节 水利工程概预算编制质量及其对造价的影响

水利工程概预算编制指的是预算人员对工程不同结算的相关资料进行分析整合，从而制定出合理概预算以监督、控制水利工程各个环节的施工与建设，保证水利工程顺利开展。概预算在水利工程中有着无法替代的作用，合理的概预算编制可以发现施工中不合理现象，降低成本，提高经济效益，进一步指导水利工程施工正常运作，帮助企业开源节流。概预算编制通过促进企业间的良性竞争，提高核心竞争力，让每个企业充分发挥自己的优势特长，在激烈的市场竞争中闯出一席之地。

一、水利工程概预算编制质量的重要性

水利工程概预算是判断水利工程设计方案与成本控制相一致的重要天平，是衡量施工企业管理者管理水平高低的重要评断指标，是判定施工企业工程项目能够持续进行的重要标准。若概预算编制质量较低，直接会引发整个工程处于瘫痪或半瘫痪状态。

（一）保证施工企业经济效益

水利工程概预算编制涉及的主要内容有实地考察、合理规划及合理安排。实地考察主要是为工程预算做准备工作，考察重点为各项准备工作的进展情况、人员施工的技术能力问题、施工监管人员的管理水平问题以及所有施工人员素质问题。合理规划的主要目的是开源节流，包括对所需人员数量、材料多少以及相关费用等的规划，可以寻找到企业在管理与施工中存在的潜在问题，优化资源整合，提升经济效益。如对人工土石方需求直接导致需支付的劳务费加大，造成综合成本上涨等，因此概预算编制人员在其工作过程中需坚持实事求是，提升预算精准度，从而确保工程概预算编制质量的层次。

（二）保证水利工程质量

保证水利工程质量主要考虑的就是财务与经济，必须保证工程概预算的科学性与准确性。控制成本保证质量是整个水利工程的关键，需要项目管理人员发挥应有作用，保证质量管理、成本管理及进度管理密切配合，监管整个水利工程项目。质量管理主要负责确定是否达到规定标准与要求。成本管理主要负责控制成本、减少开支。进度管理主要负责监管进度、按时完成，要求资源配置合理，在项目管理中占有核心地位。保证水利工程质量，确保企业利益最大化，坚决履行合同，加强水利工程概预算编制至关重要。

（三）保证施工企业核心竞争力

企业核心竞争力需要概预算编制质量的保证，没有科学合理的工程概预算编制做保证将直接导致参与投标失败，影响企业形象与竞争力。概预算编制过程中首先要做的就是考察施工企业综合实力，在确保施工企业资质后，方可开始施工，以提升工程施工质量，避免因技术、能力、管理等因素导致施工质量出现问题。

二、水利工程概预算编制质量对造价的影响

（一）工程量计算分析

工程量计算贯穿整个施工过程，从开始施工到施工结束，直接关系工程成本，影响概预算质量。工程量的计算必须以科学的眼光，合理对待，做到标准操作、弹性规划、有理有节，为工程完成后相关安排留出空余。

（二）材料价格预算合理性分析

水利工程中涉及各种施工材料，材料地位显而易见，且材料本身存在各种各样的问题，故而需要考虑的事情非常多，如规格、价格、产地等。合理规划，选取价格合理、质量过关的材料非常重要，不但关系预算成本，还关系工程质量。在对材料价格进行预算时按照用量与价格合理搭配，事先必须做好实地考察，收集有关材料价格、用量等资料，确保编制材料的预算结果贴近实际消耗。如常用材料对工程造价影响特别大，必须将其作为预算的主要对象，否则损失较大，特别是木材、水泥等。工程预算不仅要关注材料本身的花费，还需考虑交通运输，所在区域建筑材料供应情况，已完成工程实际经验等方面，在反复确定推敲之后给出最终的预算方案。

（三）定额选取标准分析

定额选取是水利工程概预算的重要部分，与水利工程预算定额子目相对应，通过算出土方开挖单价来决定不同容量挖掘机与不同吨位自卸汽车搭配。在确定定额之前需要施工

单位提供相关数据，确保制定出一个经济合理的调配方案，保证土方开挖施工方案最优化能有效提高机械利用率，促进资源优化最大化。比如，再自卸汽车吨位相同的情况下，应更倾向于选择容量大的挖掘机，容量大意味着相对单价就低。

（四）概预算人员素质要求分析

水利工程是一个大工程，需要大量人力物力，耗费时间较长，概预算作为整个水利工程的重要环节，占有重要份额，其质量好坏关系整个水利工程的成败，所以必须要有高素质的概预算人员的参与。概预算编制人员专业度不够或素质不高，极有可能出现概预算不准确的情况，这种概预算编制一旦被使用将造成资源浪费、工时延长、工作质量不高等不良后果。以上要求决定必须拥有专业知识技能强大、工作责任感强烈的概预算人员才能够将概预算失误降到最低。

（五）概预算制度完善程度要求分析

完善的概预算制度关系到整个工程的合理化进程，要求能够准确定位预算编制的错误点与错误原因，防患于未然，提高工作效率，最终实现弹性管理、动态管理。紧抓预算3要素，基础单价分门别类，单价表编制合情合理，单项工程投资不多不少，做到心中有数、把关合理、精心安排，使概预算制度达到最优化。

水利工程是一个复杂的建筑工程，影响因素较多，每个环节都非常重要，任何环节出问题都有可能导致整个工程处于瘫痪状态，为保证水利工程顺利实施，必须统筹规划、合理安排，特别是工程量计算、材料价格预算、定额选取、概预算人员素质、概预算制度完善程度等。通过以上分析，提高概预算编制质量没有捷径，必须按照有关规定实事求是地进行预算，实地考察合理分配才是硬道理。

第二节　强化水利工程招投标管理

自《中华人民共和国招标投标法》实施以来，围绕贯彻实施招投标法，国家发改委、水利部等九部委先后联合发布了一系列配套规章，涵盖工程建设的勘察设计、监理、施工招投标及货物采购、评标委员会与评标办法、投诉办法、不良行为记录公告办法等，对加强水利工程建设项目招标投标工作管理发挥了重要作用。水利工程是对自然界存在的地表水和地下水进行控制与调度，达到兴利除害目的的工程项目，一般主要包括大坝、河堤、闸口、水道等。因此，水利工程的建设意义重大。招标方式在我国水利工程建设中应用较早，有效地保障了水利工程最终的建设质量，降低了工程造价，实现了更好的工程效益。近年来，水利工程建设项目招标投标活动已普遍推行，招标领域不断扩大，规范程度逐步提高，招标投标制已成为水利工程建设管理的一项重要制度。但是，水利工程建设项目招投标的现状与法律、法规和规章的要求、与不断规范建设市场秩序、杜绝不良行为发生的要求还有差距，仍然存在：招标工作程序还不够完善，标段划分不够合理，租借资质投标、围标，招标人与投标人串通，明招暗定，投标人中标后不认真履行合同，施工现场投入的主要人员和设备与投标文件的承诺不符等一些不容忽视的问题。如何解决这些问题，对于我国水利工程招标工作具有重要的现实意义。

一、水利工程招标管理中存在的问题

（一）整体缺乏规范性

规范水利工程招标管理的最终目的是实现公平化的竞争、透明化的结果，利用政府的主导作用来进行统筹安排，明确企业参与招标的基本条件和程序，制定相关评判方法和标准，从而使得招标工作有序地推进。但是，我国目前水利工程招标管理中，各个环节的规范性明显缺乏，从招标公告到最终完成招标上都存在漏洞，尤其体现在对于招标人的管理上，缺少监督，使得一些招标人和投标人存在拉关系和暗箱操作的问题，而且很多招标人在专业素养上也不足，往往不能在业务上准确的开展招标工作。

（二）招标过程中的竞争有限

社会主义市场经济体制中，竞争是对资源有效配置的重要途径。而在我国水利工程招标管理中，竞争的实际效果非常一般，难以实现真正合理的资源配置。一般来说，通过招标能够使得不同企业之间展开激烈的竞争，通过完善的管理和施工技术的应用来降低成本，从而降低投标价格，赢得标的。但是，我国的水利工程招标中，价格弹性非常有限，没有形成一个合理的竞争范围和条件。造成这一现象的主要原因：一是过度精细化的定额，使得企业在投标时缺少自主调控价格的部分，难以实现差异化；二是在定额中也缺少对于地域性差异的考虑。由于我国地域较广，不同地区企业发展中所需要的各类品牌材料、人工、税费也各不相同，招标时不考虑这些因素，就会导致不同地区之间竞争的不公平性，影响招标的最终结果。

（三）深化工程量清单报价方式

工程量清单报价就是按招标人提供的工程量清单，投标人依据自身的技术、工艺和管理水平等要素计算出对应工程量清单项目的综合单价，同时计算出施工前中后期必须或可能发生的各项其他费用，再加上规费及税金所形成工程总报价的一种报价方法。随着社会市场化经济的飞速发展，工程建设不断得到技术改进及发展，招投标制度为了满足市场经济需求顺应而生，其通过资源的优化配置，完成高效率、低成本的工程建设。所以，通过工程量清单方式进行的招投标工程计价管理也变得相当重要，还需要进一步的推行和深化。

（四）代理机构素质有待提高

竞标代理机构本身是促进招标事业的发展，但是在我国水利工程招标中，竞标代理机构确导致了很多的问题。主要原因是一方面从业机构和人员职业道德缺失，在竞标过程中为了达到目的，常常是投机取巧，甚至是贿赂招标人，以权谋私；另一方面专业性缺失，不能帮助企业进行有效的投标活动，影响企业中标。

二、水利工程招标中的改进措施

（一）完善管理机制

针对水利工程而言，管理机制是招投标工作有序开展的保障和基础，因此，在管理招投标过程中，需进一步完善管理机制。一方面，构建健全的工程项目管理中心，以高效合理为出发点，对行政管理工作多部门负责制进行适当调整，在融合水利工程项目的招投标工作的基础上，达到统一管理的目的，实现管理效果的优化；另一方面，科学实施政企分开管理制度，在分开设立各类型机构的前提下，例如，勘察设计、施工建设、工程监理、招标管理等，坚持政企分离、分权制衡的基本管理原则。另外，优化改革各级行政管理部门，避免出现垄断现象，促使更优质的服务得以在水利工程项目建设中体现。设立专门的招标管理机构。在招标准备中，由于招标设计与文件的审查均为专业性强又复杂的系统性工作，因而应设专门的招标管理机构，并根据需要聘请相关人员，实行专业化管理。

（二）强化招标中的竞争机制

随着我国社会主义市场经济的不断完善，水利工程的建设的主导权开始逐步的由政府向市场过渡。企业应当在报价上拥有了较大自主调整范围，但在我国的实际操作中不允许。因此，要充分发挥市场机制的竞争作用，一是在招标中防止过于细化的定额标准，给企业预留出足够的调整范围，从而使竞争成为可能；二是要防止一些恶意竞争行为的发展，完善相关的制度约束，充分考虑不同地域企业日常经营方面的差异，通过科学的方法体现到招标过程的各个方面，从而营造一个公平的竞争环境，激发出有效的竞争。

（三）启用电子招投标系统

电子招标投标是指招标投标主体按照国家有关法律法规的规定，以数据电文为主要载体，运用电子化手段完成的全部或者部分招标投标活动。招标人或招标代理机构利用电子标书系统制成电子招标文件后，在指定网络向所有潜在投标人发放，投标人根据电子招标文件的内容编制投标文件，然后将编制结果填报到电子投标文件中并于投标截止时间前提交。开标时，建设项目招标投标公共资源交易中心采用电子开标系统，对投标人的电子标书进行开启后，送至评标室交由评标专家进行电子评审。水利工程电子招投标系统的启用，会进一步规范水利工程交易市场，加强水利工程交易用户诚信体系管理，规范招投标市场主体及相关单位从业人员市场行为，减少水利工程招投标工作人为干预因素，促进招投标过程公开透明、便捷高效，有效预防腐败行为的发生。

（四）完善清单报价方法

在实施水利工程招投标管理时，把工程量清单计价应用于工程的承包阶段，承包人对要素价格进行确定，招投标竞争的价格是投标人确定的。工程建设中，除了招标控制价、中标价及投标报价的建立，还可以通过增加用于评标的工程量清单评标价来确保建设企业可以自主报价，经过市场的公平招投标竞争促成科学合理的工程价格，最后敲定中标人。

水利工程招标管理对于水利工程最终的质量和效益有着十分重要的影响。从政府到企业，包括招标人需要共同努力，采取有力的措施，完善清单报价方法、强化招标中的竞争机制、规范化招标管理、强化投标人管理、规范招标代理机构，这样我国水利工程招标管理才能充分发挥其应用的作用，促进我国水利事业的发展。

第三节　水利工程施工合同管理

水利工程的施工合同将投资方和承建方的权利和义务以合同的形式呈现出来，具有一定的法律效力，对保障水利工程施工进度和质量有非常重要的作用。但是，在履行施工合同的过程中，还存在一些问题，使水利工程施工合同无法正常发挥其效力。通过分析水利工程施工合同管理中存在的问题，提出了相应的有效策略，以期为提高施工合同的效力提供相应的支持。

为了进一步规范我国水利工程建设市场的运营秩序，保障水利工程的质量，必须加强对水利工程施工合同的管理，并依照施工合同的权利和义务约束和规范建设双方的行为，从而实现水利工程施工建设经济效益、社会效益和生态效益的最大化。

一、施工合同管理中存在的问题

（一）招标管理方面存在的问题

由于市场竞争越来越激烈，合作双方存在利益点差异，所以，招标方为了最大程度降低投资成本，获得更大的经济效益，在拟定招标合同的过程中，经常会拟定很多比较苛刻的条款，迫使竞标单位为了赢得竞标不得不压价，进而给其带来巨大的、额外的经济负担。

基于此，在竞标的过程中，很多承包商为了能够成功承包水利工程项目，不得不接受招标合同中的不公平条款；而有些承包商为了提高中标率，甚至联合投标，恶意抬高中标价，使得竞标过程中出现了许多不正当竞争行为。这样做，不仅严重影响了水利工程建设市场的竞标秩序，还可能导致一些实力较强的承包商无法成功中标，无法全面、有效地保障水利工程的质量。

（二）缺乏有效的约束机制

水利工程施工合同中的条款普遍约束力不强，有些甚至缺乏对招标阶段重要环节的规范性约束，致使在履行合同的过程中出现很多问题。在制订水利工程施工合同的过程中，由于规范性合同文本存在缺陷或者合作双方缺乏经验，导致对工程的分析不足、对合同的预见性较差，从而带来一系列麻烦，有些合同条款甚至需要重新商定。这样做，会严重影响水利工程的施工进度。

（三）缺乏健全的信用制度乏

在水利工程施工合同管理中，因为缺乏健全的信用制度，所以，在施工过程中，人员数量、资质配置和设备配套建设等方面的内容与合同条款中的规定有很大出入。这种差异导致承包商无法兑现标书中的承诺，进而影响工程的顺利进行，延误工期，给投资方带来较大的经济损失。对于较为紧急的水利工程，延误工期就会给防汛、抢险等工作带来较为恶劣的影响，进而威胁到人们的生命财产安全。

二、加强施工合同管理的主要策略

（一）积极推行和落实合同审查机制

规范的合同审查机制是合同制订和实施的重要前提。因此，在水利工程施工合同管理的过程中，要积极推行和落实合同审查机制，明确合同双方的权利和义务，取缔不公正的合同条款，维护双方的合法权益，推动水利工程建设市场行为朝着规范性的方向发展。

（二）加强对合同履行情况的监督和检查

为了保障合同的执行力，水利工程的主管部门等相关单位要加强对合同执行情况的监管，并制订出完整的监督和检查体系，为合同执行情况的监管提供有力的制度保障。在合同执行监管的过程中，要纠正和查处违反合同条款的行为，严厉惩处拒不改变的施工行为，以实现合同管理的正规化和规范化。此外，应选派工作经验较为丰富，并且懂得经济知识和相关法律知识、具有较强责任意识的人员负责合同的管理工作。应对合同监管人员进行岗前培训，让他们熟悉合同内容，在实行合同监管和管理违规行为时，能够有理有据，提高合同执行监管的有效性。

（三）维护合同的严肃性

在水利工程施工合同管理的过程中，维护和保障施工合同的严肃性是确保合同条款效用性和执行力的重要前提。因此，要加强对合同范围内质量监督、报量审核、进度控制等方面的管理，提高各项合同条款的约束力。此外，在管理合同的过程中，要定期召开施工单位协调会，全面探讨合同履行过程中出现的工期问题、质量问题和执行情况，并做好合同执行情况的通报工作，以确保施工合同的严肃性，促使施工单位在水利工程施工过程中能够切实履行合同中规定的内容。对于其中存在的不规范行为，要采取必要的经济或行政手段加以纠正或制止。

（四）合同双方要各自履行职责

在水利工程合同实施的过程中，主要涉及三方利益，即发包方、监理方和承包方。在合同管理过程中，三方都要严格按照合同条款认真履行各自的权利和义务。其中，发包方要给予监理方足够的信任和权利，以便监理单位有效履行工作职责；监理单位则必须在授权范围内，依照合同条款规定的相关内容，以"公平、公正"为原则，全方位监督合同实施过程中的工程进度、建设质量等方面的问题；承包方要严格按照招标书中的承诺和合同规定的相关条款，明确项目负责人，并提供相应的配套设备建设和符合资质的人员配置，以保障水利工程施工能够顺利进行。

综上所述，合同管理对水利工程施工质量、施工成本等有非常重要的影响。因此，在水利工程招标和施工的过程中，要加强对工程施工合同的管理和对执行情况的监督，确保施工合同的效用性。

第四节　水利水电工程施工现场危险源管理

针对水利水电工程而言，其自身施工条件存在着一定的烦琐性，并且含有较多危险因素。这主要是因为水利水电工程施工环境比较恶劣，因而导致危险因素比较诸多，一旦出现危险因素，不仅会给施工企业带来严重的经济损失，同时还会危及施工人员的人身安全。水利水电工程施工现场存在众多危险源种，因此，这给水利水电工程施工现场危险源管理增添了难度，只有有针对性的加大水利水电工程施工现场危险源管理探究力度，才能够在基础上提升水利水电工程水平，从而保证水利水电工程施工安全。

一、水利工程施工现场危险源的辨别方式

危险源不仅仅产生在具体的施工场地中，同时也会潜伏在四周环境中。针对危险源辨别来说，需要采用科学、合理的方式，其中包括基础探究方式、安全检测方式、工程安全评估方式，同时还可以采用 KCE 定性评估方式来实现危险源风险评估检测。只有采用科学的评估方式来能保证评估结果的精准性和真实性，之后结合危险源级别采用合理的防控措施。

辨别原则：在开展水利水电工程施工现场危险源管理工作时，应该秉持"精细核查，全面管理"的原则对施工现象以及四周开展危险源识别工作。按照这样的辨别原则，不仅可以确保核查的精准性，同时还能保证核查的完备性，不容马虎，将一切危险源全面核查出来。

辨别流程：在开展危险源辨别时，首先应该建立一个专业的检测小组，并且小组成员都要具备精湛的检测工艺，之后对施工现场存在的人为因素以及外在环境进行全方位核实，找出危险源存在的具体位置，并且对危险源的级别进行评估。通常情况下，危险源等级设置为五种，第一个是危险等级一级，其主要表示危险系数小的危险源；第二是危险等级二级，其主要表示一般危险，需要给予一定重视；第三是危险等级三级，其主要表示存在一定危险性，应该给以一定修改；第四是危险等级四级，其主要表示高度危险源，应马上进行修整；第五是危险等级五级，其主要表示极为危险，不得开始施工。结合危险等级，合理开展修整工作，这样不仅可以有效规避危险因素，同时还能有效防止危险事件的发生。

二、当前水利水电工程项目施工现场中存在的危险因素

（一）环境带来的危险因素

自然环境。通常，水利水电工程项目主要建设在水利资源丰富区域内，因为烦琐并且无法控制的自然环境中含有众多不安全因素，一旦这些因素的出现，故而给水利水电工程施工造成一些影响。例如，在进行水利水电工程施工的过程中，如果出现泥石流、滑坡或者洪水等现象，不仅会约制施工进度，同时还会影响施工质量，引发安全隐患。

施工环境。在进行水利水电工程施工时，需要构建堤坝、发电设施以及储水设备等，这样可以将水利水电工程自身效益进行充分发挥。但是，因为大多数水利水电工程自身具备系统性以及季节性因素，并且施工安排比较紧张，需要避免在天气恶劣以及水文变化等环境下开展施工。然而，结合实际情况来看，各个平行施工通常会因为施工现场约制以及施工工作人员交流缺少及时性等因素的影响，进而给施工工作人员自身安全以及施工质量埋下安全隐患。

（二）施工带来的危险因素

管理人员没有给予高度重视，在开展水利水电工程施工时，施工单位一味地追求经济效益，缺少施工安全的重视力度。在进行施工时，没有采购一些安全物资，同时也没有构建完善的安全管理机制，正是这些现象的出现，导致在开展水利水电工程施工时，存在诸多危险因素。

监管人员忽略了安全工作的重要性，质量监管工作人员的主要工作就是对施工各个环节进行全面监管，及时找出施工中存在的安全隐患，并进行妥善处理，从而保证施工安全。这不但是工程安全施工的主要考核内容，同时也是直接察觉施工存在问题的关键措施。但是，在进行施工质量审核时，依旧有一些监管人员没有履行自己的职责，也没有对施工存在的安全问题进行全面排查，导致在开展水利水电工程施工时，依然存在诸多安全隐患，从而给施工质量带来负面影响。

施工人员安全意识比较薄弱。优质的施工队伍，不仅可以保证施工工程如期竣工，同时还能确保施工质量安全。但是，结合当前情况来看，大多数的水利水电工程在开展施工工作时，因为施工人员数量较多，并且施工工作人员专业水平存在明显差异，一些施工工作人员不具备加强的安全意识，使得施工过程存在危险问题。并且，施工工作人员没有对施工现场进行全面检测，施工设施操作缺少合理性，故而引发一些施工安全问题，影响施工质量。

三、水利水电工程施工现场危险源管理措施

（一）加大火药、油库等设施的管理力度

因为水利水电工程自身具备施工工期长、消耗能源较高等特性，有时为了满足施工要求，需要应用一些火药等设施来开展山体引爆工作，因此，在进行危险物品储存的过程中，加强管理显得十分必要。在进行炸药用量设定时，需要安排专业人员进行引导，同时做好道路的封闭处理工作，防止在进行爆破时，殃及施工人员或者路人。在开展爆破工作以前，需要对施工现场进行全面核查，防止安全故障出现。例如，某市施工团队，在开展水利水电工程爆破工作时，因为引爆前的核查工作不仔细，山上施工人员没有得到充分的撤离，致使多人伤亡。此外，在进行火药等物品运送时，需要加大监管力度，杜绝和烟火类物品放置在一起，并且安排专业人员进行监管，从而将这些危险源进行合理管控。

（二）构建完善的管理机制

因为水利水电工程施工量较多，因此需要多个施工团队一同进行。如果在混合区施工时，就会使得管理机制较为混乱，进而引发危险隐患。因此，构建完善的管理机制，通过

机制来实现对施工工作人员工作的束缚。尤其是针对基层工作人员来说，其自身不具备较强的安全意识，并且综合素养存在一定差异，因此针对一部分存在危险性的工作没有充分了解，再加上缺少管理机制约制，很容易出现安全事故。所以，为了防止这种现象出现，就要构建完善的管理机制，它不仅可以保证施工工作的全面开展，同时还能对施工人员的人身安全起到了保障作用。

（三）加强自然灾害的监管

针对水利水电工程来说，施工环境比较恶劣，通常会在较为偏僻的山区开展施工，再加上施工过程中需要开展爆破工作，因此，很容易引发自然灾害，例如泥石流、山体滑坡等。这些自然灾害在山区中极为普遍，同时会容易导致危险源出现。此外，在开展山区作业时，还要注重高原反应引发的问题，同时还要引导施工人员在开展施工工作时，处处留心，防止灾害的出现，同时时刻关注自身的身体状况，一旦出现身体不适，及时采取相应应对措施，从而保证身体安全。

（四）开展施工教育工作

定期安排组织一些安全知识教育工作，同时加强水利水电工程施工安全宣传力度。在开展施工时，严格按照施工要求开展，同时在施工中，设定一些危险源标识，督促施工人员处处小心。同时还要加大施工人员基础知识学习力度，在面对紧急事件时，确保施工人员能够妥善应对，从而防止因为施工不当而出现的安全故障。

总而言之，加大水利水电工程施工现场危险源监管力度是非常必要的，直接影响着施工人员的人身安全。近几年来，安全事故事儿发生，给许多家庭造成了不幸。因此，我们需要对施工现场的危险源给予高度重视，不得大意，加大施工现象的管理力度，从而保证水利水电工程的稳定发展。

第五节　水利工程建设中施工风险控制与管理

水利工程是用于控制和调配自然界的地表水和水下水而修建的工程。水利工程建设的特点主要包括工作条件复杂。水利工程的建设主要多处于交通不便的山区，或是气象水文条件难以把握的条件恶劣地区，施工环节中需要承受水的压力、阻力、浮力以及渗透力等，施工难度较大、作业难度系数大、对环境影响大。水利工程建设对当地地理环境、自然风貌都将产生不同程度的影响，诸如施工过程中排放污水将污染周边环境、开挖土石方造成水土流失以及河道冲刷等，且大型水利工程也会增加水体面积，影响局部的降水以及气温变化，因此在施工建设中，要优化建设方案，有效规避风险。

一、水利工程建设中的施工风险

水利工程的建设周期较长，作业环境复杂，在建设中存在一些施工风险。

（一）自然灾害因素

自然灾害是工程建设中一个不可避免的影响因素，因其发生的时间与概率不规律，勘察难度较大，对水利工程建设而言，受其影响尤为明显。主要包括雷电、降水、冰雹、暴风等气象，尤其在地形地质环境复杂的山区施工时，其独有的地貌特征、气候气象变化等将大规模破坏水利工程建设的水电工程与通电设备。而地震活动将会直接导致水利工程的坍塌，施工前期、中期水利工程的抗震功能尚未完善，一旦遇到此类自然现象，将使水利工程建设损失巨大[①]。

（二）社会因素

水利工程建设中对人力资源的依赖性极高，尤其是设备操作过程中要求施工人员兼具卓越操作技能、操作能力与专业素质，但是违章操作与管理不到位现象等也是水利工程建设中常见的风险因素，将大大影响水利工程的建设进度。此外，施工管理风险也包含对施工人员的组织调配以及合同风险等。施工管理不善，工程建设规划方案的不完善等也会影响工程施工质量。而合同风险则需要纳入工程施工风险控制的必要考虑之处，合同纠纷、变更等对水利工程施工的影响颇大，需要管理人员加强关注。此外，水利工程建设周期颇长，在此期间，市场要素变化、劳动力价格以及工程材料价格浮动也使得施工成本变动，这都属于水利工程建的经济风险因素。

（三）施工技术因素

施工技术是影响水利工程建设的重要因素，将直接影响水利工程的建设质量。水利工程复杂，施工环境多样，不同地理环境、水利工程特点以及工程功能都对施工技术有不同的要求。在经济可行性的前提下，施工材料性能与施工设备质量、操作水平等都将影响施工环节。水利工程建设中风险因素众多，自然灾害、社会因素、施工技术等都属于可控的风险因素，施工团队应做好风险识别，在此基础上，加强风险防范与管理。

二、水利工程建设中施工风险控制与管理

（一）建立健全风险控制与管理体系

在当前社会主义市场经济体制不断完善的背景下，水利工程施工建设的管理也应与时

---

① 李鹏洁.现阶段水利工程施工技术存在的问题及解决措施分析 [J].科技创新与应用，2015，12（06）：139.

俱进，创新管理体制，建立健全风险控制与管理体系。一方面，要明确责任，对水利工程团队进行总体统筹，分别由监管层、决策层、管理层以及实施层等不同单位部分组成，分管施工环节，尤其是管理层中，也要分设不同的技术部门、管理部门、合同部门、设备部门等，各管理部门分工明确、各司其职，部门总负责人则对相应负责施工环节进行考察并提出整改建议等；另一方面，要强化全面、实时控制与管理准则。传统的分阶段的风险控制管理方式已经不再适应于当前水利施工建设的需求，尤其是自然灾害、突发性因素等对水利工程施工建设的时间不可控，因此需要全面、实时地对施工工程进行全方位管控。在施工前期，应通过施工环境的现场调研情况、周边环境等进行风险预估预判，将风险控制在可接受的范围之内。这需要经验丰富、风险控制能力卓越的团队进行把控，并组成团队小组，做好科学预案。俗话说，无规则不成方圆，建立健全风险控制与管理体系，是水利工程建设中施工风险控制与管理的一个首要环节。

（二）做好风险识别

水利工程建设过程中，影响因素众多，需要对其进行风险识别。水利工程的施工团队中，利用专家调查法对施工现场与施工过程进行风险预估，有利于提高风险识别的准确性与科学性。同时，也要根据施工经验、决策与概率分析等，分析施工环节中的潜在风险。在此基础上，对风险等级建立相应的评判机制，预估风险发生后对工程造成的后果，以估量工程损失。

（三）制定与完善风险应急预案

风险应急预案主要包含水利工程总预案、现场指挥的临时处置方案以及风险转向预案等。水利工程总预案的设定直接关系着施工风险处理的基本原则与基本思路，因此需要科学、合理进行编制。在依据《水利工程建设重大质量与安全事故应急预案》、《建设工程质量管理条例》等规章制度的基础上，对水利工程施工现场进行应急准备，包括土石方开挖、渠道渗水以及用电等应急准备。现场指挥的临时处置方案，则是应对突发紧急事故的保护措施，对施工现场加强动态检测，检测内容包含风险影响区域、工程受损区域、危险系数等，并绘制现场简图，做好书面材料等。

（四）规范施工操作，加强监管

自然灾害、突发性风险以及社会性因素的发生往往是人为不可操控的，而水利工程施工环节中，施工技术是影响施工质量的关键，施工技术问题引发的施工风险问题是可以有效减少与避免的，需要规范施工操作，加强监管。一方面，既要对施工操作制度进行严格规范，对施工设备的操作、运行、检查维修、更新升级等都应做好明确规定，施工人员应按照规章制度，减少与避免违规操作，严格执行规范动作；另一方面，施工人员也要加强安全生存责任意识，在水利工程建设前期，对施工人员进行技能培训，并进行教育培训，普及水利施工现场与周边环境、地质水文等因素，使施工人员做好防范。也要对建筑材料的质量也要严加把控，要在合理造价控制的基础下，利用高新材料、新技术处理，加大资金投入，完善技术设备配备。此外，水利工程施工环节也要加强监督，定期对施工现场进行巡视、检查，一旦发现风险隐患，及时排除风险。同时在风险发生后也要灵活调整分析。对于水利工程建设的质量监理工作，必须要做到强硬有力，不能投机取巧为牟取暴利而违背道德与法律。

　　水利工程建设是现代基础设施建设中的重要环节，但其施工环境复杂、施工周期长，施工风险影响因素较多，影响着水利工程的施工质量。本节就水利工程建设中的施工风险因素与风险管控措施方面进行了分析与探讨。水利工程建设中风险因素众多，自然灾害、社会因素、施工技术等都属于可控的风险因素，施工团队应做好风险识别，在此基础上，加强风险防范与管理。比如，建立健全风险控制与管理体系，制定与完善风险应急预案，规范施工操作、加强监管等，不断创新风险控制与管理措施，优化风险应对预案，才能为水利工程建设提供更好的服务。

结束语

在水利工程的设计过程中，要针对施工的组织进行优先考虑，这样才能够有效地提升整个工程的施工效率。因此本着指导工程施工的观点，我们也要在设计优化的过程中考虑施工组织的设计优化。本书关于水利施工设计的优化措施如下：

首先，在优化设计过程中要熟练地掌握和利用网络，充分利用网络的技术规划设计。我国在水利工程的优化设计过程中应该有效的应用现阶段发展迅速的互联网技术，将互联网技术的优秀发展成果应用到优化设计的过程中来。现阶段的互联网规划技术能够提供相应的数学设计模型来服务水利工程的优化设计。通过生动的数学设计模型能够清晰地体现出设计的优化设计的图形信息，给我们在优化设计过程中提供了建模的便利。伴随着我国的水利工程的工程规模逐渐增大以及难度逐渐增加，在工程的优化设计过程中，很难对其进行单纯的经验优化，需要借助相应的互联网规划优化设计。通过互联网的规划优化设计能够将工程的资金投入以及相应的施工方案有效的提升。因此我国现阶段很多的工程施工优化设计都在利用互联网的规划设计进行辅助，取得了非常好的设计效果。

其次，在优化设计过程中要重新对工程施工组织进行技术性的经济分析。在水利工程的施工组织设计过程中，对于其经济性的设计非常关键，因为这样直接关系到整个工程的施工组织服务问题。在我国的水利工程施工组织的设计过程中首先要对其施工组织的经济性进行优化设计，通过科学的设计计算来保障施工组织的经济性。施工组织的最佳设计方案往往都是通过相应的优化设计来完成的。在进行施工组织的优化设计过程中主要的设计方面包括了三个；第一个是在优化设计的过程中要保障施工的整体质量；第二个是在优化设计的过程中要保障工程的施工工期；第三个是在优化设计的过程中要保障工程的施工成本。因此在进行水利工程的优化设计中首先要保障施工的整体质量达到相关的标准；其次是要保障整个工程的施工工期按时完成；最后要考虑工程的施工成本问题，尽最大的努力来完成整个工程的成本降低。在完成整个工程施工组织的优化设计以后要对其中的经济性进行针对性分析和确认，通过经济性的比较来选择最优化的优化设计。

最后，在优化设计过程中要不断引进并且利用先进的技术以及工艺。对于水利工程的优化设计来讲，充分的利用现阶段最新的相关技术和工艺是非常必要的。伴随着我国的科学技术的不断提升和发展，我国水利方面的新技术，新材料、新工艺正在不断地提升和发展过程中，因此基于我国的水利工程的优化设计，要摆脱原因的设计公式和设计经验，充分的利用现阶段最先进的技术和工艺来提升整个工程的设计能力。这样就能够有效的提升设计的时效性、设计的经济性以及设计的科学性。因此在进行优化设计的过程中要吸收一切可以借鉴的科学技术进行优化设计，确保优化设计的技术含量。同时我国的优化设计还要借鉴国外的先进的设计技术来进行优化设计。

以上就是本书对水利工程施工设计优化所做研究得出的一些结论。不可否认，受笔者知识的广度和深度、资料来源、研究时间等因素的限制，本书对水利工程施工设计优化问题的研究还有诸多不足，这些都是笔者在未来一段时间努力加以补充的内容。

参考文献

[1] 刘丹. 基于生态水利工程的河道规划设计研究 [J]. 水利科技与经济, 2016, 22（12）: 28-29.

[2] 詹文泰. 生态、景观与水利工程融合的河道规划设计研究 [J]. 黑龙江水利科技, 2016, 44（06）: 97-98.

[3] 张众. 浅析基于生态理念视角下水利工程的规划设计 [J]. 价值工程, 2017, 36（22）: 193-195.

[4] 畅成喜. 对水利设计中生态理念应用的研究 [J]. 甘肃科技纵横, 2015, 44（04）: 15-16.

[5] 王立宣, 杨清义, 贾海滨, 等. 生态理念下的水利工程设计研究 [J]. 科技资讯, 2013, 32（13）: 52-53.

[6] 张勇. 生态理念在水利工程设计中的应用 [J]. 黑龙江科技信息, 2014, 10（34）: 32-34.

[7] 卢钊, 李文华. 生态理念下的水利工程设计研究 [J]. 河南科技, 2014, 24（24）: 164-165.

[8] 张建辉, 孙丽. 水利工程基于生态理念相关设计分析 [J]. 山东工业技术, 2014, 22（14）: 182.

[9] 吴美红, 袁权红, 钟佩艺, 等. 生态理念视角下水利工程的规划设计 [J]. 中国水运（下半月）, 2014, 14（7）: 192-193.

[10] 倪娜. 生态理念在水利设计中的应用研究 [J]. 科技与企业, 2013, 10（21）: 119.

[11] 赵国彬. 生态理念下的水利工程设计研究 [J]. 商品与质量, 2016, 22（7）: 201.

[12] 徐品良, 黄亚斌. 解析水利设计中的生态理念应用 [J]. 江西建材, 2013, 12（6）: 156-157.

[13] 褚峰平. 浅析水利工程施工中软土地基处理技术要点 [J]. 技术与市场, 2016, 23（1）: 81-82.

[14] 李伯章, 关于水利工程管理及养护问题的探讨 [J]. 黑龙江水利科技, 2013, 5（07）: 89-90.

[15] 王振海, 张艳梅, 加强水利工程维护管理工作的研究 [J]. 民营科技, 2014, 7（8）: 244.

[16] 冯党，李艳，常鹏．关于水利工程管理及养护问题的探讨 [J].创新科技，2013，8（12）：67-68.

[17] 魏欣．如何做好水利工程建筑施工中的合同管理 [J].科技与企业，2016，23（3）：270-270.

[18] 任鹏．对水利工程施工管理优化策略的浅析 [J].工程技术：全文版，2017，13（01）：66.

[19] 赖娜．浅析水利机电设备安装与施工管理优化策略 [J].建筑工程技术与设计，2016，13（26）.：165-165.

[20] 陈建彬．对水利工程施工管理优化策略的分析 [J].中国市场，2016，12（04）：131-132.

[21] 王翔．对水利工程施工管理优化策略的分析探讨 [J].工程技术：文摘版，2016，8（10）：101.

[22] 屠波，王玲玲．对水利工程施工管理优化策略的分析研究 [J].工程技术：文摘版，2016，9（10）：93.

[23] 李生龙．概预算编制质量对水利工程造价的影响 [J].黑龙江水利科技，2014，42（01）：211-212.

[24] 李益超．浅谈水利工程招投标工作的重要性和管理途径 [J].河南水利与南水北调，2014，33（6）：81-83

[25] 舒亮亮．水利工程招标投标管理研究 [J].水利发展研究，2016，12（2）：64-68.

[26] 郑修军．水利水电工程招标管理问题及对策 [J].工程建设与设计，2013，11（3）：126-128.

[27] 牛芳．水利工程概预算编制质量及其对造价的影响分析 [J].水利技术监督，2014，22（01）：25-27.

[28] 王迎风．浅析水利工程管理体制改革 [J].水利科技与经济，2012，14（09）：36-37.

[29] 韩发旺，李守业，周特奇．浅谈水利工程施工管理 [J].河南水利与南水北调，2011，9（03）：43-44.

[30] 郑海明，郑本荣．关于水利工程管理的几点思考 [J].中国新技术新产品，2011，16（23）：22-23.

[31] 何明进．浅析水利工程施工技术中存在的问题及解决措施 [J].黑龙江水利科技，2017，45（4）：73-75.

[32] 胡伟利．农田水利工程管护模式研究 [D].华北水利水电大学，2014.

[33] 朱枫．水电工程项目总承包管理模式应用研究 [D]中国地质大学，2008.

[34] 张鲲．水利水电工程三标一体化管理体系研究与实践 [D].国防科学技术大学，2009.

[35] 吴远亮.水利水电工程项目管理模式研究 [D].南昌大学，2011.

[36] 向东.我国水电工程项目管理模式选择研究 [D].四川大学，2005.

[37] 滕红霞.水利工程项目作业成本管理研究 [D].山东大学，2014.

[38] 吴左宾.明清西安城市水系与人居环境营建研究 [D].华南理工大学，2013.

[39] 徐大图.建设项目投资控制 [M].北京：地震出版社，1997.

[40] 谢洪学，朱品棠，谭德精.工程造价确定与控制 [M].重庆：重庆大学出版社，1996.

[41] 张立伟，董传卓，姜立新等.农田水利建设工程的建设规划的思考与建议 [M].北京：中国建筑工业出版社，2011.

[42] 谢世权，郭嗣宗.模糊预测 [M].贵阳：贵州科技出版社，1991.